职业教育机械类专业“互联网+”新形态教材

AutoCAD 2012 机械制图入门与实例教程

主　编　王　博
副主编　张德吉
参　编　刘　强　王　丽　王子瑜
主　审　焦　勇

机械工业出版社

本书由浅入深，循序渐进地介绍了 Autodesk 公司最新推出的计算机辅助设计软件——AutoCAD 2012 中文版的基本功能和使用技巧。全书共分十个单元，前九个单元介绍了 AutoCAD 2012 的基本功能和界面组成，线型、颜色和图层等辅助工具的使用，图形的显示控制，绘图的基本操作，二维图形的绘制与编辑，面域与图案填充，文字和表格的创建与编辑，图形对象的尺寸标注，三维实体的绘制与编辑，块、块属性及 AutoCAD 设计中心的使用，以及 AutoCAD 的 Internet 功能等内容。此外，本书通过第十单元的综合训练，介绍了使用 AutoCAD 绘制样板图、零件图、装配图的方法。

本书内容丰富、结构清晰、语言简练，叙述深入浅出，具有很强的实用性，适合作为职业院校计算机制图课程教材及 AutoCAD 培训教材，也可作为 AutoCAD 2012 中文版用户的参考资料。

图书在版编目（CIP）数据

AutoCAD 2012 机械制图入门与实例教程/王博主编 .—北京：机械工业出版社，2012.6（2025.1 重印）
职业教育机械类专业“互联网+”新形态教材
ISBN 978-7-111-38869-2

Ⅰ.①A… Ⅱ.①王… Ⅲ.①机械制图—AutoCAD 软件—职业教育—教材 Ⅳ.① TH126

中国版本图书馆 CIP 数据核字（2012）第 193107 号

机械工业出版社（北京市百万庄大街 22 号 邮政编码 100037）
策划编辑：齐志刚 责任编辑：齐志刚 王海霞
版式设计：纪 敬 责任校对：纪 敬
封面设计：姚 毅 责任印制：张 博
北京建宏印刷有限公司印刷
2025 年 1 月第 1 版 · 第 9 次印刷
184mm×260mm · 15.25 印张 · 376 千字
标准书号：ISBN 978-7-111-38869-2
定价：38.00 元

电话服务
客服电话：010-88361066
010-88379833
010-68326294

网络服务
机 工 官 网：www.cmpbook.com
机 工 官 博：weibo.com/cmp1952
金 书 网：www.golden-book.com
机工教育服务网：www.cmpedu.com

前　言

AutoCAD 是由美国 Autodesk 公司开发的通用计算机辅助设计软件包，具有易于掌握、使用方便、体系结构开放等优点，包含绘制二维图形与三维图形、标注尺寸、渲染图形及打印输出图纸等功能，被广泛应用于机械、建筑、电子、航天、造船、纺织、轻工等领域。

AutoCAD 2012 是 AutoCAD 系列软件中的最新版本，它贯彻了 Autodesk 公司一贯为广大用户考虑的方便性和高效率，为多用户合作提供了便捷的工具与规范的标准，以及方便的管理功能，因此用户可以与设计组密切而高效地共享信息。和以前的版本相比，AutoCAD 2012 中文版在性能和功能方面都有了较大的提高和改善。

本书共分为十个单元，第一单元介绍了 AutoCAD 2012 的基本功能、工作环境、图形文件的管理及命令执行方式；第二单元介绍了绘图环境的基本设置、使用坐标系绘图辅助功能、图形的显示控制、图层的创建与管理；第三、四单元介绍了二维图形的绘制与编辑；第五单元介绍了文字样式、表格样式的创建，以及单行文字、多行文字、表格的创建方法；第六单元介绍了尺寸标注的创建与设置；第七单元介绍了块的创建与管理，AutoCAD 设计中心的使用方法；第八单元介绍了三维绘图环境的设置，基本三维实体的绘制与编辑；第九单图形打印与图形输出；第十单元通过综合训练介绍了使用 AutoCAD 创建样板图、零件图、装配图的方法。

本书采用由浅入深、循序渐进的讲述方法，其内容丰富，结构安排合理。此外，本书具有很强的实用性，适合于高等职业院校作为 AutoCAD 的培训教材使用，也可以作为 AutoCAD 2012中文版用户的参考资料。

本书由渤海船舶职业学院的王博担任主编。第一、第二、第四、第十单元由王博编写，第三、第五、第九单元由张德吉编写，第六单元由刘强编写，第七单元由王子瑜编写，第八单元由王丽编写。全书由王博统稿，由焦勇审稿。

限于时间和编者水平，本书难免有不足之处，欢迎广大读者批评指正。

编　者

目　　录

第一单元　AutoCAD 2012 绘图基础

学习目标： 了解 AutoCAD 2012 的基本功能；掌握 AutoCAD 2012 工作空间及工作界面的组成，图形文件的新建、打开和保存方法，以及命令的执行方式。

知识模块一　AutoCAD 2012 的基本功能

AutoCAD（Auto Computer Aided Design）是由美国 Autodesk 公司开发的通用计算机辅助设计软件，经过不断完善，现已成为国际上最为流行的绘图工具之一。

随着时间的推移和软件的不断完善，AutoCAD 已由原先的侧重于二维绘图技术为主，发展到兼备二维、三维绘图技术，且具有网上设计功能的多功能 CAD 软件系统。同传统的手工绘图相比，使用 AutoCAD 绘图速度更快、精确度更高，因此在航天、机械、造船、建筑、电子、化工等领域得到了广泛的应用。

知识点 1　基本绘图功能

1. 绘制与编辑图形

AutoCAD 2012 的“绘图”菜单中包含了丰富的绘图命令，既可以绘制直线、构造线、多段线、圆、矩形、多边形、椭圆等基本图形，也可以将绘制的图形转换为面域，对其进行填充。如果再借助于“修改”菜单中的修改命令，便可以绘制出各种各样的二维图形。图 1-1所示为使用 AutoCAD 2012 绘制的二维图形。

对于一些二维图形，使用拉伸、设置标高和厚度等命令可以轻松地将其转换为三维图形。使用“绘图”/“建模”命令中的子命令，可以方便地绘制圆柱体、球体、长方体等基本实体，以及三维网格、旋转网格等曲面模型。同样，结合“修改”菜单中的相关命令，可以绘制出各种各样的复杂三维图形，图 1-2 所示为使用 AutoCAD 2012 绘制的三维图形。

2. 标注图形尺寸

尺寸标注是向图形中添加测量注释的过程，它是整个绘图过程中不可缺少的一步。AutoCAD 2012 的“标注”菜单中包含了一套完整的尺寸标注和编辑命令，使用它们可以在图形的各个方向上创建各种类型的标注，也可以方便、快速地以一定格式创建符合行业或项目标准的标注，如图 1-3 所示。

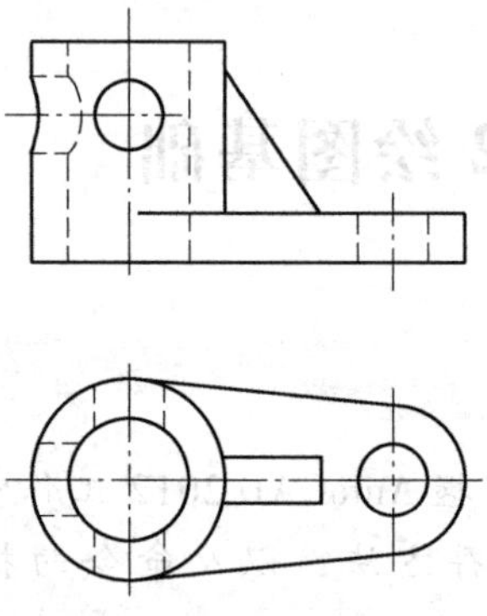

图 1-1　二维图形

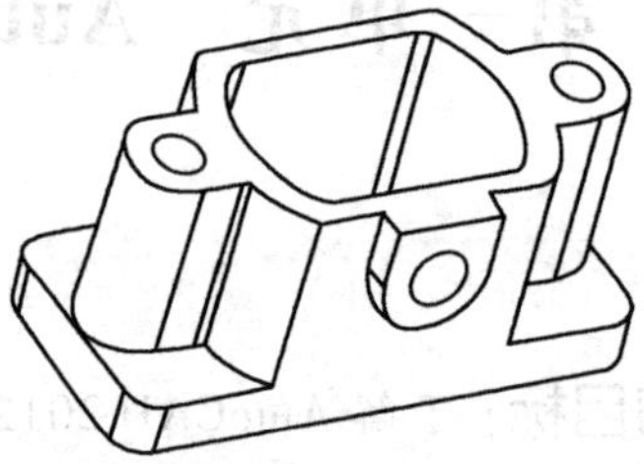

图 1-2　三维图形

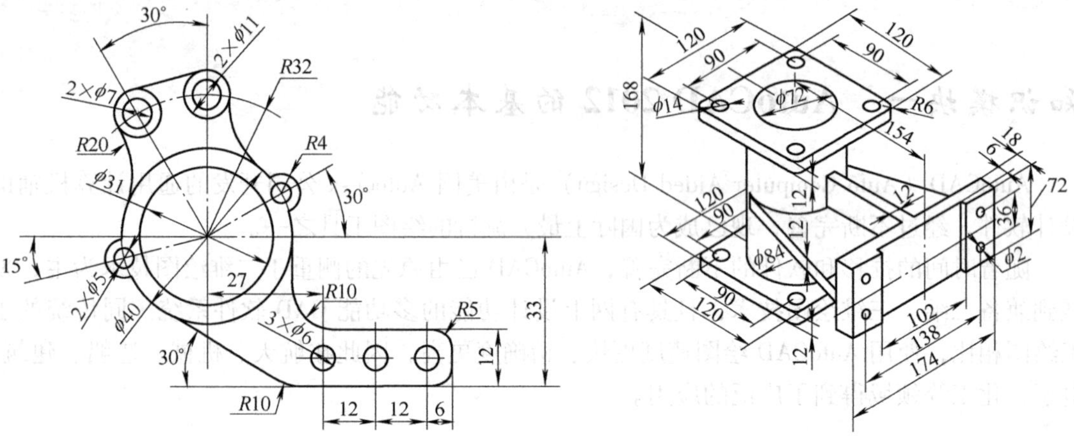

图 1-3　使用 AutoCAD 标注图形尺寸

3. 渲染三维图形

在 AutoCAD 2012 中，可以运用几何图形、光源和材质，将模型渲染为具有真实感的图像。图 1-4 所示为使用 AutoCAD 2012 进行照片级光线跟踪渲染的效果。

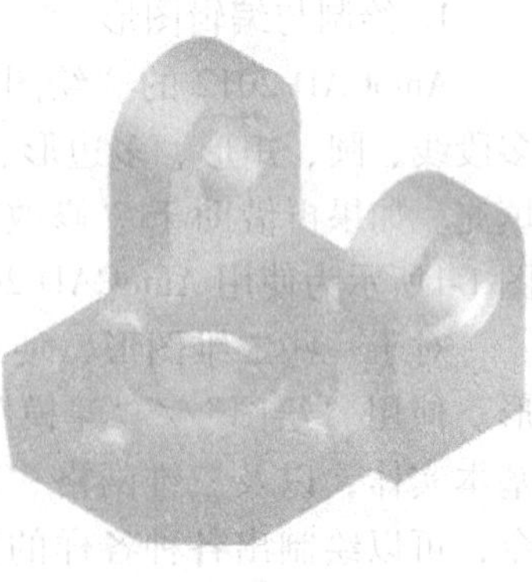

图 1-4　渲染三维图形

4. 控制图形显示

在 AutoCAD 2012 中，可以方便地以多种方式放大或缩小所绘制的图形。对于三维图形，可以改变观察视点，从不同的观看方向显示图形；也可将绘图窗口分成多个视口，从而能够在各个视口中以不同方位显示同一图形，如图 1-5 所示。此外，AutoCAD 2012 还提供了三维动态观察器，利用它可以动态地观察三维图形。

5. 输出与打印图形

AutoCAD 2012 不仅允许将所绘图形以不同样式通过绘图仪或打印机输出，还能够将不同格式的图形导入 AutoCAD 2012 或将 AutoCAD 2012 图形以其他格式输出。因此，在图形绘制完成之后，可以使用多种方法将其输出。例如，可以将图形打印在图纸上，或者创建成可供其他应用程序使用的文件。图 1-6 所示为 AutoCAD 2012 预览打印图形效果的情况。

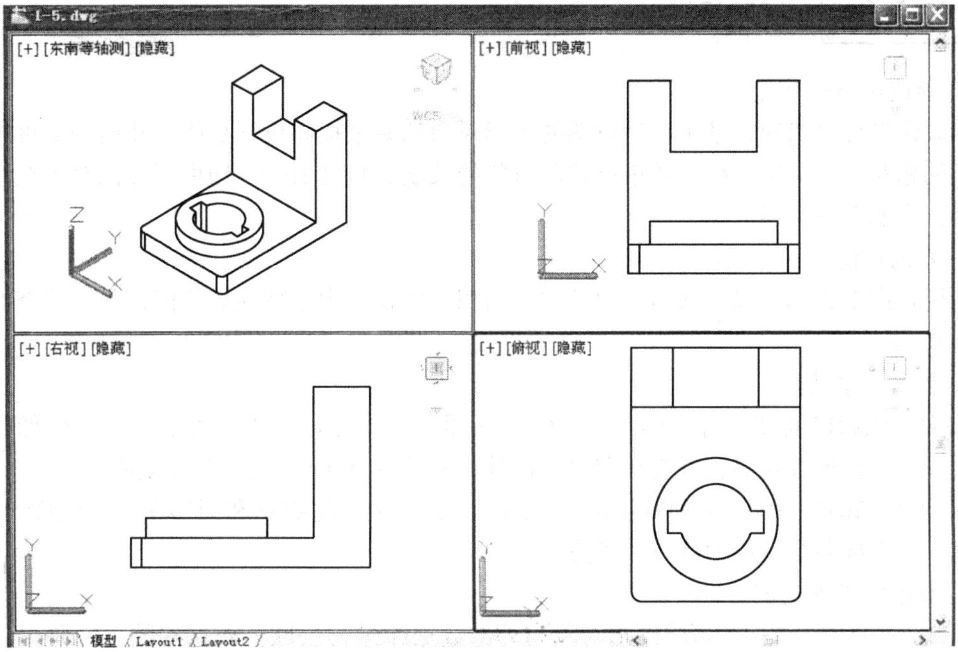

图 1-5　在不同视口中显示图形

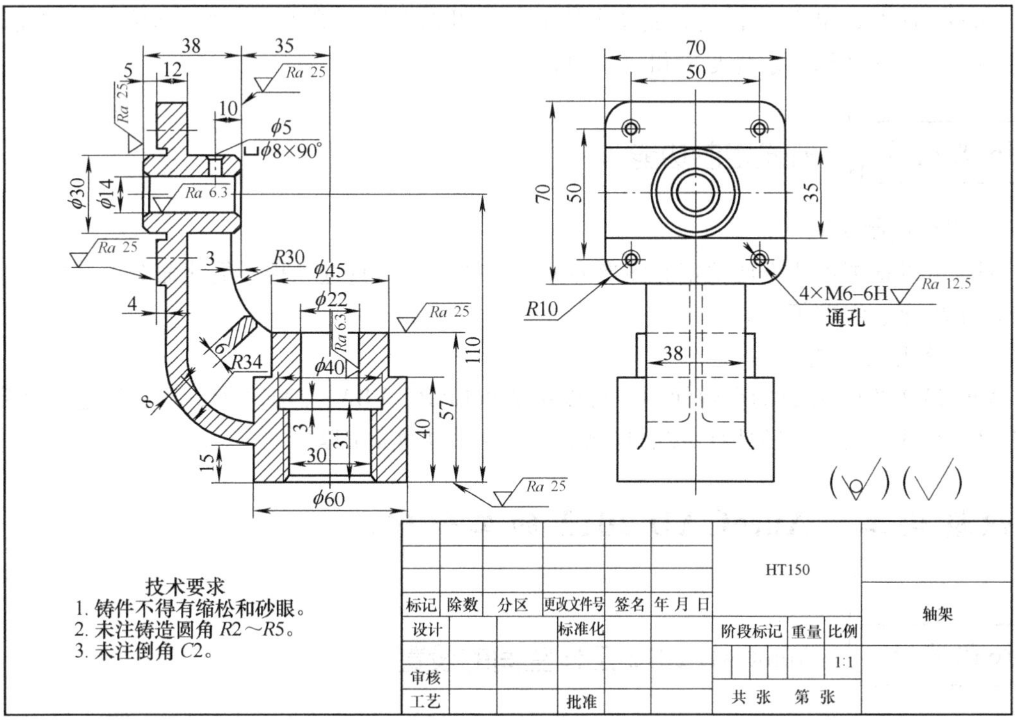

图 1-6　预览打印图形效果

知识点 2 辅助设计功能

1. 参数化设计功能

参数化设计是指通过基于设计意图的图形对象约束来提高设计功能。几何约束可控制对象彼此的相对位置关系，标注约束可控制对象的长度、角度值等。约束可确保对象在修改后还保持特定的关联关系。

2. 查询功能

利用查询工具，可以查询图形的长度、面积、体积、力学特性等数值，并可将查询结果保存起来。

3. 数据共享功能

AutoCAD 2012 提供了样板图技术、CAD 标准、设计中心、外部参照、光栅图像、连接与嵌入、电子传递等功能，以规范和协调设计，并共享 AutoCAD 的图形数据。

AutoCAD 2012 提供了多种软件接口，用户可以方便地将数据和图形在多个软件中共享，从而进一步发挥各个软件的特点和优势。

4. 数据库管理功能

在 AutoCAD 2012 中，可将图形对象与外部数据库进行关联，而这些数据库是由独立于 AutoCAD 的其他数据库管理系统（如 Access、Oracle、FoxPro 等）建立的。

5. 自动完成命令功能

AutoCAD 2012 提供了自动完成命令功能，即可以在用户输入命令时自动提供一份清单，列出匹配命令的名称、系统变量和命令别名。

知识点 3 开发定制功能

1. 用户定制功能

用户可以根据需要方便地定制图形界面、快捷键、工具选项板、简化命令、菜单、工具栏、图案填充、线型等。

2. 二次开发功能

AutoCAD 2012 开放的平台使用户可以用 AutoLISP、VBA、. NET 等语言开发适合特定行业使用的 CAD 产品，以便用户按照自己的思路去解决实际问题。

知识模块二 AutoCAD 2012 的工作环境

知识点 1 AutoCAD 2012 工作空间的设置

AutoCAD 提供了“草图与注释”、“三维基础”、“ 三维建模” 和“AutoCAD 经典” 四种工作空间模式。

各工作空间可以相互切换，只需在快速访问工具栏上单击“工作空间” 下拉列表，然后选择一个工作空间；或者在状态栏中单击按钮，在弹出的菜单中选择相应的命令即可，如图 1-7 所示。

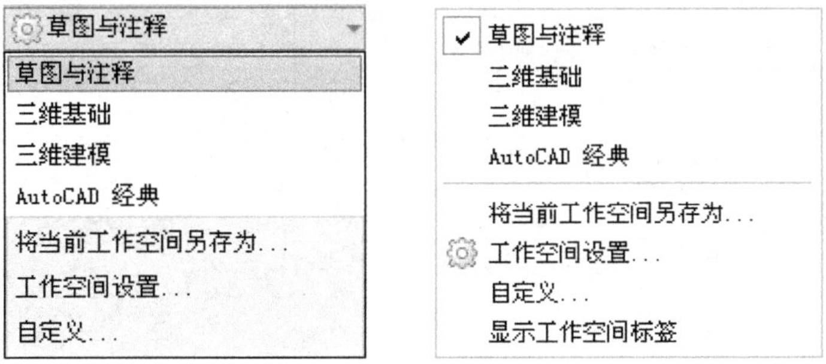

图 1-7　工作空间的切换

在“工作空间”下拉列表中选择“工作空间设置”选项，打开如图 1-8 所示的“工作空间设置”对话框。利用该对话框可以设置默认工作空间，可以设置工作空间菜单的显示及顺序，也可以设置切换工作空间时是否自动保存对工作空间所作的修改。

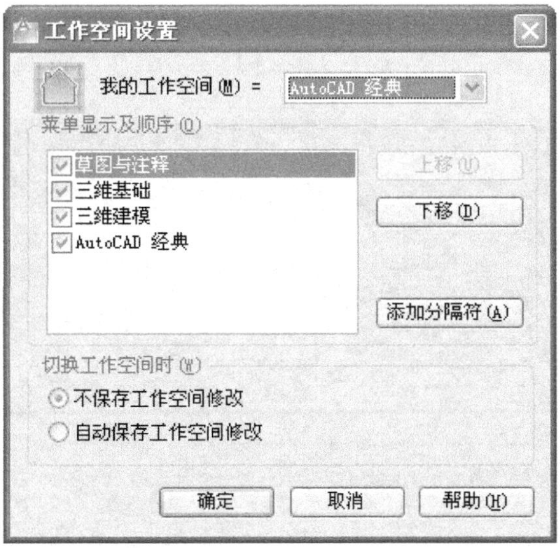

图 1-8　“工作空间设置”对话框

1. “草图与注释”空间

系统默认打开的是“草图与注释”空间，如图 1-9 所示。在该空间中，用户可以使用“绘图”、“修改”、“图层”、“文字”、“表格”、“标注”等功能区面板方便地绘制二维图形。

2. “三维基础”空间

“三维基础”空间用于显示特定于三维建模使用的基础工具。在此空间中，用户可以更加方便地进行三维基础建模，如图 1-10 所示。

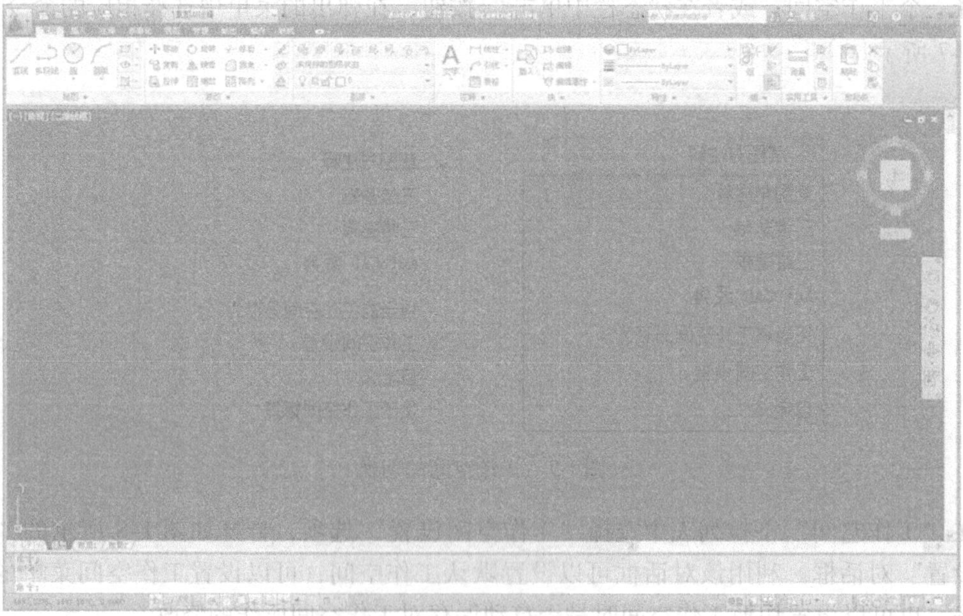

图 1-9 “草图与注释”空间

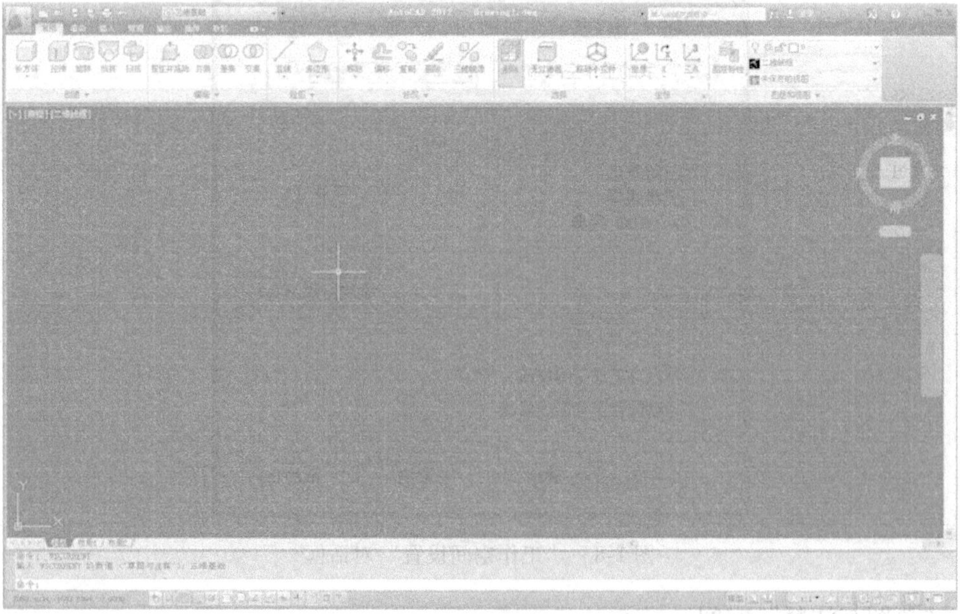

图 1-10 “三维基础”空间

3. “三维建模”空间

“三维建模”空间用于显示三维建模特有的工具。在此空间中，用户可以更加方便地进行三维建模和渲染。其功能区中集中了“三维建模”、“视觉样式”、“光源”、“材质”、“渲染”和“导航”等面板，为绘制三维图形、观察图形、创建动画、设置光源，为三维对象附加材质等操作提供了非常便利的操作环境，如图 1-11 所示。

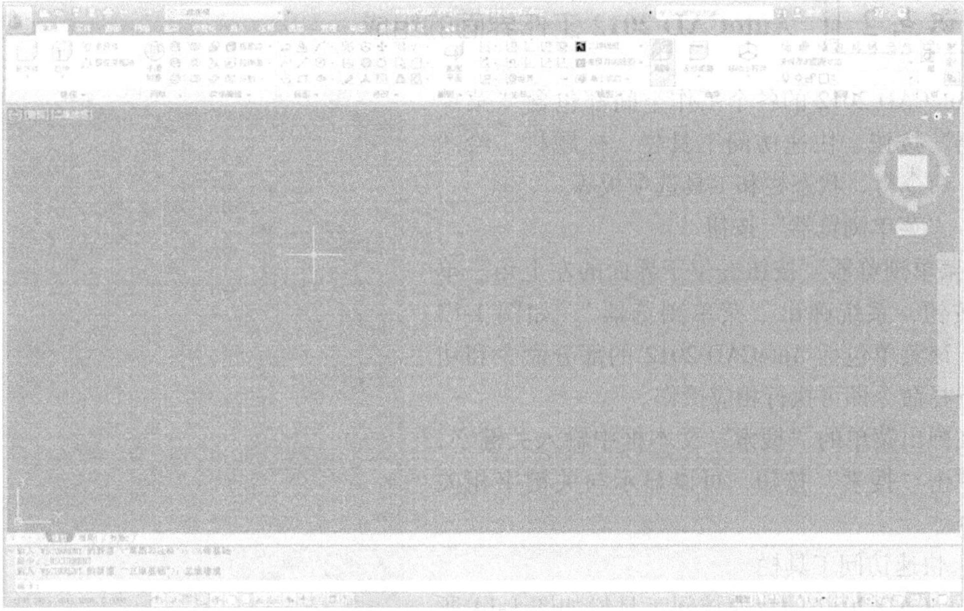

图 1-11　“三维建模”空间

4. “AutoCAD 经典”空间

对于习惯于 AutoCAD 传统界面的用户来说，可以使用“AutoCAD 经典”空间，如图 1-12所示。为了使读者能够快速地适应 AutoCAD 2012 的使用，本书以“AutoCAD 经典”绘图空间为基础进行讲解。

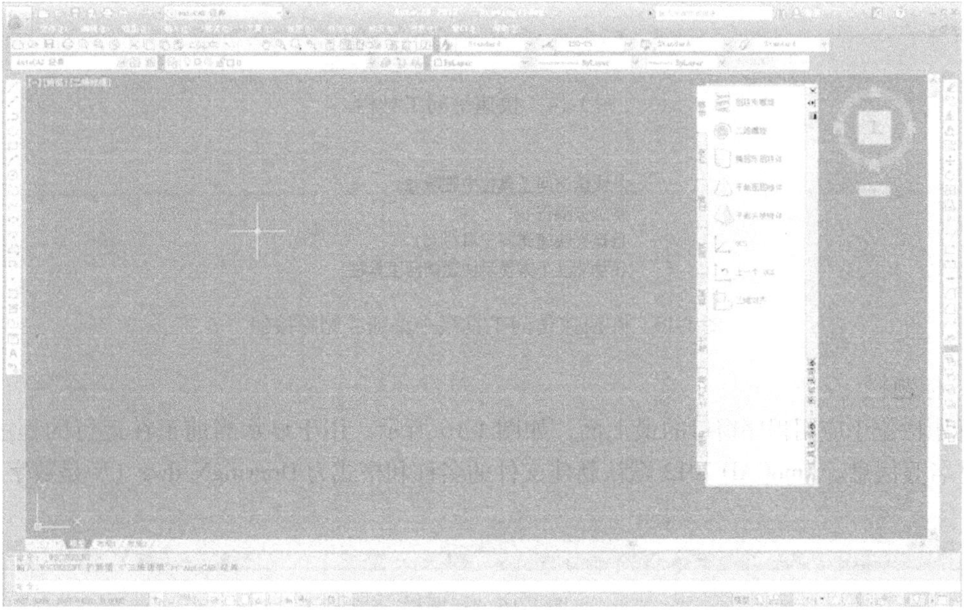

图 1-12　“AutoCAD 经典”空间

知识点 2 AutoCAD 2012 工作界面的组成

AutoCAD 2012 的各个工作空间都包含“菜单浏览器”按钮、快速访问工具栏、标题栏、绘图窗口、命令行、状态栏和工具选项板等。

1. “菜单浏览器”按钮

“菜单浏览器”按钮位于界面的左上角。单击该按钮，系统弹出“菜单浏览器”，如图 1-13 所示。该菜单包括 AutoCAD 2012 的部分命令和功能，选择命令即可执行相应操作。

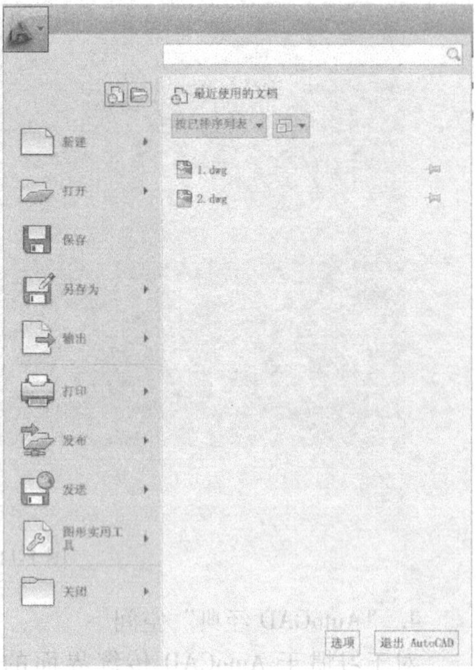

图 1-13 菜单浏览器

在弹出菜单的“搜索”文本框中输入关键字，然后单击“搜索”按钮，可以显示与关键字相关的命令。

2. 快速访问工具栏

AutoCAD 2012 的快速访问工具栏如图 1-14 所示，位于“菜单浏览器”按钮的右侧。

如果想在快速访问工具栏中添加或删除按钮，可以在快速访问工具栏上单击右键，在弹出的菜单中选择“自定义快速访问工具栏”命令，然后在弹出的“自定义界面”对话框中进行设置；或者选择“从快速访问工具栏中删除”命令，即可删除命令，如图 1-15 所示。

图 1-14 快速访问工具栏

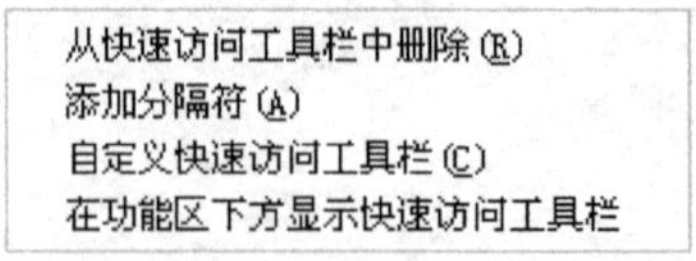

图 1-15 在快速访问工具栏中添加或删除按钮

3. 标题栏

标题栏位于应用程序窗口的最上面，如图 1-16 所示，用于显示当前正在运行的程序名称及文件名等信息。AutoCAD 2012 默认新建文件的名称和格式为 DrawingN. dwg（N 是数字）。

图 1-16 标题栏

标题栏中的信息中心提供了多重信息来源。在文本框中输入需要帮助的问题，然后单击

“搜索”按钮，就可以获取相关帮助。单击“登录”按钮，可以登录“Autodesk Online”以访问与桌面软件集成的服务。单击“交换”按钮，可以打开“Autodesk Exchang”对话框，其中包含信息、帮助和下载等内容，并可以访问 AutoCAD 社区。

4. 菜单栏

只有“AutoCAD 经典”工作空间才会显示菜单栏，其中包括“文件”、“编辑”、“视图”、“插入”、“格式”、“工具”、“绘图”、“标注”、“修改”、“参数”、“窗口”和“帮助”12 个菜单项，几乎包含了 AutoCAD 的所有绘图和编辑命令。

5. 工具栏与功能区

（1）工具栏　工具栏显示在“AutoCAD 经典”界面中。单击工具栏上的图标按钮可调用相应的命令，然后选择对话框中的各选项或响应命令行上的提示即可完成相应操作。如果将鼠标箭头放在工具栏中的某一个按钮上并停留片刻，将显示该命令的名称及帮助信息，这就是 AutoCAD 2012 中的工具提示功能。

工具栏以浮动或固定的方式显示。浮动工具栏可以显示在绘图区域的任意位置，用户可以将浮动工具栏拖动至新位置、调整其大小或将其固定；固定工具栏附着在绘图区域的任意一边上。

显示或隐藏工具栏的方法是在工作界面中用右键单击任意一个工具栏（“快速访问工具栏”除外），在弹出如图 1-17 所示的快捷菜单后，单击工具栏的名称即可（名字前打钩的代表该工具栏将显示出来，否则为隐藏状态）；也可以在菜单栏中选择“工具”/“工具栏”/“AutoCAD”命令，然后单击要显示或隐藏的工具栏。

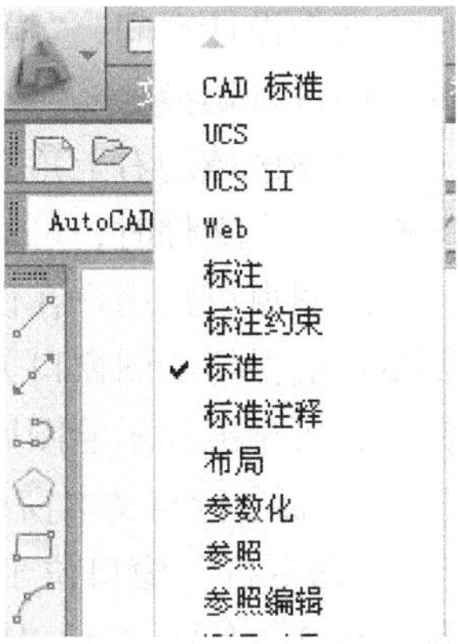

图 1-17　显示或隐藏工具栏

（2）功能区　在除了“AutoCAD 经典”界面以外的其他界面中，命令显示在功能区。功能区位于绘图窗口的上方，由许多控制面板组成，这些面板被组织到按任务进行标记的选项卡中。功能区面板包含的很多工具和控件与工具栏和对话框中的相同。

“草图和注释”空间的功能区默认有 9 个选项卡：常用、插入、注释、参数化、视图、管理、输出、插件和联机。每个选项卡中包含若干个面板，每个面板中又包含许多由图标表示的按钮，如图 1-18 所示。

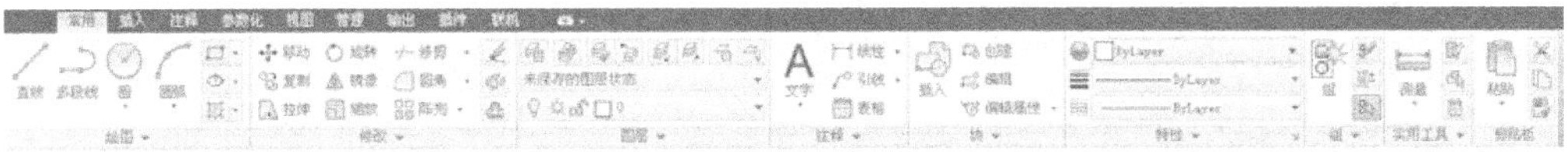

图 1-18　“草图和注释”空间功能区的选项面板

“三维基础”空间的功能区共有 7 个选项卡：常用、渲染、插入、管理、输出、插件和联机，如图 1-19 所示。

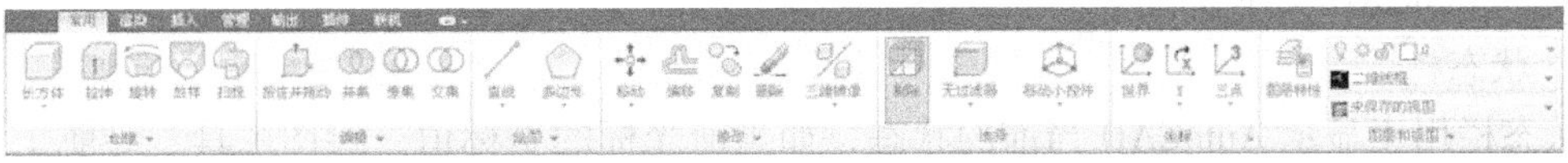

图 1-19　“三维基础”空间功能区的选项面板

“三维建模”空间的功能区共有 11 个选项卡：常用、实体、曲面、网格、渲染、参数化、插入、注释、视图、管理、输出、插件和联机，如图 1-20 所示。

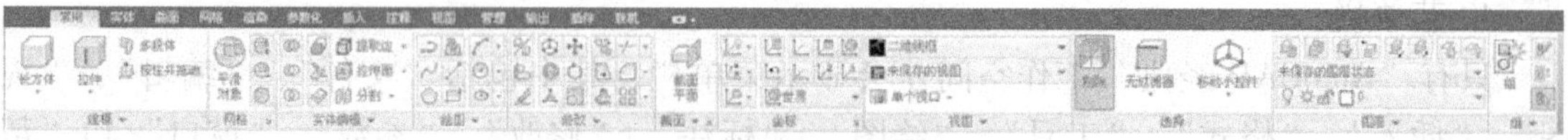

图 1-20 “三维建模”空间功能区的选项面板

6. 绘图窗口

绘图窗口又称为绘图区域，它是绘制图形的主要工作区域，绘图的核心操作都在该区域中进行。绘图区域实际上是无限大的，可以通过缩放、平移等命令来观察绘图区域中的图形。

绘图区域的左下角显示有一个坐标系图标，在默认情况下，此坐标系为世界坐标系（World Coordinate System，WCS）。另外，绘图区域中还有一个十字光标，其交点为光标在当前坐标系中的位置，移动鼠标可以改变光标的位置。

绘图窗口的底部有模型标签和布局标签 模型 布局1 布局2 。AutoCAD 2012 中有两个设计空间，“模型”代表模型空间，“布局”代表图纸空间，单击标签可在两个空间之间进行切换。

绘图区域的右上角有“最小化”、“最大化”、“关闭”三个按钮，当 AutoCAD 2012 中同时打开多个文件时，可通过这些按钮进行图形文件的关闭和切换操作。

绘图窗口是用户在设计和绘图时最为关注的区域，所有图形都要显示在这个区域，所以要尽可能保持绘图窗口大一些。使用“Ctrl + 0”组合键或状态栏右下角的“全屏显示”按钮，可全屏显示绘图区域；再次使用此命令，可恢复原来的界面设置。

7. 命令行与文本窗口

“命令行”窗口位于绘图窗口的底部，用于执行输入的命令，并显示 AutoCAD 的提示信息。在 AutoCAD 2012 中，“命令行”可以拖动为浮动窗口，如图 1-21 所示。

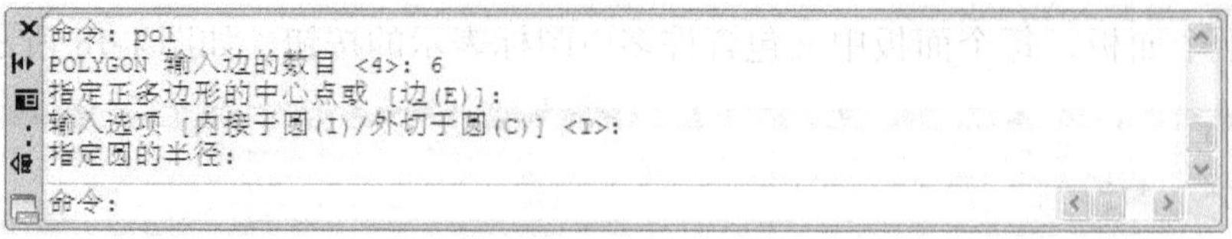

图 1-21 AutoCAD 2012 的“命令行”浮动窗口

按“F2”键，将弹出如图 1-22 所示的“AutoCAD 文本窗口”，用户可以很方便地查看和编辑命令的历史记录，也可以在窗口中输入相关的命令和选项；再次按“F2”键，系统将关闭“AutoCAD 文本窗口”。

8. 状态栏

状态栏用于显示 AutoCAD 当前的状态，如当前光标的坐标值、绘图工具、导航工具等，如图 1-23 所示。

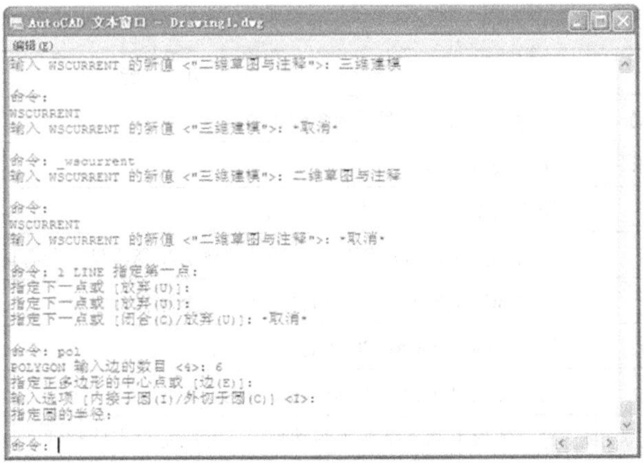

图 1-22 AutoCAD 文本窗口

图 1-23 状态栏

从左至右，状态栏中最左边的三个数值分别是十字光标所在的 X、Y、Z 轴的坐标值，如果 Z 轴的坐标值为 0，则说明当前在绘制二维平面图形。其他各按钮的功能见表 1-1。

表 1-1 状态栏各按钮的功能

图 标	名 称	功 能
	推断约束	启用“推断约束”模式，系统会自动在正在创建或编辑的对象与对象捕捉的关联对象或点之间应用约束
	捕捉模式	用于开启或关闭捕捉功能，捕捉模式可以使光标很容易地抓取到每一个栅格上的点
	栅格显示	用于开启或关闭栅格的显示，栅格即图幅的显示范围
	正交模式	用于开启或关闭正交模式，正交即光标只能沿 X 轴或 Y 轴方向移动，不能画斜线
	极轴追踪	用于开启或关闭极轴追踪模式，用于捕捉和绘制与起点水平线成一定角度的线段
	对象捕捉	用于开启或关闭对象捕捉功能，对象捕捉功能使光标在接近某些特殊点的时候能够自动指引到那些特殊的点
	三维对象捕捉	控制三维对象的执行对象捕捉设置，使用执行对象捕捉设置，可以在对象上的精确位置处指定捕捉点。选择多个选项后，将应用选定的捕捉模式，以返回距离靶框中心最近的点，按“TAB”键可以在这些选项之间进行切换
	对象捕捉追踪	用于开启或关闭对象捕捉追踪。该功能和对象捕捉功能一起使用，用于追踪捕捉点在线性方向上与其他对象上的特殊点的交点
	允许禁止动态 UCS	用于切换允许和禁止 UCS（用户坐标系）状态
	动态输入	用于动态输入的开始和关闭
	显示/隐藏线宽	用于控制线框的显示
	快捷特性	控制“快捷特性”选项板的禁用或开启
	选择循环	当选择的对象为重叠对象时将弹出“选择集”对话框，在对话框中选择所需对象
	透明度	设定选定的对象或图层的透明度级别
模型	模型	用于模型与图纸之间的转换

（续）

图　标	名　称	功　能
	快速查看布局	快速查看所绘制图形的图幅布局
	快速查看图形	快速查看图形
1:1	注释比例	用于调整注释对象的缩放比例
	注释可见性	单击该按钮，可选择仅显示当前比例的注释或显示所有比例的注释
	注释比例	当注释比例更改时，自动将比例添加至注释性对象
	切换工作空间	用于切换 AutoCAD 2012 的工作空间
	锁定窗口	用于控制是否锁定工具栏和窗口的位置
	性能调节器	检查图形卡和三维显示驱动程序，并决定对支持软件实现和硬件实现的功能使用哪一种
	隔离对象	通过隔离或隐藏选择集来控制对象的显示
	全屏显示	用于控制 AutoCAD 2012 的全屏显示或退出

9. 工具选项板

工具选项板是一种十分有用的辅助设计工具，它把代表各功能的图块或符号加以组织、编排，从而方便操作者使用。

工具选项板包含了多种类别的选项卡。例如，选择“机械”选项卡，系统将列出常用的机械图形，如图 1-24 所示。在绘图过程中，用户可以使用按住鼠标拖拽的方式将选项卡从工具选项板中拖到图形区域中放置。

用户可以选择“工具”/“选项板”/“工具选项板”命令，或者单击标准工具栏中的“工具选项板”按钮，打开选项板。

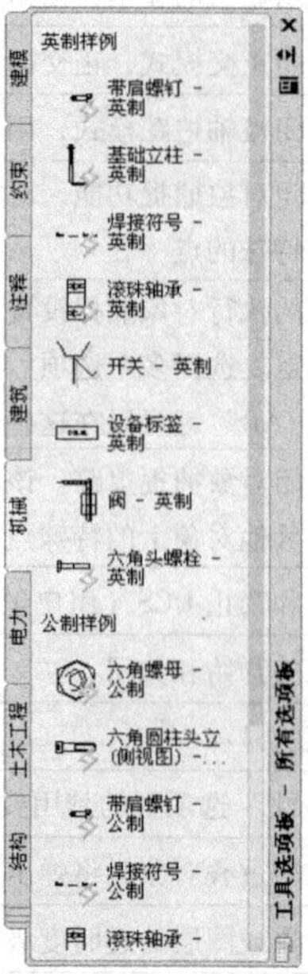

图 1-24　“机械”选项卡

知识模块三 AutoCAD 2012 图形文件的管理

AutoCAD 2012 图形文件的管理功能主要包括新建图形文件、打开图形文件、保存图形文件及输入输出图形文件等。

知识点 1 新建图形文件

新建图形文件的方式如下：

单击“菜单浏览器”按钮，选择“新建”命令。

工具栏：单击“快速访问”工具栏中的“新建”按钮；单击“标准”工具栏中的“新建”按钮。

命令行：输入“NEW”。

执行上述命令后，AutoCAD 弹出如图 1-25 所示的“选择样板”对话框，要求用户选择样板文件。利用该对话框选择样板文件后，单击“打开”按钮即可以该样板建立新图形文件。

图 1-25 “选择样板”对话框

“选择样板”对话框的使用与其他 Windows 应用程序“打开文件”对话框的使用方法基本相同。不同的是，当在列表中选中某一样板文件时，会在右面的预览图像框中显示该样板的预览效果。

用户可以在“选择样板”对话框中对所建文件进行设定。在“文件名”文本框中输入样板名称后，系统将在“文件类型”列表框中自动选中样板文件类型为“.dwt”格式，并在“预览”选项区中显示当前选中的样板的示意图。选择样板文件后单击右下角的“打开”按钮，即可新建一个图形文件。

样板文件中通常包含一些与绘图相关的通用设置，如图层、线形、文字样式和尺寸标注样式等。此外，还可以包括一些通用图形对象，如标题栏和图幅框等。利用样板创建新图形，可以避免绘图设置和绘制相同图形对象的重复操作，不仅可以提高绘图的效率，而且可以保证图形的一致性。

AutoCAD 2012 提供了众多的样板供用户选择，用户可以根据需要创建样板文件。

知识点 2　打开图形文件

打开图形文件的方式如下：

- 单击“菜单浏览器”按钮，选择“打开”命令。
- 工具栏：单击“快速访问”工具栏中的“打开”按钮；单击“标准”工具栏中的“打开”按钮。
- 命令行：输入“OPEN”。

执行上述命令后，AutoCAD 会弹出如图 1-26 所示的“选择文件”对话框。

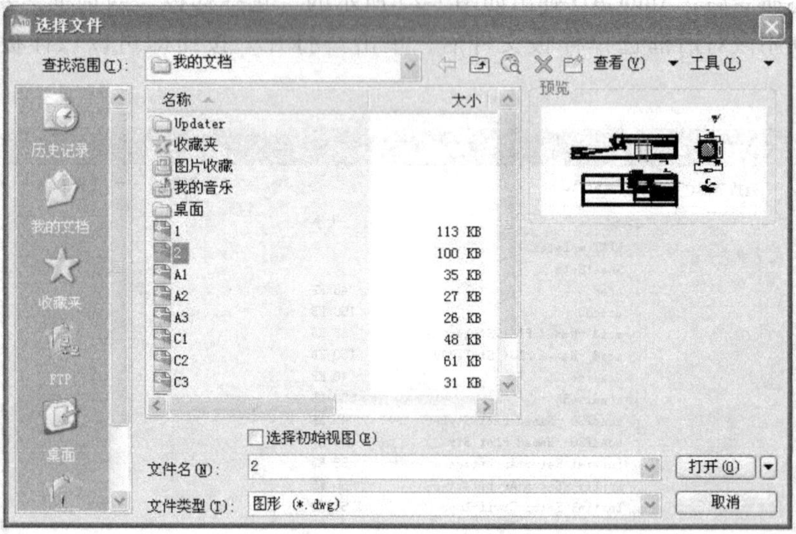

图 1-26　“选择文件”对话框

对“选择文件”对话框中各选项如下：

1）“查找范围”：单击其右侧的下拉列表框，可以选择打开文件的路径。

2）“文件”列表：选择路径后，其下面的列表中将显示该路径下所有 AutoCAD 能识别的 . dwg 图形文件，单击文件名称即可选中该文件。

3）“文件名”：用户选择文件后，其文件名将显示在这个位置。

4）“文件类型”：用户所要打开的文件类型默认为 . dwg，也可以通过下拉列表选择其他文件类型。

5）“预览”：在对话框中选择“查看”到“预览”时，预览区将显示选定文件的位置；如果未选择文件，则“预览”区域为空。要将位图和图形文件一起保存，可使用“选项”对话框的“打开和保存”选项卡上的“保存缩略图预览图像”选项。

6）“选择初始视图”复选框：如果图形包含多个命令视图，则打开图形时将显示指定的模型空间视图。

7）“打开”按钮：用于打开选定的文件。“打开”按钮右侧有一个三角按钮，单击该按钮可以看到多种打开方式，如图 1-27 所示。

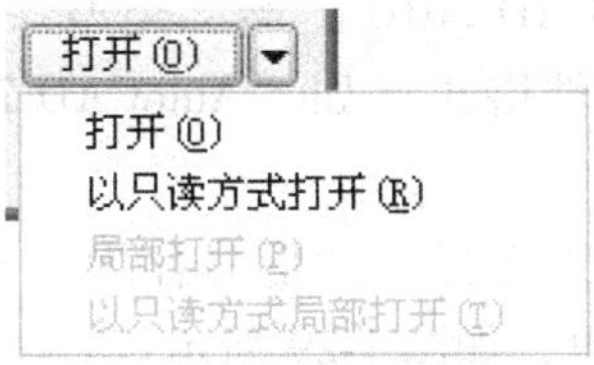

图 1-27　图形打开方式

知识点 3　保存图形文件

对图形文件进行修改后，即可对其进行保存。如果之前保存并命名了图形，则会保存所做的所有更改；如果是第一次保存图形，则会显示“图形另存为”对话框。

保存图形文件的方式如下：

单击“菜单浏览器”按钮，选择“保存”或“另存为”命令。

工具栏：单击“快速访问”工具栏中的“保存”按钮或“另存为”按钮；单击“标准”工具栏中的“保存”按钮或“另存为”按钮。

执行上述命令后，系统弹出“图形另存为”对话框，如图 1-28 所示。

图 1-28　“图形另存为”对话框

该对话框中的选项和“选择文件”对话框类似，用户可以确定图形文件的存放位置（通过“保存于”下拉列表框）、文件名（通过“文件名”文本框）及存放类型（通过“文本类型”下拉列表框）等，并对其进行保存。

用户除了可以将图形以“AutoCAD 2010 图形”类型保存外，还可以通过“文件类型”下拉列表选择其他兼容性的图形文件格式（如“AutoCAD 2007/LT 2007 图形”、“AutoCAD 2004/LT 2004 图形”）。

如果保存的文件需要加密，可以选择“图形另存为”对话框右上方“工具”下拉菜单中的“安全选项”，为图形添加密码，如图 1-29 所示。

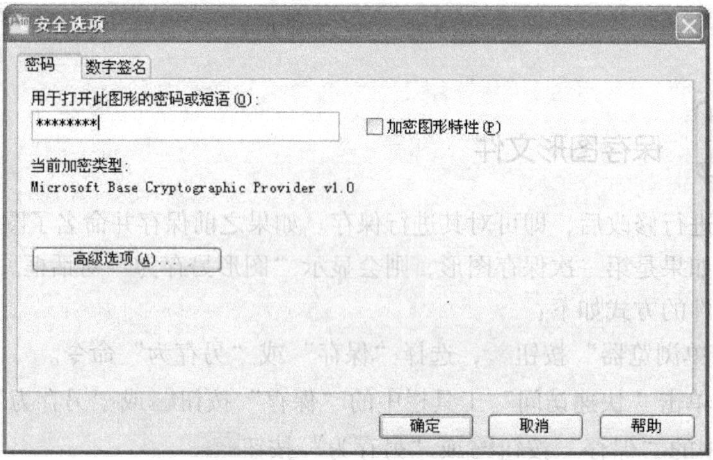

图 1-29 “安全选项”对话框

单击“密码”选项卡，即可在“用于打开此图形的密码或短语”文本框中输入密码。此外，利用“数字签名”选项卡还可以设置数字签名。

为文件设置密码后，当打开图形文件时，系统会弹出一个对话框要求用户输入密码。如果输入的密码正确，则能够打开图形；否则将无法打开图形。

知识模块四 AutoCAD 的命令执行方式

在 AutoCAD 2012 中，命令和系统变量、工具按钮、菜单命令大都是相互对应的，用户可以通过在命令行中输入命令和系统变量，单击某个工具按钮，或者选择某一菜单命令来执行相应的命令。

知识点 1 命令行执行命令

在命令行中不仅需要输入命令，然后执行命令，还需要在绘制图形时输入指定的参数。例如，执行“直线”命令时，可以输入“LINE”或命令简写“L”，然后按“Enter”或空格键执行命令；接着在命令行输入“0，0”，按“Enter”键确认直线的第一点，再输入“50，100”并按“Enter”键确认第二点，从而由指定的两点绘制一条直线，如图 1-30 所示。

在命令行中输入命令后，用户需要了解当前命令行出现的文字提示信息的含义。在文字提示信息中，“[ ]”中的内容为可供选择的选项，当具有多个选项时，各选项之间用“/”

符号隔开，要选择某个选项时，需要在当前命令行中输入该选项圆括号中的命令标识。在执行某些命令的过程中，若命令提示信息的最后有一个尖括号“ < >”，则该尖括号内的值或选项即为当前系统默认的值或选项。此时，若直接按“Enter”键，则表示接受系统默认的当前值或选项。

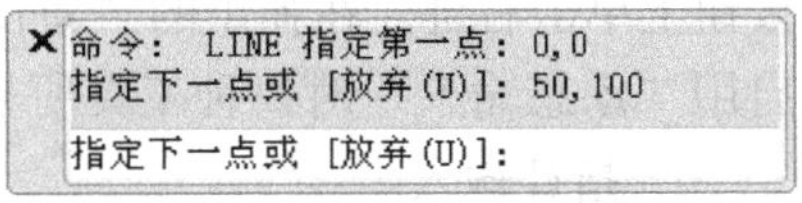
命令： LINE 指定第一点：0,0
指定下一点或 [放弃(U)]：50,100
指定下一点或 [放弃(U)]：
图 1-30　在命令行中输入命令及参数

如果要取消在命令行输入的正在进行的命令操作，可以按键盘中的“Esc”键；要重复上一个命令，可按“Enter”键或空格键，而无需再输入命令。

知识点 2　工具栏执行命令

使用工具栏或功能区面板中的工具按钮进行绘图，是一种较为直观的执行方式。该执行方式的一般操作步骤是：在工具栏或功能区面板中单击所需命令按钮，然后结合键盘与鼠标，并利用命令行辅助执行余下的操作。

例如，在“绘图”工具栏中选择“正多边形”命令，根据命令提示绘制一个正六边形时，其命令提示如下：

命令：POLYGON
输入侧面数 <4>：6↙
指定正多边形的中心点或［边（E）］：0，0↙
输入选项［内接于圆（I）/外切于圆（C）］<I>：↙
指定圆的半径：50↙

说明：在本书中，“↙”表示按“Enter”键。

知识点 3　菜单执行命令

在 AutoCAD 2012 中，通过菜单启动命令的方式有以下三种：

1）在“AutoCAD 经典”工作空间中，单击某个菜单项，打开其下拉菜单；然后将光标移动到需要的菜单命令上并单击左键，即可执行该命令。

2）单击“菜单浏览器”按钮，显示菜单选项，从中选择相应的菜单命令。

3）在屏幕上不同的位置处或不同的进程中单击右键，将弹出不同的快捷菜单，用户可以从中选择与当前操作相关的命令。

知识点 4　动态输入

AutoCAD 2012 中的动态输入模式在光标附近提供了一个命令界面，可以帮助用户专注于绘图区域。启用动态输入模式时，工具提示将在光标附近显示信息，该信息会随着光标的移动而动态更新；当某命令处于活动状态时，工具提示将为用户提供输入参数的位置。

在状态栏中单击“动态输入”按钮或按“F12”键，可以打开或关闭动态输入模式。动态输入模式包含三种工具，即指针输入、标注输入和动态提示。将鼠标放在“动态输入”

按钮上单击右键，在弹出的“草图设置”对话框中选择“动态输入”选项卡，可以控制在启用“动态输入”时每种工具所显示的内容，如图 1-31 所示。

1. 指针输入

当启用指针输入且有命令在执行时，十字光标附近的工具提示中将显示坐标值，用户可以在工具提示中输入坐标值，而不必在命令行中输入，如图 1-32 所示。在输入过程中，第二点及后续点的默认设置为相对坐标，不需要输入“@”符号；如果需要使用绝对坐标，则使用“#”作为前缀。

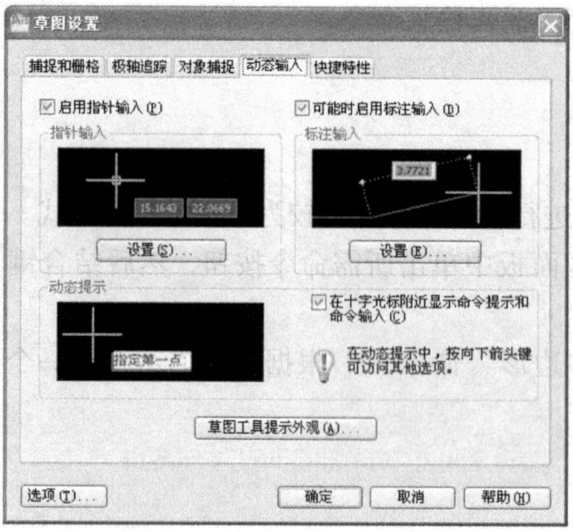

图 1-31　选择“动态输入”选项卡

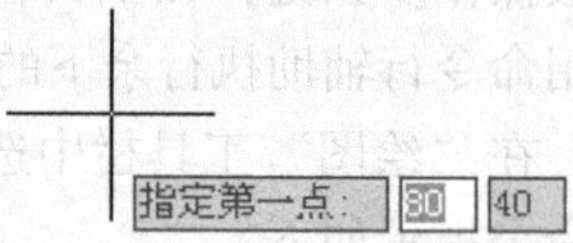

图 1-32　指针输入

在“动态输入”选项卡的“指针输入”选项组中单击“设置”按钮，将打开如图 1-33 所示的“指针输入设置”对话框。用户可以在此修改坐标的默认格式，以控制指针输入工具显示的方式。

2. 标注输入

在“动态输入”选项卡中选中“可能时启用标注输入”复选框，则启用标注输入功能。当命令提示输入第二点时，工具栏提示中的距离和角度值将随着光标的移动而改变，如图 1-34 所示。用户可以在工具栏提示中输入距离和角度值，并用“Tab”键在它们之间进行切换。

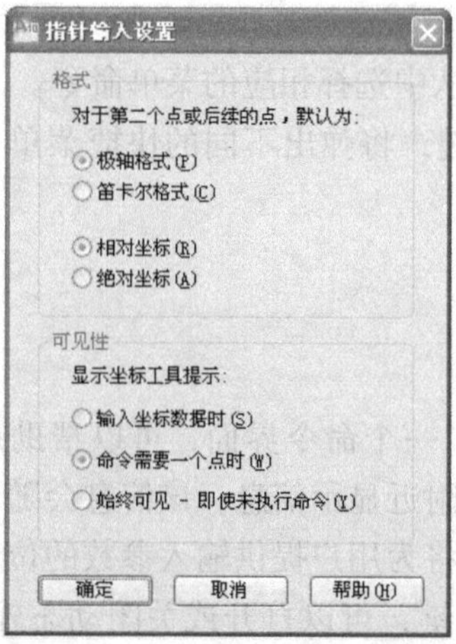

图 1-33　“指针输入设置”对话框

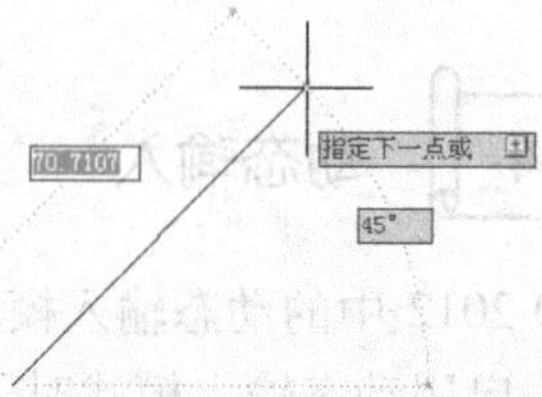

图 1-34　标注输入

在“动态输入”选项卡的“标注输入”选项组中单击“设置”按钮，将打开如图 1-35 所示的“标注输入的设置”对话框。用户可以利用该对话框设置夹点拉伸时标注输入的可见性等。

3. 动态提示

选中“在十字光标附近显示命令提示和命令输入”复选框，则启动动态提示功能。此时光标附近会显示命令提示，用户可以使用键盘上的“↓”键显示命令的其他选项，如图 1-36 所示，然后对工具栏的提示做出响应。

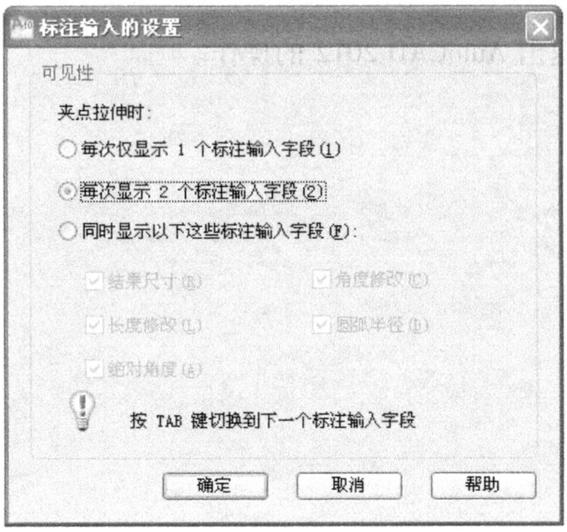

图 1-35　“标注输入的设置”选项卡

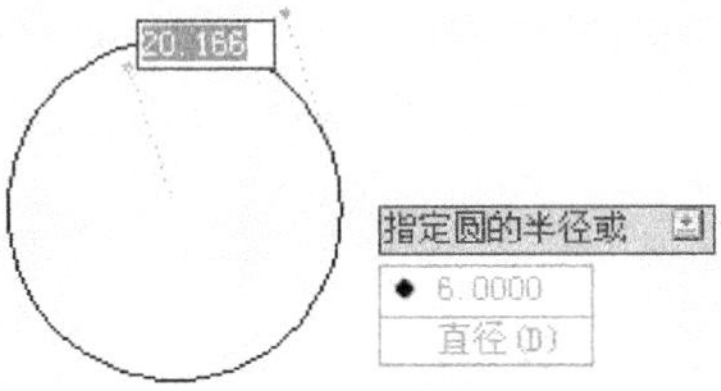

图 1-36　动态提示

在“动态输入”选项卡的“动态提示”选项组中单击“草图工具提示外观”按钮，将弹出如图 1-37 所示的“工具提示外观”对话框，用户可以从中进行颜色、大小、透明度等的设置。

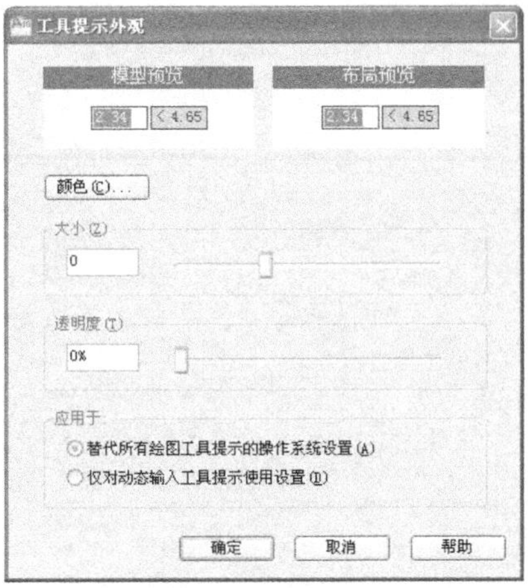

图 1-37　“工具提示外观”对话框

动态输入不能取代窗口命令，虽然在某些情况下，动态输入可以隐藏命令窗口以增加绘图屏幕区域，但是有些操作还是需要显示命令窗口来进行操作。这时可以按“F12”键，然后根据需要显示和隐藏命令提示和错误信息。

【综合训练】

1. 简答题

（1）AutoCAD 2012 具有哪些基本功能？

（2）AutoCAD 2012 的经典工作界面包括哪几部分，它们的主要功能是什么？

2. 操作题

练习新建、保存、打开图形文件，以及退出 AutoCAD 2012 的操作。

第二单元　AutoCAD 2012 的基本设置

学习目标： 掌握 AutoCAD 2012 绘图环境的基本设置方法；掌握坐标系的使用方法；掌握栅格、对象捕捉和自动追踪等绘图辅助功能的设置及使用方法；掌握图形的显示控制方法；掌握图层的创建与管理方法。

知识模块一　绘图环境的基本设置

启动 AutoCAD 2012 后，用户即可在其默认的绘图环境中绘图，但是有时为了保证图形文件的规范性、图形的准确性与绘图的效率，需要在绘制图形前对系统参数和绘图环境进行设置。

知识点 1　系统参数的设置

设置系统参数的操作是通过“选项”对话框进行的，如图 2-1 所示。该对话框中包含 10 个选项卡，可以在其中查看、调整 AutoCAD 的设置。

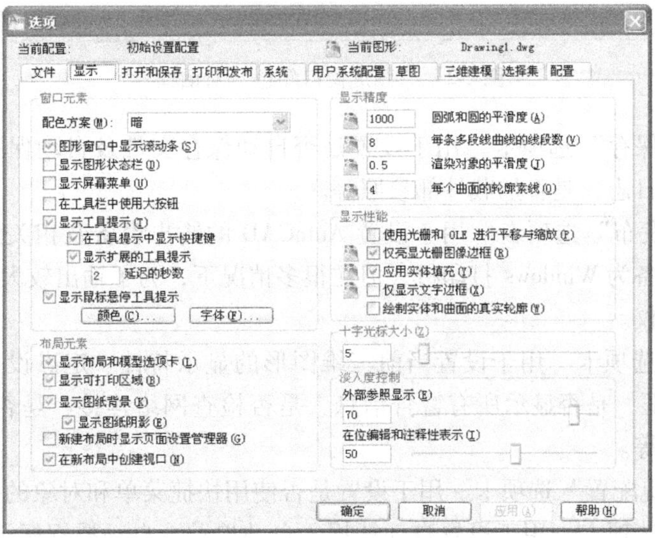

图 2-1　“选项”对话框

用户可以通过两种方式设置系统参数：

菜单栏：选择“工具”/“选项”命令。

命令行：输入“OPTIONS”。

“选项”对话框中各选项卡的功能如下：

（1）“文件”选项卡　用于确定 AutoCAD 搜索支持文件、驱动程序文件、菜单文件和其他文件时的路径等。

（2）“显示”选项卡　用于设置窗口元素、布局元素、显示精度、显示性能、十字光标大小和参照编辑的褪色度等显示属性。其中，最常执行的操作为改变绘图窗口的颜色。单击“颜色”按钮，系统弹出“图形窗口颜色”对话框，用户可在该对话框中设置各类背景颜色，如图 2-2 所示。

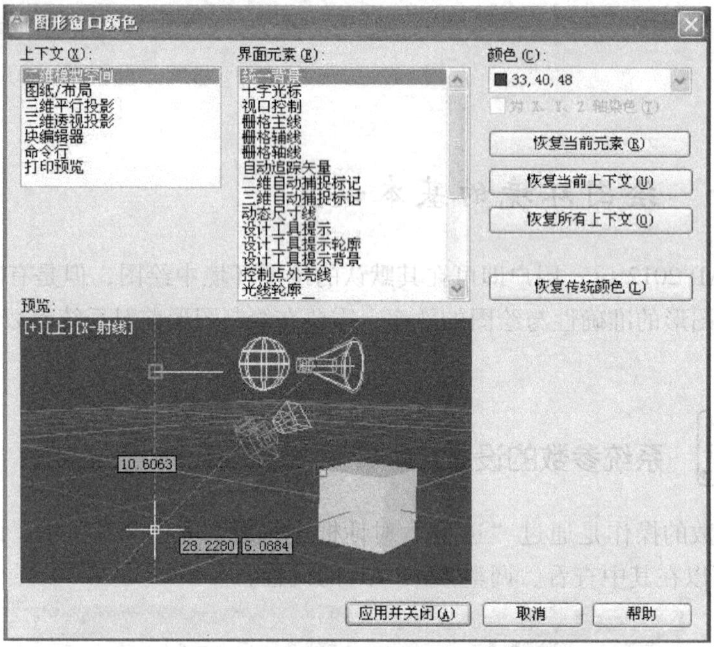

图 2-2　“图形窗口颜色”对话框

（3）“打开和保存”选项卡　用于设置是否自动保存文件及自动保存文件时的时间间隔，以及是否维护日志，是否加载外部参照等。

（4）“打印和发布”选项卡　用于设置 AutoCAD 的输出设备及相关的输出选项。在默认情况下，输出设备为 Windows 打印机，但在很多情况下，为了输出较大幅面的图形，也可能使用专门的绘图仪。

（5）“系统”选项卡　用于设置当前三维图形的显示特性、定点设备，以及是否显示“OLE 特性”对话框、是否显示所有警告信息、是否检查网络连接、是否显示启动对话框、是否允许长符号名等。

（6）“用户系统配置”选项卡　用于设置是否使用快捷菜单和对象的排序方式。

（7）“草图”选项卡　用于设置自动捕捉、自动追踪、自动捕捉标记框的颜色和大小、靶框大小等。

（8）“三维建模”选项卡 用于对三维绘图模式下的三维十字光标、UCS 图标、动态输入、三维对象、三维导航等选项进行设置。

（9）“选择集”选项卡 用于设置选择集模式、拾取框大小及夹点大小等。

（10）“配置”选项卡 用于实现新建系统配置文件、重命名系统配置文件及删除系统配置文件等操作。

知识点 2 图形界限的设置

图形界限是在绘图空间中假想的一个绘图区域，用可见栅格进行标示。图形界限相当于图纸的大小，一般根据国家标准关于图幅尺寸的规定进行设置。

用户可以通过两种方式设置图形界限：

- 选择“格式”/“图形界限”命令。
- 命令行：输入“LIMITS”。

下面以设置一张 A4 横放的图纸为例，介绍设置图形界限的具体操作方法。

命令：LIMITS↙

重新设置模型空间界限：

指定左下角点或【开（ON）/关（OFF）】<0.0000,0.0000>；

//单击空格键或“Enter”键默认坐标原点为图形界限的左下角点，此时若选择“ON”选项，则绘图时图形不能超出图形界限，若超过，则系统不予绘出；选择“OFF”，则允予超出图形界限

指定右上角点：297.000，210.000

//输入图纸长度和宽度值，按下“Enter”键确定，再按下“Esc”键退出，完成图形界限的设置

说明：本书中“//”后的内容为对应于程序段的操作。

设置好图形界限后，一般要执行全部缩放命令，然后单击状态栏中的“栅格显示”按钮，即可直观地观察到图形界限的范围。

知识点 3 绘图单位的设置

绘图单位主要包括长度和角度的类型、精度和起始方向等内容。

设置图形单位主要有以下两种方法：

- 选择“格式”/“单位”。
- 命令行：输入“UNITS”。

执行上述命令后，系统弹出如图 2-3 所示的“图形单位”对话框。该对话框中各选项的含义如下：

（1）“长度”区 用于选择长度单位的类型和精度。

（2）“角度”区 用于选择角度单位的类型和精度。

（3）“顺时针”复选框 用于设置旋转方向。如选中此复选框，则表示按顺时针旋转的角度为正方向；未选中时，表示按逆时针旋转的角度为正方向。

（4）“插入时的缩放单位”区 用于选择插入图块时的单位，也是当前绘图环境的尺寸单位。

（5）“方向”按钮　用于设置角度单位。单击该按钮将弹出如图 2-4 所示的“方向控制”对话框，用户在其中可以设置基准角度，即设置 0 角度。

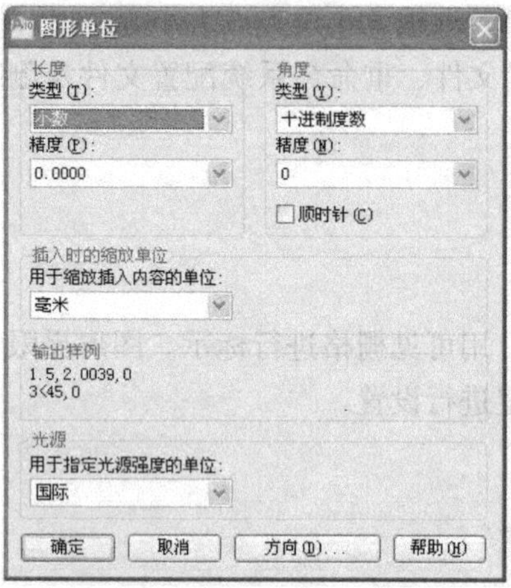

图 2-3　“图形单位”对话框

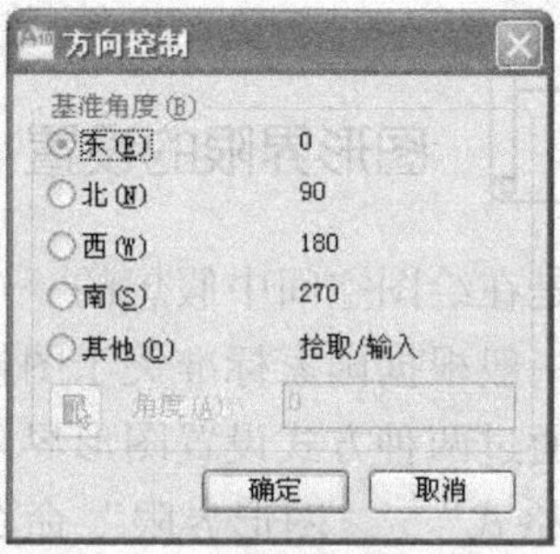

图 2-4　“方向控制”对话框

知识模块二　使用坐标系

绘图时要精确定位某个位置，必须以某个坐标系作为参照。坐标系是 AutoCAD 2012 绘图中不可或缺的元素，是确定对象位置的基本手段。

知识点 1　世界坐标和用户坐标

AutoCAD 2012 的坐标系包括世界坐标系（WCS）和用户坐标系（UCS）。AutoCAD 2012提供的坐标系可以精确地设计并绘制图形，掌握坐标系的输入法，可以加快图形的绘制速度。

1. 世界坐标系

AutoCAD 2012 默认的坐标系是世界坐标系，它是在用户进入 AutoCAD 2012 时由系统自动建立的、原点位置和坐标轴方向固定的一种整体坐标系。WCS 包括 *X* 轴和 *Y* 轴（3D 空间中还包含 *Z* 轴），其坐标轴的交汇处有一个“□”字形标记，如图 2-5 所示。

2. 用户坐标系

有时为了方便绘图，用户需要经常改变坐标系的原点和方向，这时就要使用可变的用户坐标系（User Coordinate System，简称 UCS）。在默认情况下，用户坐标系和世界坐标系重合。用户坐标系的原点可以定义在世界坐标系中的任意位置，其坐标轴可以与世界坐标系的坐标轴成任意角度。用户坐标系坐标轴的交汇处没有“□”字形标记，如图 2-6 所示。

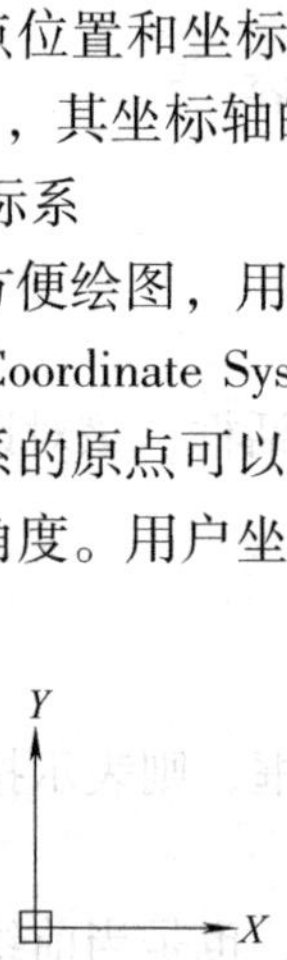

图 2-5　世界坐标系

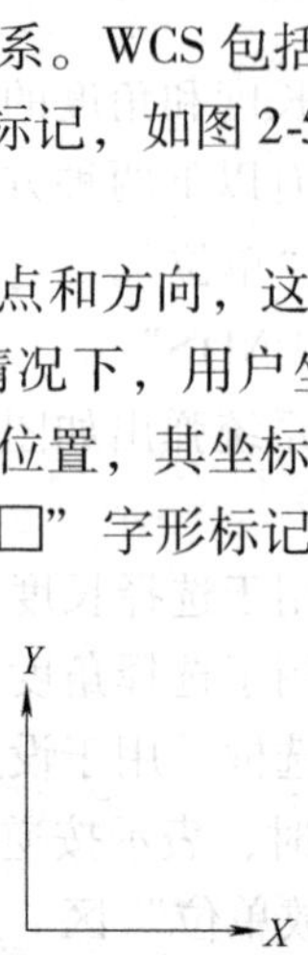

图 2-6　用户坐标系

知识点 2 坐标输入方法

绘制图形时，如何精确地输入点的坐标是绘图的关键。在 AutoCAD 2012 中，点的坐标分为绝对直角坐标、绝对极坐标、相对直角坐标和相对极坐标四种。

1. 绝对直角坐标

绝对直角坐标以原点为基点定义其他点的位置，坐标值间用逗号隔开。绘制二维图形时，只输入 X、Y 坐标，即“X,Y”；绘制三维图形时输入 X、Y、Z 坐标，即“X,Y,Z”。

例如，在图 2-7 中，点 A 的坐标值为（20,20），则应输入“20,20”，点 B 的坐标值为（50,50），则应输入“50,50”。

2. 绝对极坐标

绝对极坐标以原点为极点，通过极半径和极角来确定点的位置。极半径是某点与原点之间的距离；极角是该点与原点连线与 X 轴正半轴的夹角，逆时针为正方向。其输入格式为极半径 < 极角，即 $L<\alpha$。

例如，图 2-8 中点 A 的绝对极坐标为“80 <45”。

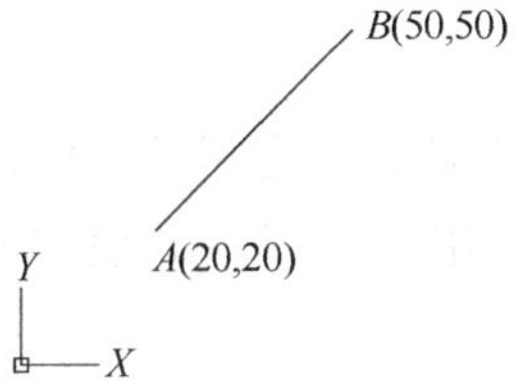

图 2-7 绝对直角坐标

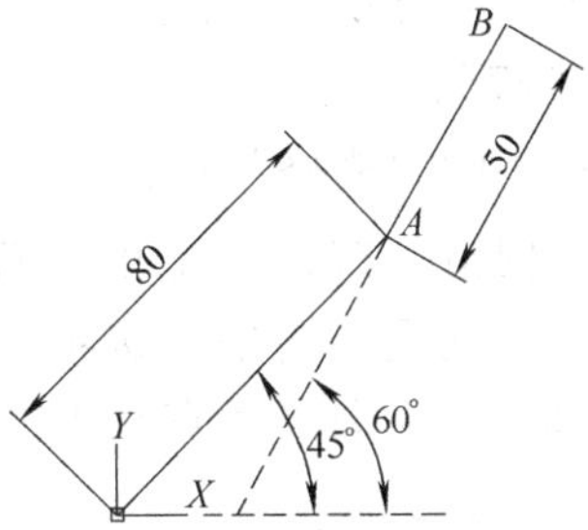

图 2-8 绝对极坐标

3. 相对直角坐标

在绘图过程中，仅使用绝对坐标并不方便，因为在实际工作中，图形对象的定位通常是通过相对位置来确定的。绘制一幅新图时，第一点的位置往往并不重要，只需简单估计即可；一旦第一点确定后，以后每一点的位置都可由相对于前面所绘制的点的位置来确定。因此，相对坐标在实际绘图中更加实用。

相对直角坐标是指某点相对于另一点在 X 轴和 Y 轴上的位移，其表示方法是在绝对坐标表达方式前加上“@”，即“@ X,Y”。

例如，图 2-7 中的点 B 相对于点 A 相对坐标值为“@ 30,30”，而点 A 相对于点 B 的相对坐标值为“@ -30, -30”。

4. 相对极坐标

相对极坐标以某一指定点为极点，通过相对的极长距离和角度来确定所绘制点的位置。相对极坐标是以上一个操作点为极点，而不是以原点为极点，通常用“@ $L<\alpha$”的形式表示相对极坐标。

例如，图 2-8 中的点 B 相对于点 A 的相对坐标值为“@ 50 <60”，而点 A 相对于点 B 的相对坐标值为“@ 50 < -120”。

知识模块三　绘图辅助功能

在实际绘图中，用鼠标进行定位虽然方便快捷，但精度不高。为了达到快捷精确定位的目的，AutoCAD 提供了一些绘图辅助工具，如栅格显示、捕捉、正交、极轴追踪和对象捕捉。用户可以利用这些辅助工具，在不输入坐标的情况下精度绘图，提高绘图速度。

知识点 1　设置栅格和捕捉

栅格的作用如同传统纸面制图中使用的坐标纸，即按照相等的间距在屏幕上设置栅格点，使用者可以通过栅格点的数目来确定距离，从而达到精确绘图的目的。栅格不是图形的一部分，打印时不会被输出。

捕捉功能经常和栅格功能联用。当捕捉功能打开时，光标只能停留在栅格点上，即只能绘制出栅格间距整数倍的距离。

1. 栅格

控制栅格是否显示的方法如下：

- 按功能键“F7”，可以在开、关状态间进行切换。
- 单击状态栏中的“栅格”按钮。

将光标放在“栅格”按钮上单击右键，在快捷菜单中选择“设置”，打开“草图设置”对话框，显示“捕捉和栅格”选项卡，如图 2-9 所示。用户可以在此设置栅格点在 *X* 轴方向（水平）和 *Y* 轴方向（垂直）上的距离。

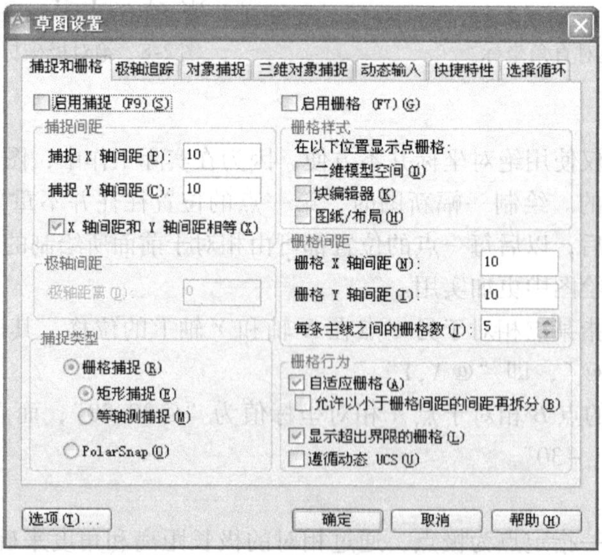

图 2-9　“捕捉和栅格”选项卡

2. 捕捉

捕捉功能可以控制光标移动的距离，打开和关闭捕捉功能的方法如下：

按功能键“F9”，可以在开、关状态间进行切换。

单击状态栏中的“捕捉”按钮。

在如图 2-9 所示的“捕捉和栅格”选项卡中，设置捕捉属性的选项有：

（1）“捕捉间距”选项组　用于设定 X 方向和 Y 方向的捕捉间距，以及整个栅格的旋转角度。

（2）“极轴间距”选项组　使用“PolarSnap”时，光标将沿极轴角度按指定增量进行移动。

（3）“捕捉类型”选项组　可以选择“栅格捕捉”和“PolarSnap”两种类型。选择“栅格捕捉”时，光标只能停留在栅格点上。栅格捕捉又分为“矩形捕捉”和“等轴测捕捉”两种样式，两种的样式区别在于栅格的排列方式不同，“等轴测捕捉”常用于绘制轴测图。

知识点 2　设置正交和极轴追踪

1. 正交

在制图过程中，有相当一部分直线是水平或垂直的。针对这种情况，设置正交开关的方法有：

按功能键“F8”，可以在开、关状态间进行切换。

单击状态栏中的“正交”按钮。

正交开关打开以后，系统只能画出水平或垂直的直线，如图 2-10 所示。由于正交功能已经限制了直线的方向，所以要绘制一定长度的直线时，只需直接输入长度值，不需要输入完整的相对坐标。

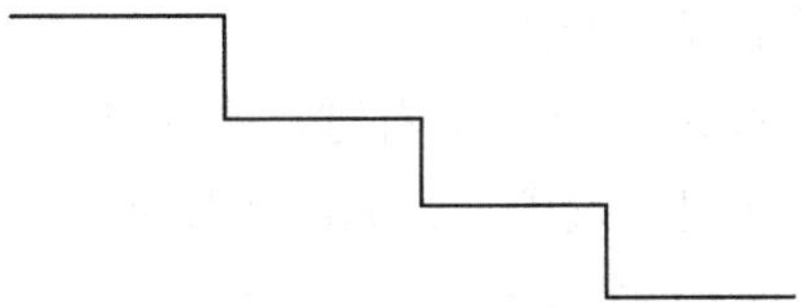

图 2-10　使用正交模式绘制的直线

2. 极轴追踪

极轴追踪实际上是极坐标的一个应用，该功能可以使光标沿着指定角度的方向移动，从而快速找到需要的点。

用户可以采用下列方法打开、关闭极轴追踪功能：

按功能键“F10”，可以在开、关状态间进行切换。

单击状态栏中的“极轴追踪”按钮。

将光标放在“极轴追踪”按钮上单击右键，在快捷菜单中选择“设置”，打开“草图设置”对话框，显示“极轴追踪”选项卡，如图 2-11 所示。

用户可以在此设置下列极轴追踪属性：

（1）“增量角”下拉列表框　用于选择极轴追踪角度。当光标的相对角度等于该角，或者是该角的整数倍时，屏幕上将显示追踪路径。

（2）“附加角”复选框　增加任意角度值作为极轴追踪角度。选中“附加角”复选框，并单击“新建”按钮，然后输入所需追踪的角度值。

（3）“仅正交追踪”单选按钮　当对象捕捉追踪打开时，仅显示已获得的对象捕捉点的正交（水平和垂直方向）对象捕捉追踪路径。

（4）“用所有极轴角设置追踪”单选按钮　当对象捕捉追踪打开时，将从对象捕捉点起沿任何极轴追踪角进行追踪。

（5）“极轴角测量”选项组　用于设置极角的参照标准。“绝对”选项表示使用绝对极坐标，以 X 轴正方向为 0°；“相对上一段”选项是指根据上一段绘制的直线确定极轴追踪角，上一段直线所在的方向为 0°。

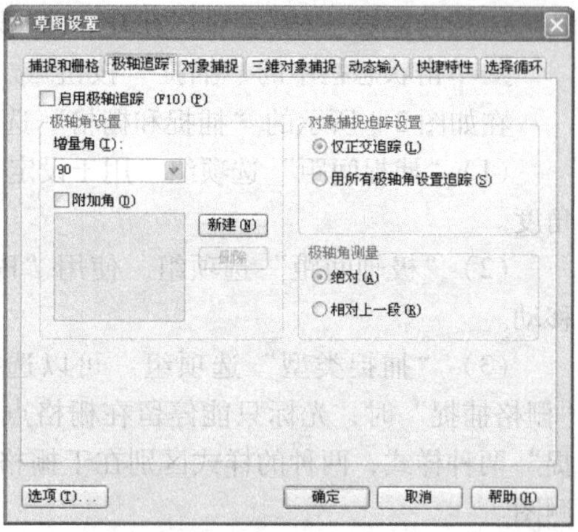

图 2-11　“极轴追踪”选项卡

知识点 3　设置对象捕捉和对象捕捉追踪

1. 对象捕捉

使用对象捕捉功能可以精确定位现有图形对象的特征点，如直线的端点、圆的圆心等，从而为精确绘图提供了条件。

用户可以通过下列方法打开、关闭对象捕捉功能：

- 按功能键“F3”，可以在开、关状态间进行切换。
- 单击状态栏中的“对象捕捉”按钮□。

将光标放在“对象捕捉”按钮□上单击右键，在快捷菜单中选择“设置”，打开“草图设置”对话框，显示“对象捕捉”选项卡，如图 2-12 所示。

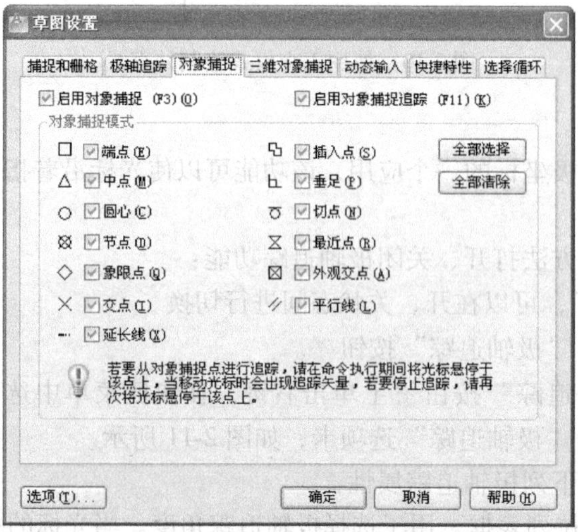

图 2-12　“对象捕捉”选项卡

"对象捕捉"选项卡中共列出了 13 种对象捕捉模式及其对应的捕捉标记，需要捕捉哪些对象捕捉点，就选中这些点前面的复选框。设置完毕后，单击"确定"按钮关闭对话框即可。

这些对象捕捉模式的含义见表 2-1。

表 2-1 对象捕捉模式的含义

对象捕捉模式	含义
端点	捕捉直线或曲线的端点
中点	捕捉直线或弧线的中间点
圆心	捕捉圆、椭圆或弧线的圆心
节点	捕捉用"POINT"命令绘制的点对象
象限点	捕捉位于圆、椭圆或弧线上的 0°、90°、180°和 270°点
交点	捕捉两条直线或弧线的交点
延长线	捕捉直线延长线路径上的点
插入点	捕捉图块、标注对象或外部参照的插入点
垂足	捕捉从已知点到已知直线的垂线的垂足
切点	捕捉圆、弧线及其他曲线的切点
最近点	捕捉处在直线、弧线、椭圆或样条线上，且距离光标最近的特征点
外观交点	在三维视图中，从某个角度观察两个对象时可能相交，但实际上不一定相交，这时可以使用"外观交点"捕捉对象在外观上相交的点
平行	选定路径上的一点，使通过该点的直线与已知直线平行

2. 对象捕捉追踪

对象捕捉追踪功能是在对象捕捉功能的基础上发展起来的，该功能可以使光标从对象捕捉点开始，沿着对齐路径进行追踪，并找到需要的精确位置。对齐路径是指与对象捕捉点水平对齐、垂直对齐，或者按设置的极轴追踪角度对齐的方向。

对象捕捉追踪功能应与对象捕捉功能配合使用，使用对象捕捉追踪功能之前，必须先设置好对象捕捉点。

用户可以通过下列方法打开、关闭对象捕捉追踪功能：

- 按功能键"F11"。
- 单击状态栏中的"对象追踪"按钮。

在绘图过程中，当要求输入点的位置时，可将光标移动到一个对象捕捉点的附近，不需单击鼠标，只需暂时停顿即可获取该点，已获取的点显示为一个蓝色靶框标记。可以同时获取多个点。获取点之后，当在绘图路径上移动光标时，相对点的水平、垂直或极轴对齐路径将会显示出来，如图 2-13 所示，还可以显示多条对齐路径的交点。

当对齐路径出现时，极坐标的极角就已经确定了，这时可以在命令行中直接输入极径值以确定点的位置。

临时追踪点并非真正确定一个点的位置，而是先临时追踪到该点的坐标，然后在该点的基础上确定其他点的位置。当命令结束时，临时追踪点也随之消失。

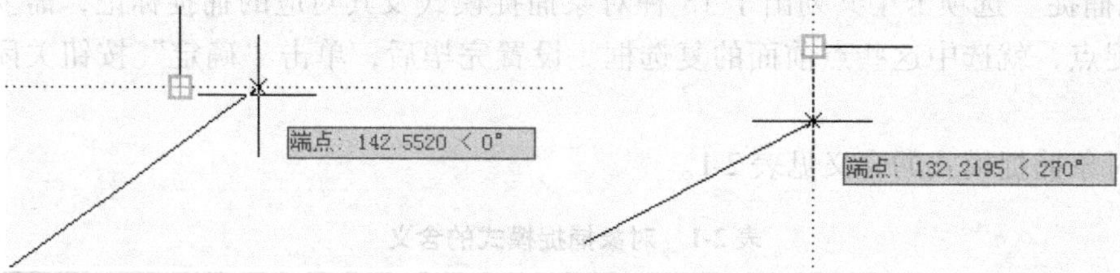

图 2-13　极轴追踪

知识模块四　图形的显示控制

在 AutoCAD 2012 中，常常需要对所绘制的图形进行显示控制，通过缩放与平移视图、鸟瞰视图和平铺视口等方法来控制图形显示，用户可以方便地观察图形的整体或局部效果，从而提高绘图效率。

知识点 1　重画与重生成图形

在绘制和编辑图形时，绘图区常会留下对象的选取标志，使图形画面显得混乱，这时可以使用 AutoCAD 2012 提供的“重画”和“重生成”命令清除这些标记。“重画”和“重生成”功能都是重新显示图形，但两者的操作有本质的不同。

1. 重画图形

图形的“重画”是在显示内存中更新屏幕，它不需要重新计算图形，因此显示速度较快。“重画”将删除用于标识指定点的点标记或临时标记，还可以更新当前窗口。

“重画”的命令为“Redraw”，若选择“视图”/“全部重画”（Redraw all）菜单命令，则可以同时更新多个视口。

2. 重生成图形

如果一直用某个命令编辑图形，但该图形看上去似乎变化不大，此时可以使用“重生成”命令更新屏幕显示。另外，当视图被放大之后，图形的分辨率将降低，许多弧线都变成了多段的直线，这就需要用视图的“重生来”功能显示新的视图。图形的重生成需要计算当前图形的尺寸，并将重新计算过的图形存储在显示内存中，当图形较复杂时，重生成过程需占用较长的时间。

选择“视图”/“重生成”菜单命令可以更新当前视区，其对应命令为“Regen”。若选择“视图”/“全部重生成”（Regen all）菜单命令，则可以同时更新多重视口。

知识点 2　缩放与平移视图

使用缩放和平移视图时，不会改变图形中对象的位置或比例，只改变视图的位置或大小。通过缩放和平移视图，用户可以更快速、更准确、更详细地绘图。

1. 缩放视图

缩放视图可以增大或减小图形对象的屏幕显示尺寸，便于用户观察图形的整体大小及局部细节，但对象的真实尺寸保持不变，只改变显示的比例。

AutoCAD 2012 中缩放视图的方法很多，包括实时缩放、窗口缩放、指定比例缩放及显示整个图形等。

执行缩放视图的命令如下：

菜单栏：选择“视图”/“缩放”中的子命令。

工具栏：单击“标准”工具栏中的“实时缩放”按钮或“窗口缩放”按钮。

命令行：输入“ZOOM”。

执行缩放命令时将显示如下提示信息：

命令：ZOOM

指定窗口的角点，输入比例因子（nX 或 nXP），或者

全部(A)/中心(C)/动态(D)/范围(E)/前一个(P)/比例(S)/窗口(W)/对象(O)〈实时〉：

该命令可以根据输入的选项进行不同的缩放，常用的缩放视图的方法如下：

（1）实时缩放　实时缩放的使用最为普遍，进入实时缩放模式后，光标的形状将变为带有加减号的放大镜。按住鼠标左键，自下向上拖动时为放大视图，自上向下拖动时为缩小视图；释放鼠标左键，缩放停止。

当放大到当前视图的最大极限时，加号（+）将会消失，表示不能再放大了；当缩小到当前视图的最小极限时，减号（-）将会消失，表示不能再缩小了。

技巧　AutoCAD 2012 支持带滚轮的鼠标，滚动鼠标滚轮即可执行缩放功能。

（2）窗口缩放　窗口缩放是指通过指定的两角点定义一个需要缩放的窗口范围，然后快速放大该窗口内的图形至整个屏幕。

2. 平移视图

平移视图可以重新定位图形，用户可以在任何方向上移动并观察图形，以便看清图形的其他部分。此时，不会改变图形中对象的位置和比例。

执行平移视图的命令如下：

菜单栏：选择“视图”/“平移”中的子命令。

工具栏：单击“标准”工具栏中的“平移”按钮。

命令行：输入“PAN”。

技巧　AutoCAD 2012 支持带滚轮的鼠标，按住鼠标滚轮即可执行平移功能。

选择上述命令后，光标将变成一只小手的形状，将其放在图形需要移动的位置按住鼠标左键，即可按光标移动的方向移动视图。

知识点 3　鸟瞰视图

在查看和分析大型图形时，当前的图形显示窗口很难展示清晰的显示效果，这时需要切换至全屏显示视图方式，隐藏菜单栏、命令栏和命令窗口，以使当前视图的显示窗口更大、更清晰。

执行平移视图的命令如下：

菜单栏：选择“视图”/“鸟瞰视图”命令。

命令行：输入“DSVIEWER”。

执行上述命令后，系统将进入“鸟瞰视图”模式，如图 2-14 所示。

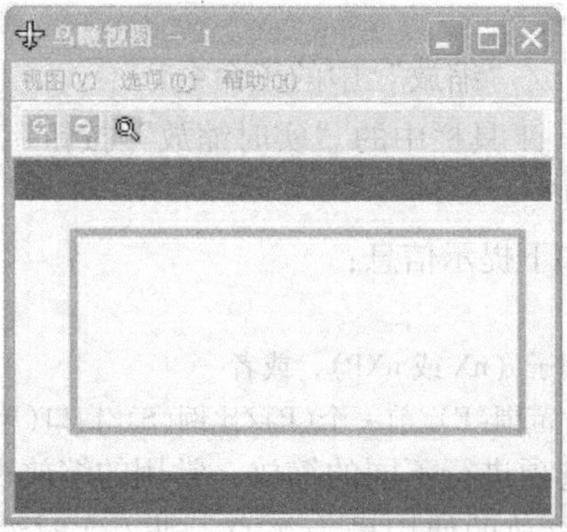

图 2-14 “鸟瞰视图”模式

将光标移动到鸟瞰窗口中，按照动态缩放图形的方法拖动并调整矩形区域，即可观察图形。图 2-15 所示为只显示左下角图形的结果。

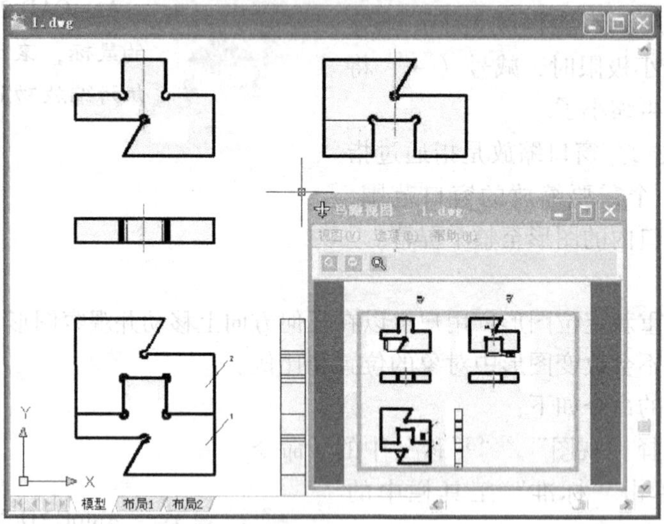

图 2-15 实际应用中的鸟瞰视图

除了可以使用动态方式查看图形外，鸟瞰视图中还包括其他选项，各选项的含义如下。

1. “视图”菜单

在视图菜单中，有“放大”、“缩小”和“全局”三个选项，其功能分别如下：

（1）放大 以当前视图框为中心，将“鸟瞰视图”窗口中的图形显示比例放大一倍。

（2）缩小 以当前视图框为中心，将“鸟瞰视图”窗口中的图形显示比例缩小为之前的 1/2。

（3）全局 在“鸟瞰视图”窗口中显示整个图形和当前视图。

2. “选项”菜单

选项菜单中有“自动视口”、“动态更新”和“实时缩放”三个选项，其功能分别如下：

（1）自动视口　显示多重视口时，系统自动显示当前视口的模型空间视图；关闭“自动视口”时，将不更新“鸟瞰视图”窗口以匹配当前视口。

（2）动态更新　编辑图形时，更新“鸟瞰视图”窗口；关闭“动态更新”时，将不更新“鸟瞰视图”，直到单击“鸟瞰视图”窗口中的区域。

（3）实时缩放　使用“鸟瞰视图”窗口进行缩放时，实时更新绘图区域。

知识点 4　使用平铺视口

绘制较复杂的图形时，为了便于绘图，有时需要将图形的一部分进行放大，但是又需要在同一个窗口观察图形的整体效果。这时可以在模型空间中使用平铺视口的功能，它可以将绘图窗口分为若干个视口。

平铺视口不可以重叠，每个视口显示的都是相同的内容，但只有一个视口是当前视口。在其中任何一个视口中进行的操作都会在其他视口中反映出来。

1. 新建视口

选择“视图”/“视口”/“新建视口”菜单命令，打开“视口”对话框，如图 2-16 所示。

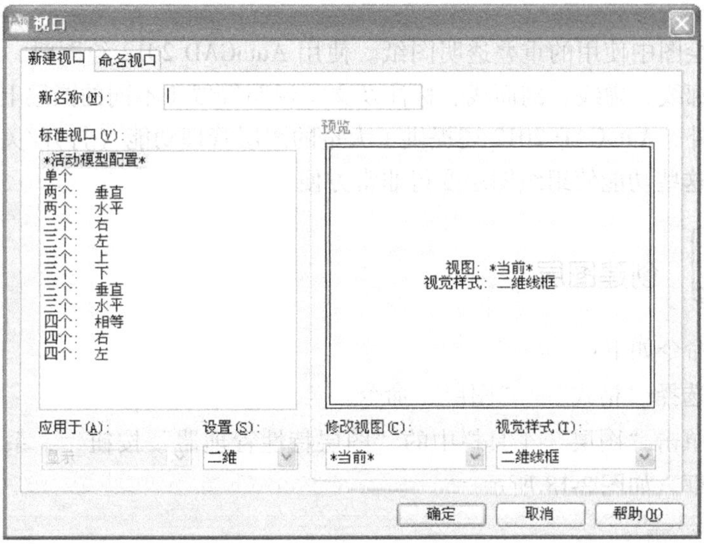

图 2-16　“视口”对话框

“视口”对话框中各选项的功能如下：

（1）“新建视口”选项卡　用户可以在该选项卡中输入新建视口的名称；在“标准视口”列表框中选择可用的标准视口设置，包括设定多少个视口、设定视口的样式等。在该列表框中一次最多可以创建四个视口，该方法使用起来比较方便。

（2）“命名视口”选项卡　用来显示图形中已经命名的视口配置，如图 2-17 所示。在“命名视口”列表框中显示已有的视口配置，在“预览”框中显示选择的视口配置。

2. 合并视口

选择“视图”/“视口”/“合并”菜单命令，可以设定合并视口，即将当前视口合并到另一视口。

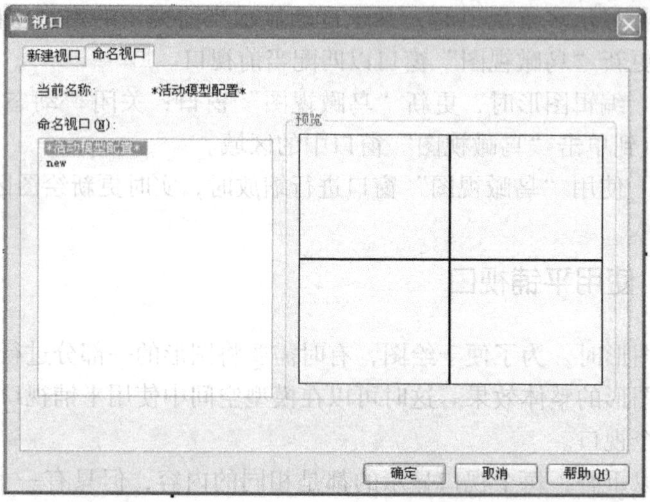

图 2-17 “视口”对话框中的“命名视口”选项卡

知识模块五　图层的创建与管理

图层相当于绘图中使用的重叠透明图纸。使用 AutoCAD 2012 绘图时，一般将工程图包含的基准线、轮廓线、虚线、剖面线、标注及文字说明等置于不同的图层上，以利于图形的编辑和修改。此外，AutoCAD 2012 还提供了大量的图层管理功能（打开/关闭、冻结/解冻、加锁/解锁等），这些功能使组织图层变得非常方便。

知识点 1　创建图层

创建图层的命令如下：

菜单栏：选择“格式”/“图层”命令。

工具栏：单击“图层”工具栏中的“图层特性管理器”按钮，系统弹出“图形特性管理器”对话框，如图 2-18 所示。

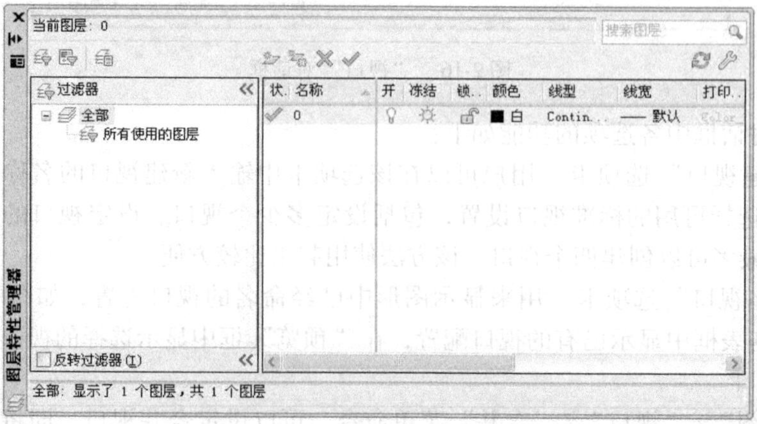

图 2-18 “图层特性管理器”对话框

单击“图层特性管理器”对话框中的“新建”按钮，可以新建一个图层；单击“删除”按钮，可以删除选中的图层；单击“置为当前”按钮，可以将选定的图层置为当前图层。

在默认的情况下，创建图层会依次以“图层 1”、“图层 2”、“图层 N”进行命名。为了更直接地表现该图层上的图形对象，一般需要重命名图层。选择图层，单击右键，在弹出的快捷菜单中选择“重命名”，即可重命名图层。

AutoCAD 2012 规定，以下四类图层不能被删除：

1）0 层和 Defpoints 图层。

2）当前层。要删除当前层，可以先改变当前层为其他图层。

3）插入了外部参照的图层。要删除该图层，必须先删除外部参照。

4）包含了可见图形对象的图层。要删除该层，必须先删除该图层中所有的图形对象。

1. 设置图层颜色

图层的颜色是指该图层中图形对象的颜色。在实际绘图中，为了区分不同的图层，可将不同的图层设置为不同的颜色，每个图层只能设置一种颜色。

小知识

在给新创建的图层命名时，图层的名称中不能包含通配符（“*”和“?”）和空格，且图层不能重名。

新建图层后，要改变图层的颜色，可在“图层特性管理器”对话框中单击“选择颜色”按钮，打开“选择颜色”对话框，如图 2-19所示。

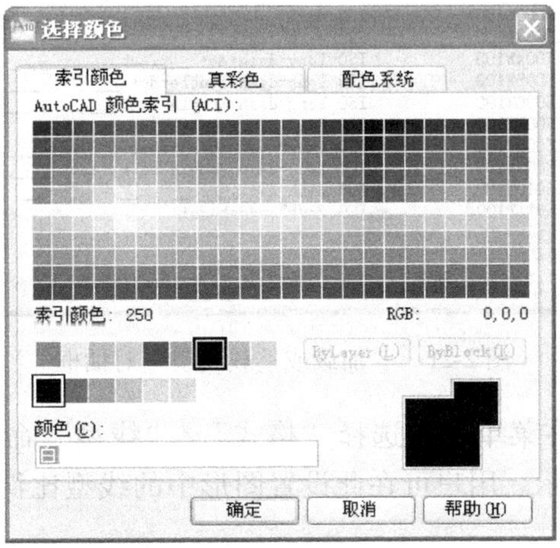

图 2-19　“选择颜色”对话框

在对话框中根据需要选择相应的颜色，单击“确定”按钮，完成图层颜色的设置。

2. 设置图层线型

线型是指图形基本元素中线条的组成和显示方式，如中心线、实线等。AutoCAD 2012 中既有简单的线型，也有由一些符号组成的特殊线型，以满足用户的使用需要。

（1）加载线型　单击“线型”列的对应图标，系统弹出“选择线型”对话框。在默认的状态下，“选择线型”对话框中只有一种已加载的线型“Continuous”，如图 2-20 所示。

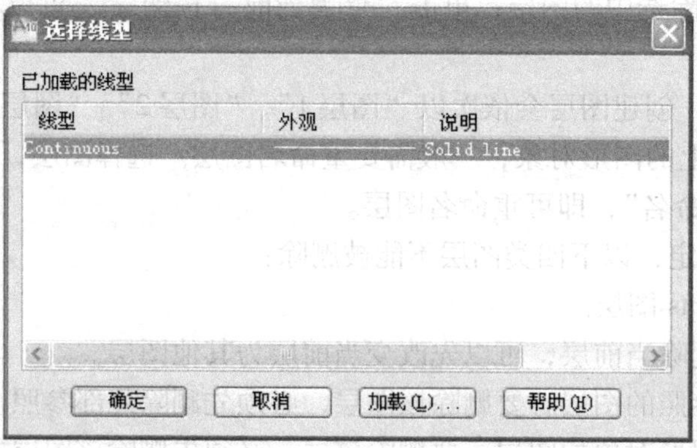

图 2-20 “选择线型”对话框

如果要使用其他线型，必须将其添加到“已加载的线型”列表框中。单击“加载”按钮，系统弹出“加载或重载线型”对话框，如图 2-21 所示。从对话框中选择相应的线型，单击“确定”按钮，完成线型的加载。

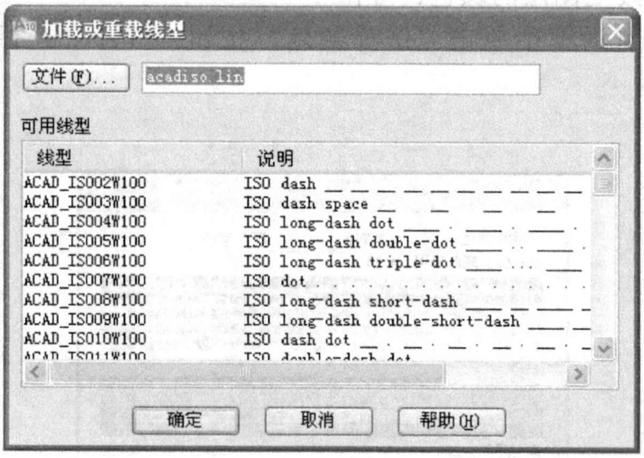

图 2-21 “加载或重载线型”对话框

（2）设置线型比例 在菜单栏中选择“格式”/“线型”命令，系统弹出“线型管理器”对话框，如图 2-22 所示。用户可在此设置图形中的线型比例，从而改变非连续线型的外观。

在“线型”列表中选择需要修改的线型，单击“显示细节”按钮，在“详细信息”区域中可以设置线型的“全局比例因子”和“当前对象缩放比例”。其中，“全局比例因子”用于设置图形中所有线型的比例，“当前对象缩放比例”用于设置当前选中线型的比例。

3. 设置图层线宽

线宽设置是指改变线条的宽度。在 AutoCAD 2012 中，使用不同宽度的线条表现对象的大小和类型，可以提高图形的表达能力。

图 2-23 所示为不同线宽的显示效果。

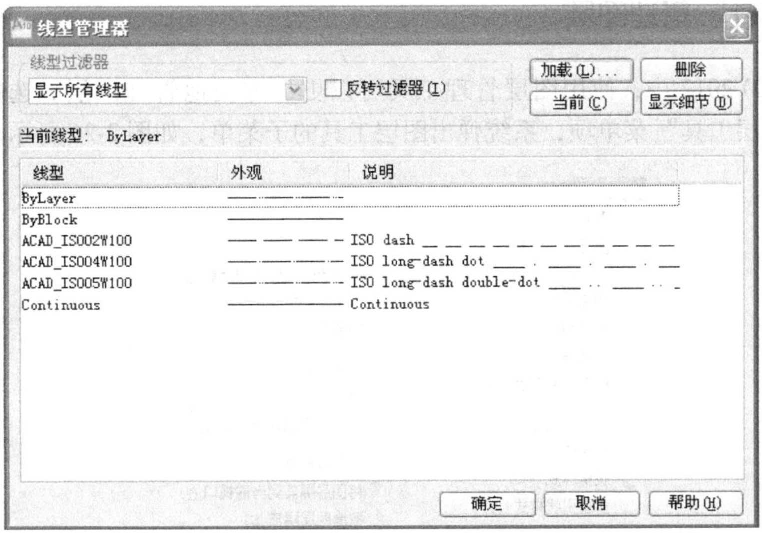

图 2-22　“线型管理器”对话框

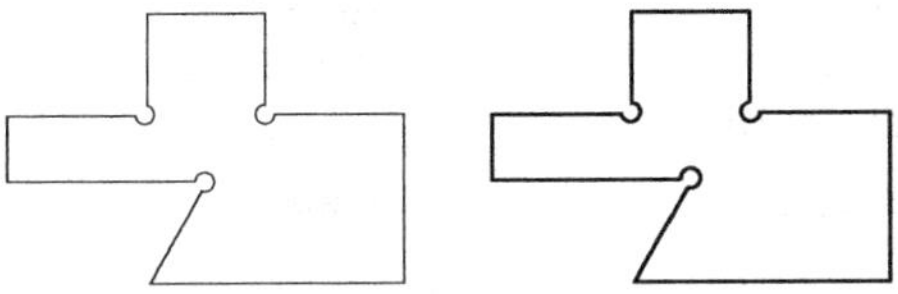

图 2-23　不同线宽的显示效果

要设置图层的线宽，可以单击“图层特性管理器”对话框中的“线宽”按钮，系统将弹出“线宽”对话框，如图 2-24 所示，从中选择所需的线宽即可。

选择菜单栏中的“格式”/“线宽”命令，打开“线宽设置”对话框，如图 2-25 所示。通过调整显示比例，可使图形中的线宽显示得更宽或更窄。

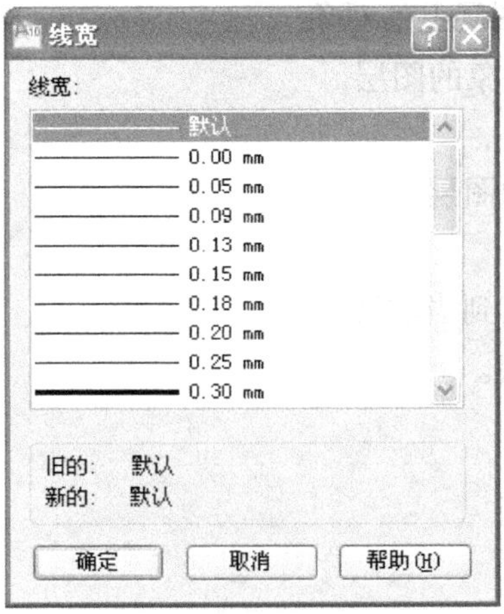

图 2-24　“线宽”对话框

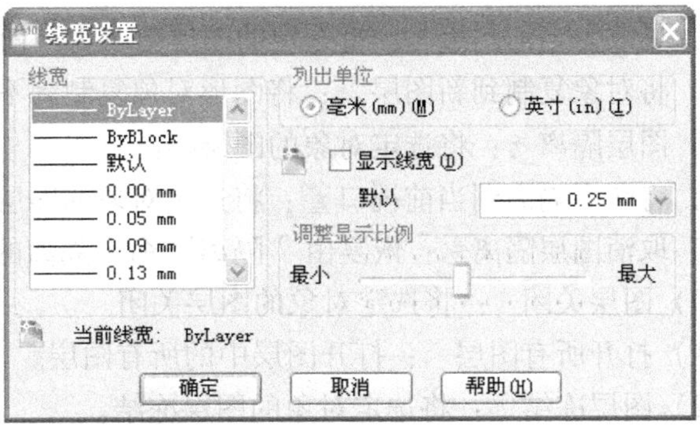

图 2-25　“线宽设置”对话框

知识点 2 管理图层

在 AutoCAD 2012 中，使用图层管理工具可以更加方便地管理图层。选择菜单栏中的“格式”/“图层工具”菜单项，系统弹出图层工具的子菜单，如图 2-26 所示。

图 2-26　图层工具的子菜单

此菜单中各命令的含义如下：

1）将对象的图层置为当前：将图层设置为当前图层。

2）上一个图层：恢复上一个图层设置。

3）图层漫游：动态显示在“图层”列表中选择的图层上的对象。

4）图层匹配：将选定对象的图层更改为选定目标对象的图层。

5）更改为当前图层：将选定的图层更改为当前图层。

6）将对象复制到新图层：将图形对象复制到不同的图层。

7）图层隔离：将选定对象的图层隔离。

8）将图层隔离到当前视口：将选定对象的图层隔离到当前视口。

9）取消图层隔离：恢复由“隔离”命令隔离的图层。

10）图层关闭：将选定对象的图层关闭。

11）打开所有图层：打开图层中的所有图层。

12）图层冻结：将选定对象的图层冻结。

13）解冻所有图层：解除图形中的所有图层。

14）图层锁定：锁定选定图形中的图层。

15）图层解锁：解锁图形中的所有图层。

16）图层合并：合并两个图层，并从图层中删除第一个图层。

17）图层删除：从图形中永久删除图层。

【综合训练】

1. 简答题

（1）在 AutoCAD 2012 中，如何设置绘图范围？

（2）在 AutoCAD 2012 中，有哪些对象捕捉点？它们的含义是什么？

（3）在 AutoCAD 2012 中，如何设置视口及合并视口？

（4）鸟瞰视图有何特点？如何使用它缩放图形？

2. 操作题

（1）试设置一个图形单位，要求长度单位为小数点后保留一位小数，角度单位为十进制度数，精度为整数位，单位为厘米。

（2）按表 2-2 所示的要求创建图层。

表 2-2　图层设置要求

图层名	线型	颜色
粗实线	Continuous	白色
细实线	Continuous	蓝色
点画线	CENTER	红色
虚线	DASHED	黄色
波浪线	Continuous	青色
双点画线	DIVIDE	品红色
文字	Continuous	绿色
辅助线	Continuous	绿色

第三单元　绘制二维图形

学习目标：掌握 AutoCAD 2012 中绘制点、直线、圆、圆弧、多边形等的方法；掌握多段线、多线、样条曲线等高级图形对象的绘制和编辑方法；掌握创建面域、图案填充等命令的操作方法。

知识模块一　绘制点

点是最基本的绘图元素，任何复杂的平面图形都是由点、线及面组成的，本模块主要介绍点样式的设置及点的画法。

知识点 1　设置点样式

绘制点时，由于系统默认的点样式为小黑点，不容易在屏幕上区分，特别是在其他图形上绘制定位点时。因此，绘制点之前一般要设置点样式，使其清晰可见。

单击菜单栏“格式”/“点样式”命令，打开“点样式”对话框，如图 3-1 所示。用户可根据需要选择系统提供的 20 种点样式中的任意一种。

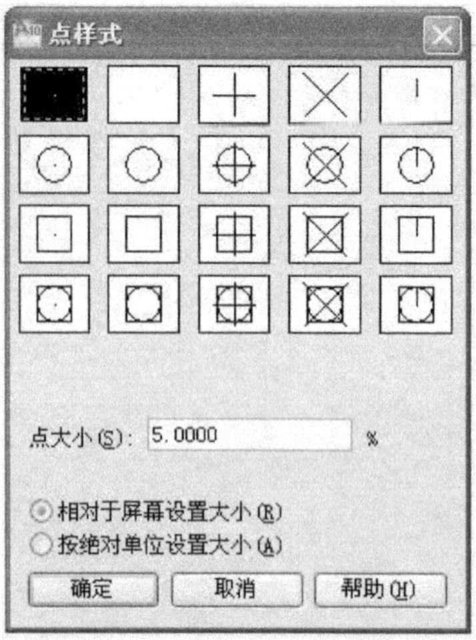

图 3-1　“点样式”对话框

“点样式”对话框中各选项的功能如下：

（1）“点大小”文本框　用于确定点大小的百分比。

（2）“相对于屏幕设置大小”单选按钮　按屏幕尺寸的百分比设置点的显示大小。进行缩放时，点的显示大小并不改变，如图 3-2 所示，右侧图形为左侧图形缩放 1/2 时的结果。

（3）“按绝对单位设置大小”单选按钮　按“点大小”文本框中指定的实际单位设置点显示的大小。进行缩放时，所显示点的大小随之改变，如图 3-3 所示，右侧图形为左侧图形缩放 1/2 时的结果。

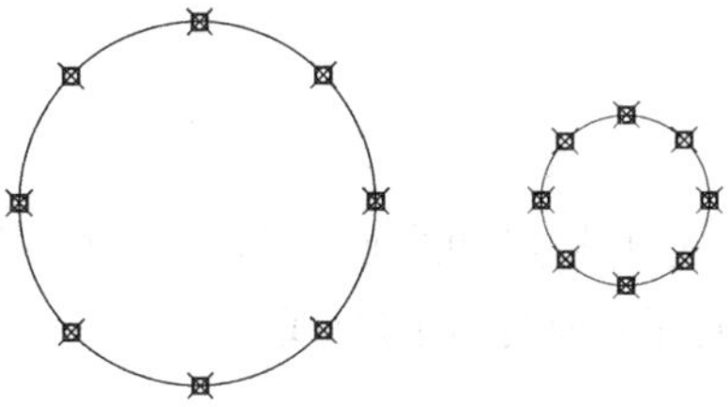

图 3-2　点的大小未变化

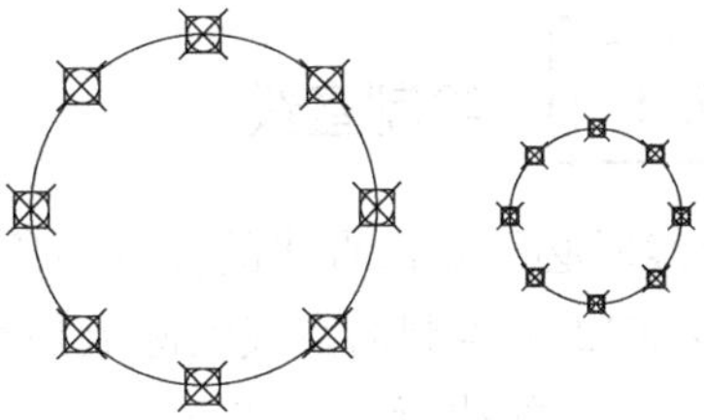

图 3-3　点的大小变化

知识点 2　绘制点对象

创建点时，可以选择“绘图”/“点”命令中的“单点”、“多点”、“定数等分”、“定距等分”选项，实现多种创建方式，如图 3-4 所示。

（1）单点　选择此命令后，直接在指定位置单击就可以创建一个点。

（2）多点　选择此命令后，可以在绘图窗口中一次指定多个点，直到按“Esc”键结束。

（3）定数等分　选择该命令后，命令行将提示需要定数等分的对象，用户可按要求输入对该对象进行等分的数目。例如，对一段直线和圆进行定数等分的情形如图 3-5 所示。

小知识

定距等分拾取对象时，放置点的起始位置从离对象选取点较近的端点开始。

（4）定距等分　选择该命令后，命令行将提示需要定距等分的对象，用户可要求输入等分段的长度。例如，将一段直线定距等分的情形如图 3-6 所示。

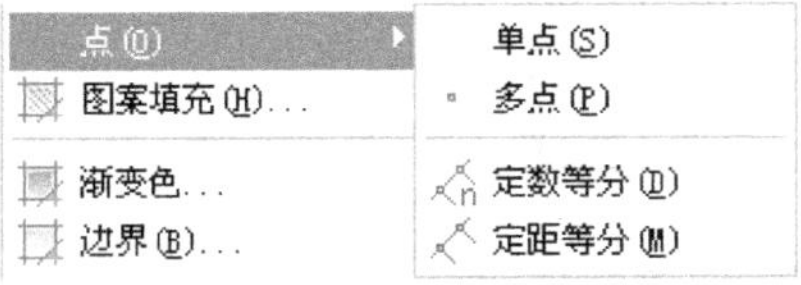

图 3-4　绘制点菜单

图 3-5　定数等分

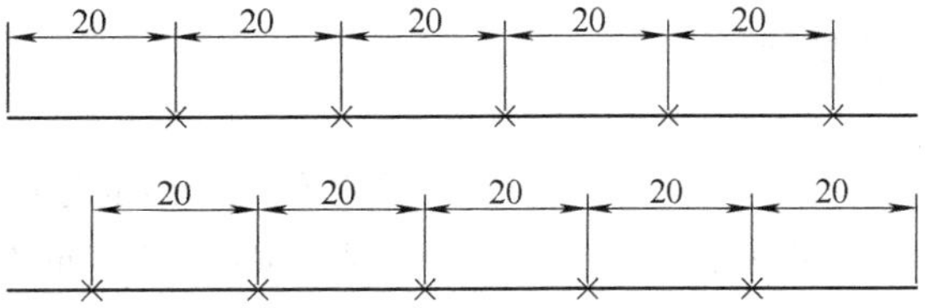

图 3-6　定距等分

知识模块二　直线类命令

线的种类很多，包括直线、射线、构造线等，它们是绘制图形中出现得最多的几何元素。在 AutoCAD 2012 中，直线、射线和构造线是最简单的一组线性对象。

知识点 1　绘制直线

绘制直线时必须知道直线的位置和长度，只要指定了起点和终点，即可绘制一条直线。在 AutoCAD 2012 中绘制的直线实际上是直线段，不同于几何学中的直线。

“直线”命令的执行方式如下：

菜单栏：选择“绘图”菜单中的“直线”命令。

工具栏：单击“绘图”工具栏中的“直线”命令。

命令行：输入“LINE”

执行上述命令后，命令行的提示信息如下：

命令：LINE

指定第一点：　　　　　　　　　　　　//指定直线的第一点

指定下一点或［放弃（U）］：　　　　　//指定直线的端点

指定下一点或［放弃（U）］：　　　　　//指定其他线段的端点

指定下一点或［闭合（C）/放弃（U）］：　//指定端点、闭合直线，或者取消上一条直线

AutoCAD 2012 用户可以根据需要选择输入点坐标的方式来确定直线，最常用的是相对坐标的输入方式。

【课堂实训一】　分别使用四种点坐标的输入方式，绘制如图 3-7 所示的直线图形。

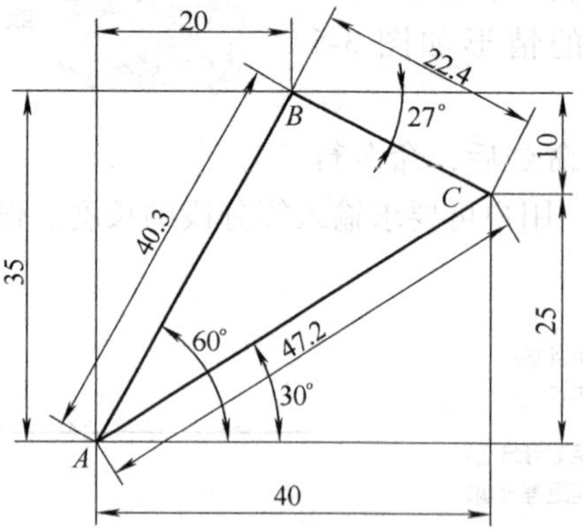

图 3-7　直线图形

方法 1：使用绝对直角坐标。

命令：LINE

指定第一点：0,0　　　　　　　　　　// 指定第一点为坐标原点

指定下一点或［放弃(U)］：20,35↙　　// 输入点 B 的绝对直角坐标

指定下一点或［放弃(U)］：40,25↙　　// 输入点 C 的绝对直角坐标

指定下一点或［闭合（C）/放弃（U）］：C↙　　// 闭合三角形

方法2：使用绝对极坐标。

命令：LINE

指定第一点：0，0　　// 指定第一点为坐标原点

指定下一点或［放弃（U）］：40.3<60↙　　// 输入点 *B* 的绝对极坐标

指定下一点或［放弃（U）］：47.2<30↙　　// 输入点 *C* 的绝对极坐标

指定下一点或［闭合（C）/放弃（U）］：C↙　　// 闭合三角形

方法3：使用相对直角坐标。

命令：LINE

指定第一点：　　// 任意指定一点

指定下一点或［放弃（U）］：@20,35↙　　// 输入点 *B* 的相对直角坐标

指定下一点或［放弃（U）］：@20，-10↙　　// 输入点 *C* 的相对直角坐标

指定下一点或［闭合（C）/放弃（U）］：C↙　　// 闭合三角形

方法4：使用相对极坐标。

命令：LINE

指定第一点：　　// 任意指定一点

指定下一点或［放弃（U）］：@40.3<60↙　　// 输入点 *B* 的绝对极坐标

指定下一点或［放弃（U）］：@22.4< -27↙　　// 输入点 *C* 的绝对极坐标

指定下一点或［闭合（C）/放弃（U）］：C↙　　// 闭合三角形

【课堂实训二】　绘制如图3-8所示的图形。

【课堂实训三】　绘制如图3-9所示的图形。

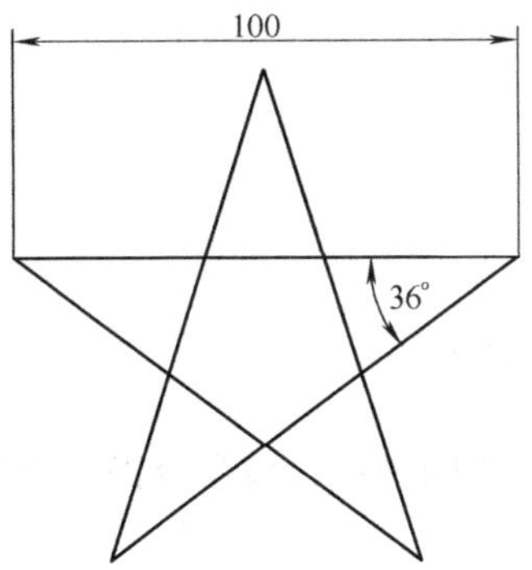

图3-8　正五角星图形

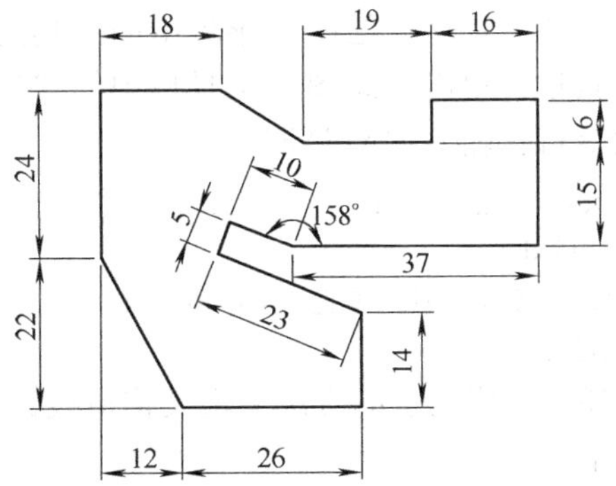

图3-9　绘制图形

知识点2　绘制射线

射线是一端固定，另一端无限延伸的直线，它有起点但没有终点。在AutoCAD 2012中，射线主要用于绘制辅助线。

“射线”命令的执行方式如下：

- 菜单栏：选择“绘图”菜单中的“构造线”命令。
- 命令行：输入“RAY”。

命令提示信息如下：

命令：RAY
指定起点：　　　　　　　　　　　　　　　　// 指定射线的起点
指定通过点：　　　　　　　　　　　　　　　// 指定射线的通过点
指定通过点：　　　　　　　　　　　　　　　// 指定其他射线通过点

指定射线的起点后，可在“指定通过点：”提示下指定多个通过点，来绘制以起点为端点的多条射线，直到按“Enter”键或“Esc”键结束射线的绘制，如图 3-10 所示。

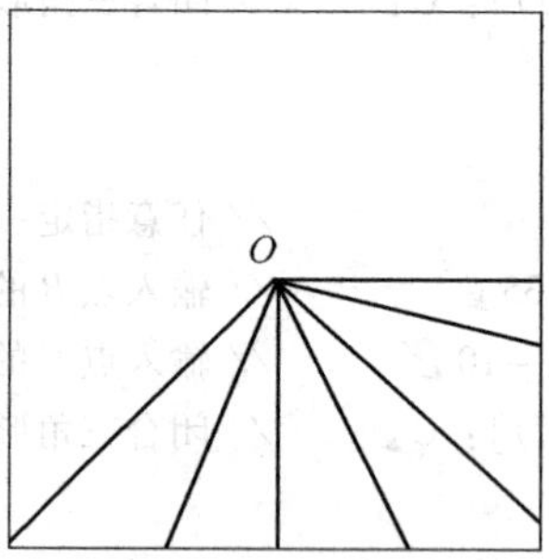

图 3-10　通过端点 O 绘制的多条射线

知识点 3　绘制构造线

构造线是向两端无限延长的直线，它没有起点和终点，主要用于绘制辅助线。

“构造线”命令的执行方式如下：

- 菜单栏：选择“绘图”菜单中的“构造线”命令。
- 工具栏：单击“绘图”工具栏中的“构造线”命令 。
- 命令行：输入“XLINE”。

命令提示信息如下：

命令：XLINE
指定点或［水平（H）/垂直（V）/角度（A）二等分（B）偏移（O）］：
指定通过点：

可以通过指定两点的方法来定义构造线，第一点为构造线的中点，该命令提示中各选项的功能如下：

（1）水平（H）或垂直（V）　选择该选项，可创建经过指定点且平行于 X 轴或 Y 轴的构造线。

（2）角度（A）　创建与 X 轴成指定角度的构造线。可以先选择一条参考线，再指定直线与构造线的角度；也可以先指定构造线的角度，再设置必经的点。

（3）二等分（B）　可以创建二等分指定角的构造线，这时需要指定等分角的顶点、起点和端点。

（4）偏移（O）　通过指定偏移距离或指定一点来绘制平行的构造线。

知识模块三　圆类命令

在 AutoCAD 2012 中，圆、圆弧、椭圆、椭圆弧和圆环都属于曲线对象，其绘制方法相对比较复杂。

知识点1　绘制圆

“圆”命令的执行方式如下：

菜单栏：选择“绘图”/“圆”命令，如图3-11所示。

工具栏：单击“绘图”工具栏中的“圆”命令。

命令行：输入“CIRCLE”。

命令提示信息如下：

命令：CIRCLE

指定圆的圆心或［三点（3P）/两点（2P）/相切、相切、半径（T）］：

指定圆的半径或［直径（D）］：

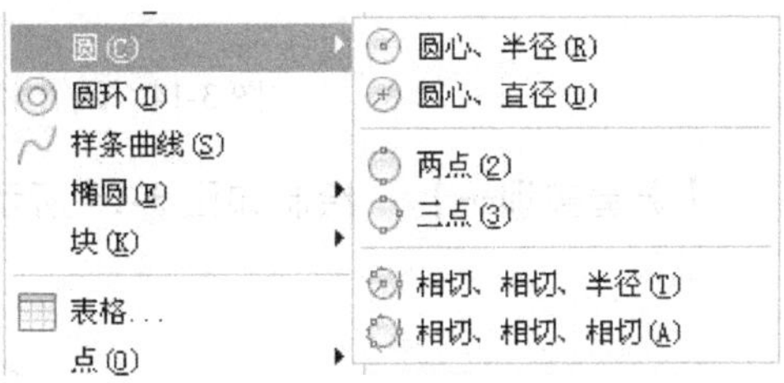

图3-11　绘制圆子菜单

该命令提供了以下绘制圆的方式和选项：

（1）圆心、半径（或直径）　指定圆心位置和圆的半径或直径创建圆。

（2）两点　指定两点来定义一条直径创建圆，如图3-12a所示。

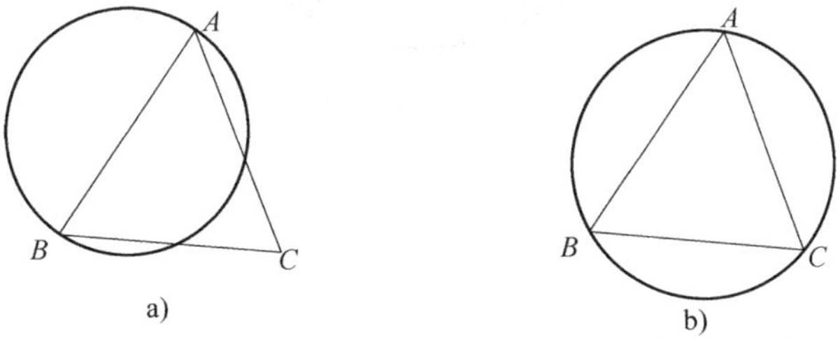

图3-12　用“两点”法和“三点”法绘制圆

a）两点法　b）三点法

（3）三点　与两点法基本相同，只是要指定圆周上的第三点，如图3-12b所示。

（4）相切、相切、半径　以指定值为半径，绘制与两个对象相切的圆，如图3-13所示。

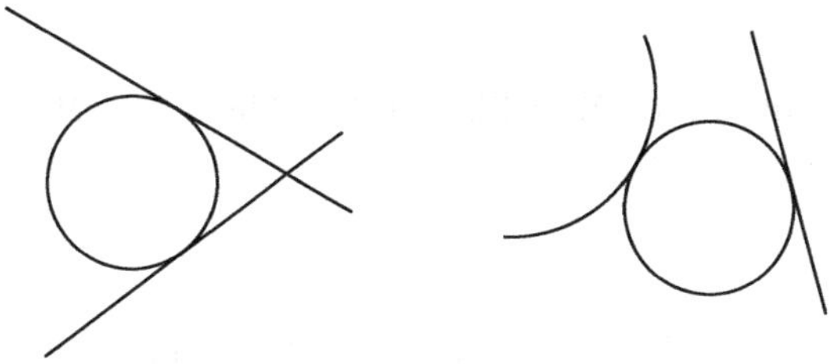

图3-13　用“相切、相切、半径”法绘制圆

（5）相切、相切、相切：指定与圆相切的三个对象来绘制圆，该方法实际是三点法的具体应用，如图3-14所示。

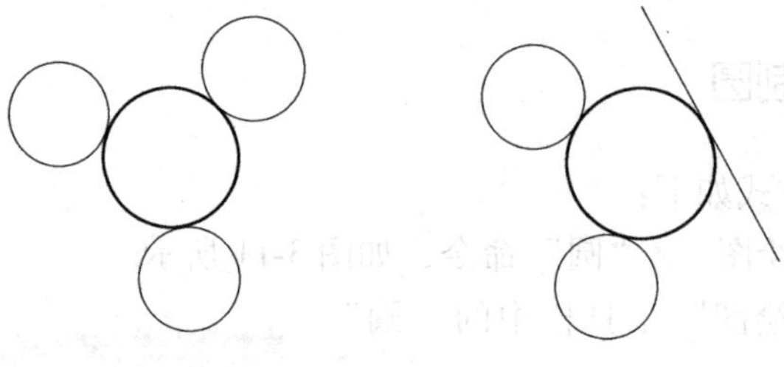

图 3-14　用“相切、相切、相切”法绘制圆

【课堂实训一】　绘制如图 3-15 所示的图形。

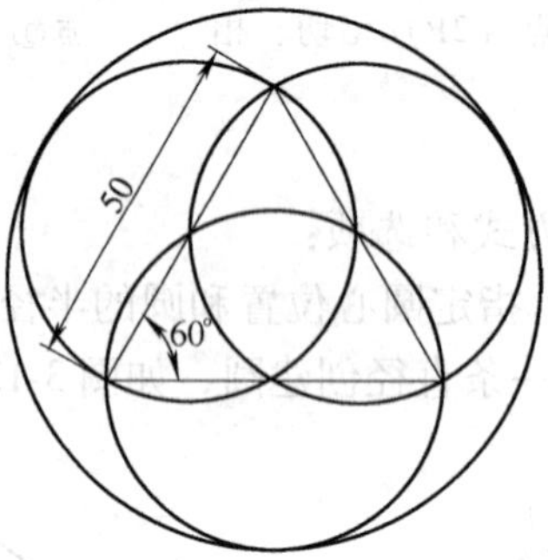

图 3-15　绘制圆对象

操作步骤如下：

命令：LINE

指定第一点：

指定下一点或 [放弃 (U)]：@ 50 < 60

指定下一点或 [放弃 (U)]：@ 50 < -60

指定下一点或 [闭合 (C)/放弃 (U)]：C

命令：CIRCLE

指定圆的圆心或 [三点 (3P)/两点 (2P)/相切、相切、半径 (T)]：2P　// 使用两点法绘制圆

指定圆直径的第一个端点：　// 指定等边三角形的一个端点

指定圆直径的第二个端点：　// 指定等边三角形的另一个端点

命令：CIRCLE

指定圆的圆心或 [三点 (3P)/两点 (2P)/相切、相切、半径 (T)]：2P

指定圆直径的第一个端点：

指定圆直径的第二个端点：

命令：CIRCLE

指定圆的圆心或 [三点 (3P)/两点 (2P)/相切、相切、半径 (T)]：2P

指定圆直径的第一个端点：

指定圆直径的第二个端点：

命令：CIRCLE

指定圆的圆心或 [三点 (3P)/两点 (2P)/相切、相切、半径 (T)]：3P　// 使用三点法绘制圆

指定圆上的第一个点：_tan 到　　　　// 指定与第一个圆相切
指定圆上的第二个点：_tan 到　　　　// 指定与第二个圆相切
指定圆上的第三个点：_tan 到　　　　// 指定与第三个圆相切

知识点 2　绘制圆弧

“圆弧”命令的执行方式如下：

菜单栏：选择“绘图”/“圆弧”命令，如图 3-16 所示。

工具栏：单击“绘图”工具栏中的“圆弧”命令。

命令行：输入“ARC”。

该命令提供了以下绘制圆弧的方式和选项：

（1）三点（P）　通过三点来绘制圆弧，需要指定圆弧的起点、通过的一点及端点。

（2）起点、圆心、端点（S）　通过指定起点、圆心、端点来绘制圆弧。

（3）起点、圆心、角度（T）　通过指定起点、圆心、角度来绘制圆弧，用户需要在“指定包含角”的提示下输入相应的角度。若圆弧设置为逆时针，则输入正的角度值；若圆弧设置为顺时针，则输入负的角度值。

图 3-16　绘制圆弧子菜单

（4）起点、圆心、长度（A）　通过指定起点、圆心、长度来绘制圆弧。用户可以在“指定弦长”的提示下输入相应的数值，但所给的弦长值不能超过起点到圆心距离的 2 倍。另外，如果在“指定弦长”的提示下输入了负值，则该值的绝对值将作为对应整圆的空缺部分圆弧的弦长。

（5）起点、端点、角度（N）　通过指定起点、端点、角度来绘制圆弧。

（6）起点、端点、方向（D）　通过指定起点、端点、方向来绘制圆弧。在“指定圆弧的起点切向”的提示下，用户可以通过拖动鼠标的方式，动态地确定圆弧起始点处的切线方向与水平方向的夹角。

（7）起点、端点、半径（R）　指定起点、端点、半径来绘制圆弧。

（8）圆心、起点、端点（C）　指定圆心、起点、端点来绘制圆弧。

（9）圆心、起点、角度（E）　指定圆心、起点、角度来绘制圆弧。

（10）圆心、起点、长度（L）　指定圆心、起点、长度来绘制圆弧。

（11）继续（O）　在“指定圆弧的起点或［圆心（C）］”的提示下按“Enter”键，系统将以最后绘制的线段或圆弧的最后一点为新圆弧的起点，将最后绘制的圆弧终止点

小知识

在以上方法中，当输入的圆心角为正数时，圆弧沿逆时针方向绘制；当输入的圆心角为负数时，圆弧沿顺时针方向绘制；当半径为正数时绘制劣弧，反之绘制优弧。

处的切线方向作为新圆弧在起始点处的切线方向，然后再指定一点，就可以绘制一个圆弧。

知识点 3 绘制椭圆和椭圆弧

“椭圆”命令的执行方式如下：

菜单栏：选择“绘图”/“椭圆”命令，如图 3-17 所示。

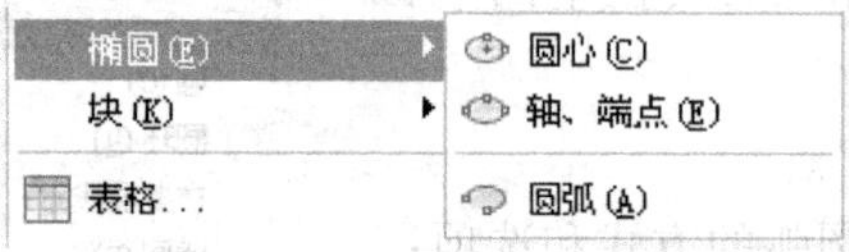

图 3-17 绘制椭圆子菜单

工具栏：单击“绘图”工具栏中的“椭圆”命令。

命令行：输入“ELLIPSE”。

命令提示信息如下：

命令：ELLIPSE
指定椭圆的轴端点或［圆弧（A）/中心点（C）］：
指定轴的另一个端点：
指定另一条半轴长度或［旋转（R）］：

该命令提供了绘制椭圆和椭圆弧的方式：

（1）椭圆的绘制方法　第一种，指定一个轴的两个端点和另一个轴的半轴长度绘制椭圆，如图 3-18a 所示；第二种，指定椭圆的中心、一个轴的端点及另一个半轴的长度绘制椭圆如图 3-18b 所示。

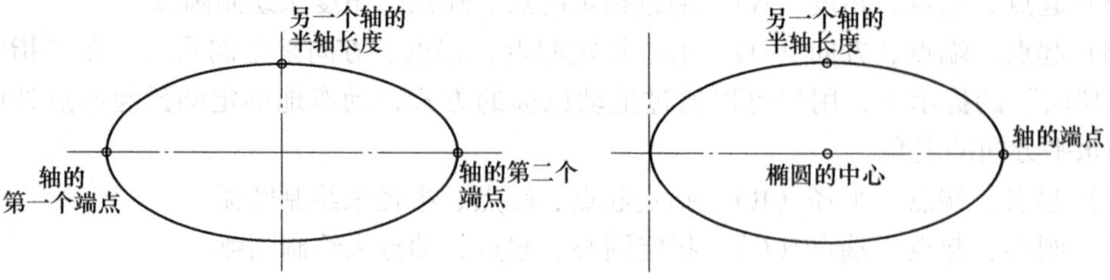

图 3-18 绘制椭圆

所绘结果如图 3-18 所示。

（2）椭圆弧的绘制　首先绘制椭圆，然后在椭圆上截取一部分。其命令提示如下：

指定起始角度或［参数（P）］：　　// 指定椭圆弧的起始角度
指定终止角度或［参数（P）/包含角度（I）］：　　// 指定椭圆弧的终止角度

起始角度为 0°，终止角度为 180°的椭圆弧如图 3-19 所示。

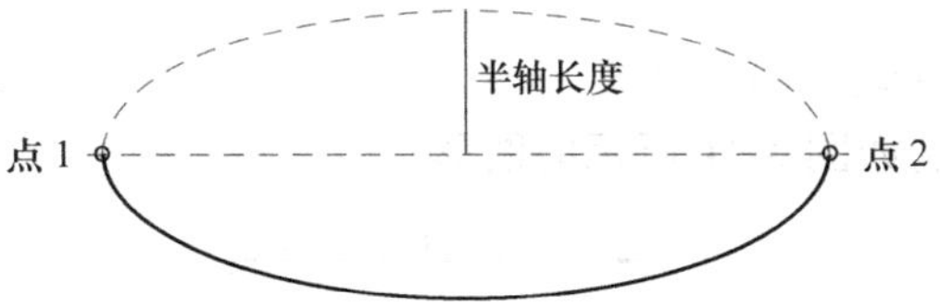

图 3-19　起始角度为 0°，终止角度为 180°的椭圆弧

【课堂实训二】　绘制如图 3-20 所示的图形。

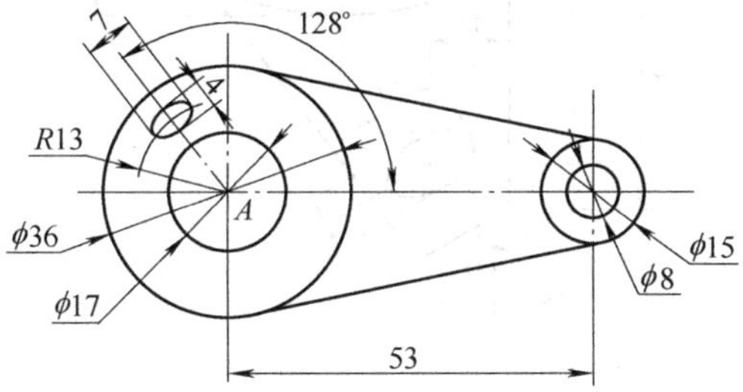

图 3-20　绘制圆和椭圆

操作步骤如下：

1）在状态栏的“对象捕捉”按钮上单击右键，设定对象捕捉点；绘制两条中心线，相交于点 *A*，以点 *A* 为圆心绘制圆。

命令：CIRCLE

指定圆的圆心或［三点（3P）/两点（2P）/相切、相切、半径（T）］：

指定圆的半径或［直径（D）］：D

指定圆的直径：17

命令：CIRCLE

指定圆的圆心或［三点（3P）/两点（2P）/相切、相切、半径（T）］：

指定圆的半径或［直径（D）］＜8.5000＞：D

指定圆的直径 ＜17.0000＞：36

命令：CIRCLE

指定圆的圆心或［三点（3P）/两点（2P）/相切、相切、半径（T）］：from 基点：＜偏移＞：@53，0

指定圆的半径或［直径（D）］＜18.0000＞：D

指定圆的直径 ＜36.0000＞：8

命令：CIRCLE

指定圆的圆心或［三点（3P）/两点（2P）/相切、相切、半径（T）］：

指定圆的半径或［直径（D）］＜4.0000＞：D

指定圆的直径 ＜8.0000＞：15

2）绘制图形的外公切线。打开“草图设置”对话框，取消其他对象捕捉点，只保留切点；选择“直线”命令，绘制外公切线。

3）绘制椭圆。

命令：ELLIPSE

指定椭圆的轴端点或［圆弧（A）/中心点（C）］：C

指定椭圆的中心点：from 基点：＜偏移＞：@13＜128

指定轴的端点：@2 <128

指定另一条半轴长度或［旋转（R）］：3.5　　//设置极轴追踪角度 38°

【课堂实训三】　绘制如图 3-21 所示的图形。

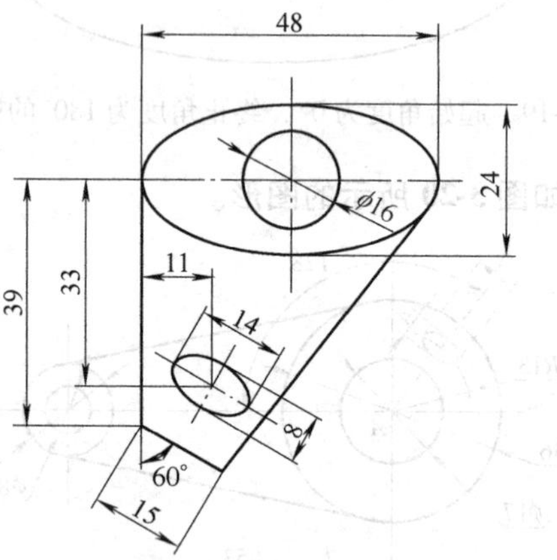

图 3-21　绘制图形

知识点 4　绘制圆环和填充圆

圆环是由一个圆心与两个不同直径的同心圆组成的，控制圆环的主要参数是圆心、内直径和外直径。如果圆环的内直径为 0，则圆环为填充圆。

“圆环”命令的执行方式如下：

菜单栏：选择“绘图”/“圆环”命令。

命令行：输入“FILL”。

AutoCAD 2012 在默认情况下，所绘制的圆环为填充的实心图形。绘制圆环前，如果在命令行输入“fill”命令，则可以控制圆环或圆的填充可见性。执行命令后，命令行提示如下：

命令：FILL

输入模式［开（ON）/关（OFF）］<开>：

1）选择开（ON）模式，表示绘制的圆环和圆要填充，如图 3-22 所示。

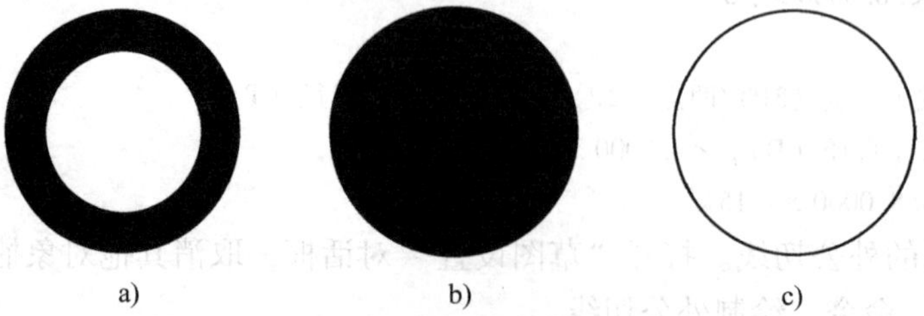

图 3-22　填充的圆环

a）内、外径不相等　b）内径为 0　c）内、外径相等

2）选择关（OFF）模式，表示绘制的圆环和圆不予填充，如图 3-23 所示。

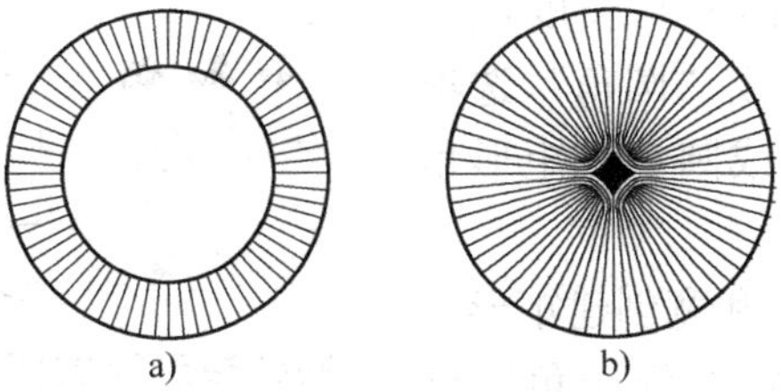

图 3-23　不填充的圆环

a）内、外径不相等　b）内径为0

知识模块四　绘制矩形和正多边形

知识点 1　绘制矩形

“矩形”命令的执行方式如下：

- 菜单栏：选择“绘图”/“矩形”命令。
- 工具栏：单击“绘图”工具栏中的“矩形”命令。
- 命令行：输入“RECTANG”。

命令提示信息如下：

命令：RECTANG

指定第一个角点或［倒角(C)/标高(E)/圆角(F)/厚度(T)/宽度(W)］：

指定另一个角点或［面积(A)/尺寸(D)/旋转(R)］：

该命令提示中各选项的功能如下：

（1）倒角（C）　用于指定矩形的倒直角距离，从而绘制带倒直角的矩形。

（2）标高（E）　指定矩形离 *XY* 平面的高度。

（3）圆角（F）　用于指定矩形的倒圆角距离，从而绘制带倒圆角的矩形。

（4）厚度（T）　用于指定矩形的厚度。

（5）宽度（W）　用于指定所画矩形的线宽。

图 3-24 所示为各种形式的矩形效果。

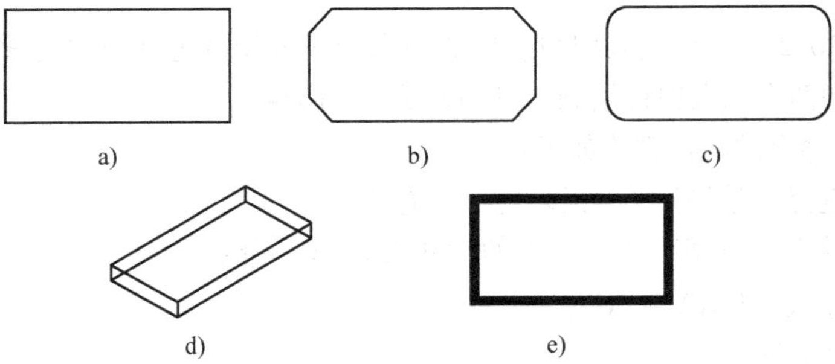

图 3-24　矩形的各种形式

a）矩形　b）倒直角矩形　c）倒圆角矩形　d）有厚度矩形　e）有宽度矩形

（6）面积（A） 使用面积与长度或宽度创建矩形。如果“倒角”或“圆角”选项被激活，则区域将包括倒角或圆角在矩形角点上产生的效果。

（7）尺寸（D） 使用长和宽创建矩形。

（8）旋转（R） 按指定的旋转角度创建矩形。

小知识

如果两个倒角距离之和大于矩形的边长，那么绘制的矩形没有倒角；如果圆角半径大于矩形的边长，那么绘制的矩形没有圆角。

【课堂实训一】 绘制如图 3-25 所示的矩形（宽度为 2mm）。

操作步骤如下：

命令：RECTANG

指定第一个角点或［倒角（C）/标高（E）/圆角（F）/厚度（T）/宽度（W）］：W↙

指定矩形的线宽 <0.0000>：2↙

指定第一个角点或［倒角（C）/标高（E）/圆角（F）/厚度（T）/宽度（W）］：F↙

指定矩形的圆角半径 <0.0000>：5↙

指定第一个角点或［倒角（C）/标高（E）/圆角（F）/厚度（T）/宽度（W）］：在屏幕上指定一点↙

指定另一个角点或［尺寸（D）］：@80，40↙

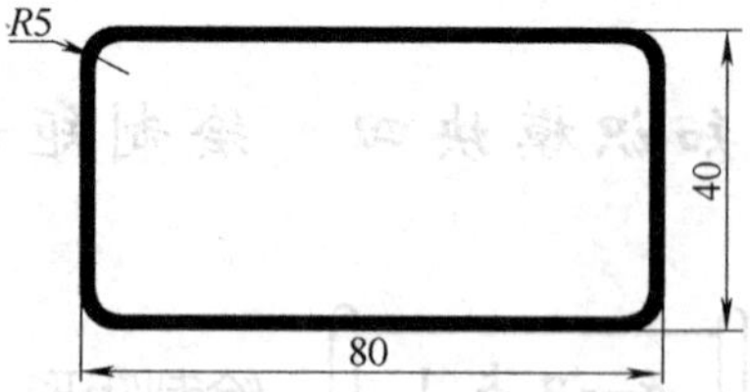

图 3-25 绘制矩形

【课堂实训二】 使用绘制矩形的方法，绘制如图 3-26 所示的图形。

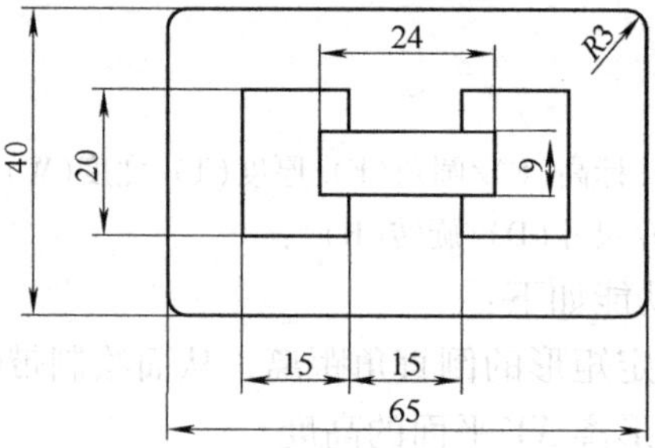

图 3-26 绘制图形

知识点 2 绘制正多边形

在 AutoCAD 2012 中，可以采用与假想的圆内接或外切的方法绘制正多边形，或者指定正多边形某一边的两个端点进行绘制。其边数为 3～1024。

“正多边形”命令的执行方式如下：

- 菜单栏：选择“绘图”/“正多边形”命令。
- 工具栏：单击“绘图”工具栏中的“正多边形”命令。
- 命令行：输入“POLYGON”。

命令提示信息如下：

命令：POLYGON

输入侧面数 <4>：6 //输入多边形边的数目

指定正多边形的中心点或［边（E）］：
输入选项［内接于圆（I）/外切于圆（C）］＜I＞：
指定圆的半径：　　　　　　　　　　　　　　　　　//输入正多边形的内接圆或外切圆的半径

该命令提示中各选项的功能如下：

（1）中心点　通过指定正多边形中心点的方式绘制正多边形。选择该选项后，系统将提示“输入选项［内接于圆（I）/外切于圆（C）］＜I＞：”。其中，“内接于圆”表示以指定正多边形内接圆半径的方式来绘制正多边形，如图3-27所示；“外切于圆”表示以指定正多边形外切圆半径的方式来绘制正多边形，如图3-28所示。

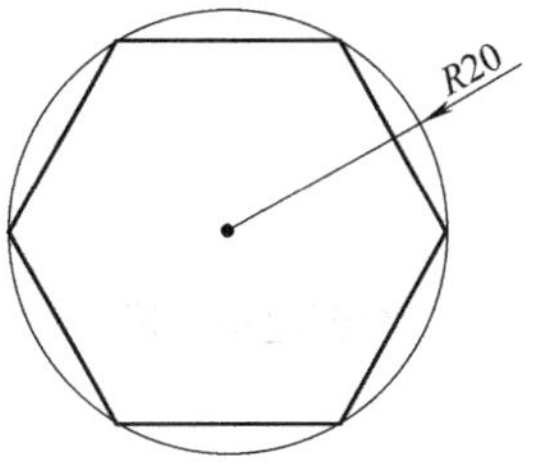

图3-27　内接于圆画正多边形

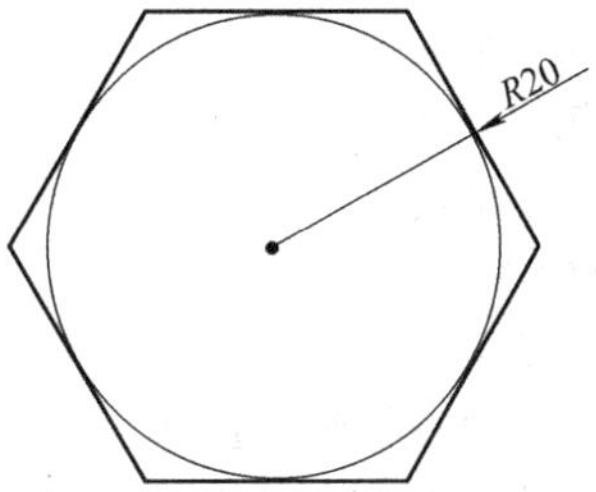

图3-28　外切于圆画正多边形

（2）边　指定正多边形的边的数量和长度来绘制正多边形。

【课堂实训三】　绘制如图3-29所示的图形。

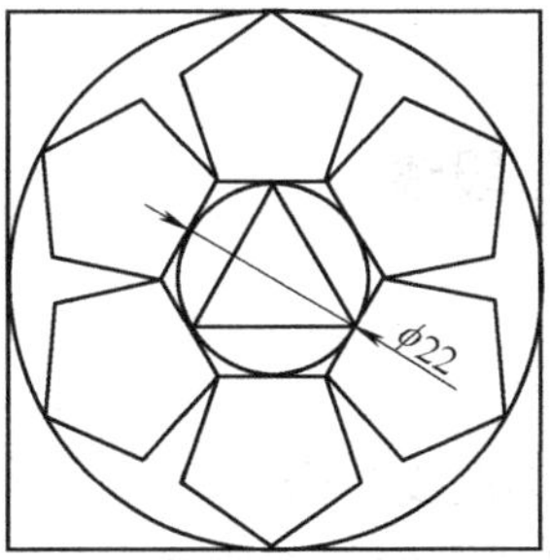

图3-29　绘制图形

操作步骤如下：

命令：CIRCLE
指定圆的圆心或［三点（3P）/两点（2P）/切点、切点、半径（T）］：　//创建直径为22mm的圆
指定圆的半径或［直径（D）］＜11.0000＞：D
指定圆的直径 ＜22.0000＞：22
命令：POLYGON
输入侧面数 ＜4＞：3　　　　　　　　　　　　　　　//创建正三角形
指定正多边形的中心点或［边（E）］：
输入选项［内接于圆（I）/外切于圆（C）］＜I＞：
指定圆的半径：11
命令：POLYGON
输入侧面数 ＜3＞：6　　　　　　　　　　　　　　　//创建正六边形
指定正多边形的中心点或［边（E）］：

输入选项 [内接于圆 (I)/外切于圆 (C)] <I>: 6
输入选项 [内接于圆 (I)/外切于圆 (C)] <I>: C
指定圆的半径: 11
命令: POLYGON
输入侧面数 <6>: 5 //创建正五边形
指定正多边形的中心点或 [边 (E)]: E
指定边的第一个端点: 指定边的第二个端点: //再重复五次此命令
命令: CIRCLE
指定圆的圆心或 [三点 (3P)/两点 (2P)/切点、切点、半径 (T)]: 3P //创建外部的圆
指定圆上的第一个点:
指定圆上的第二个点:
指定圆上的第三个点:
命令: POLYGON
输入侧面数 <5>: 4 //创建正方形
指定正多边形的中心点或 [边 (E)]:
输入选项 [内接于圆 (I)/外切于圆 (C)] <C>: C
指定圆的半径: //捕捉象限点

知识模块五　绘制多段线、样条曲线和多线

知识点 1　绘制与编辑多段线

1. 绘制多段线

"多段线"命令的执行方式如下:

菜单栏: 选择"绘图"/"多段线"命令。

工具栏: 单击"绘图"工具栏中的"多段线"命令。

命令行: 输入"PLINE"。

命令提示信息如下:

命令: PLINE
指定起点:
当前线宽为 0.0000
指定下一点或 [圆弧 (A)/半宽 (H)/长度 (L)/放弃 (U)/宽度 (W)]: //指定一点或选项
指定下一点或 [圆弧 (A)/闭合 (C)/半宽 (H)/长度 (L)/放弃 (U)/宽度 (W)]:

该命令提示中各选项的功能如下:

(1) 指定下一点　以当前线宽按直线方式画多段线。

(2) 圆弧 (A)　选择该选项,表示以圆弧的方式绘制多段线,系统继续提示如下:

指定圆弧的端点或 [角度 (A)/圆心 (CE)/闭合 (CL)/方向 (D)/半宽 (H)/直线 (L)/半径 (R)/第二个点 (S)/放弃 (U)/宽度 (W)]:

1) 角度 (A): 输入一个角度作为圆弧的内含角。若输入的角度为正,则按逆时针方向画圆弧;若输入的角度为负,则按顺时针方向画圆弧。

2）圆心（CE）：为圆弧指定圆心，该圆弧与上一段多段线相切。

3）闭合（CL）：该选项用来自动将多段线封闭。

4）方向（D）：用于确定圆弧起点的切向。

5）半宽（H）：用于确定圆弧多段线起点和端点的半宽。

6）直线（L）：从绘制圆弧切换到绘制直线状态。

7）半径（R）：指定一个半径画圆弧。

8）第二个点（S）：输入圆弧的第二点和端点，用三点方式画圆弧。

9）放弃（U）：取消上一次对多段线的操作。

10）宽度（W）：用于设置起点和端点的宽度。

（3）闭合（C）　选择该选项，表示封闭多段线，即用一条直线将多段线最后一段的终点和第一段的起点连接起来。

（4）半宽（H）　以输入实际宽度的一半来确定多段线的宽度。

（5）长度（L）　画一条指定长度的直线。指定长度后，直线将沿上一段线的方向绘制。

（6）放弃（U）　取消上一次对多段线的操作。

（7）宽度（W）　指定多段线的起点和端点的宽度来绘制多段线。

【课堂实训一】　使用多段线命令绘制如图 3-30 所示的图形。

图 3-30　箭头

命令：PLINE

指定起点：　　//起点是“箭尾”

当前线宽为：0.0000

指定下一点或［圆弧（A）/半宽（H）/长度（L）/放弃（U）/宽度（W）］：W

指定起点宽度 <0.0000>：3　　//指定“箭尾”和“箭头”之间部分的宽度

指定端点宽度 <3.0000>：　　//这部分是等宽的

指定下一点或［圆弧（A）/半宽（H）/长度（L）/放弃（U）/宽度（W）］：W

指定起点宽度 <3.0000>：6　　//箭头三角形的“底边”长

指定端点宽度 <6.0000>：0　　//宽度为 0，构成三角形的顶点

指定下一点或［圆弧（A）/半宽（H）/长度（L）/放弃（U）/宽度（W）］：　//指定箭头顶点的位置

【课堂实训二】　使用多段线命令绘制二极管，如图 3-31 所示。

图 3-31　二极管

2. 编辑多段线

选择“修改”/“对象”/“多段线”命令，可以在绘图窗口中编辑已绘制的多段线。在 AutoCAD 2012 中，用户既可以一次编辑一条多段线，也可以同时编辑多条多段线。

命令：PEDIT

选择多段线或［多条（M）］：

输入选项［闭合（C）/合并（J）/宽度（W）/编辑顶点（E）/拟合（F）/样条曲线（S）/非曲线化（D）/线型生成（L）/放弃（U）］：

该命令提示中主要选项的功能如下：

（1）闭合（C） 用于将所选的多段线闭合起来。

（2）合并（J） 用于将直线段、圆弧段或多段线连接到指定的非闭合的多段线上。

（3）宽度（W） 用于重新设置所选多段线的宽度。

（4）拟合（E） 用于对多段线上的拐角使用圆弧曲线进行拟合。

（5）样条曲线（S） 用于对多段线上的拐角使用样条曲线进行拟合。

（6）非曲线化（D） 用于对使用圆弧曲线或样条曲线拟合的多段线还原拐角。

知识点2 绘制与编辑样条曲线

样条曲线是经过或靠近一组拟合点或由控制框的顶点定义的平滑曲线。在机械制图的应用中，经常使用样条曲线作为局部剖视图的边界。

1. 绘制样条曲线

在 AutoCAD 2012 中，创建样条曲线的方式有两种。第一种是“样条曲线拟合”，即通过指定拟合点来创建样条曲线；第二种是“样条曲线控制点”，即通过定义控制点来创建样条曲线。两种方法的创建过程基本相同。

“样条曲线”命令的执行方式如下：

菜单栏：选择“绘图”/“样条曲线”命令。

工具栏：单击“绘图”工具栏中的“多段线”按钮。

命令行：输入“SPLINE”。

采用“样条曲线拟合”方式创建样条曲线时，命令提示信息如下：

命令：SPLINE

当前设置：方式 = 拟合　节点 = 弦

指定第一个点或[方式（M）/节点（K）/对象（O）]：　//指定第一点

输入下一个点或[起点切向（T）/公差（L）]：　//指定第二点

输入下一个点或[端点相切（T）/公差（L）/放弃（U）]：　//指定第三点

输入下一个点或[端点相切（T）/公差（L）/放弃（U）/闭合（C）]：　//指定第四点

输入下一个点或[端点相切（T）/公差（L）/放弃（U）/闭合（C）]：↙　//按“Enter”键

采用“样条曲线控制点”方式创建样条曲线时，只需要通过命令提示中的“方式（M）”进行切换即可。此时，命令提示信息如下：

命令：SPLINE

当前设置：方式 = 拟合　节点 = 弦

指定第一个点或[方式（M）/节点（K）/对象（O）]：M　//选择创建点的方式

输入样条曲线创建方式[拟合（F）/控制点（CV）]<拟合>：CV　//选择控制点的方式创建

该命令提示中主要选项的功能如下：

（1）方式（M） 用来控制是使用拟合点还是控制点来创建样条曲线。“样条曲线拟合”通过指定样条曲线必须经过的拟合点来创建 3 阶 B 样条曲线。当公差值大于 0 时，样条曲线必须在各个点的指定公差距离之内。“样条曲线控制点”通过指定控制点来创建样条曲线，使用此方法可以创建 1~10 阶的样条曲线。通过移动控制点来调整样条曲线的形状，通常可以得到比移动拟合点好的效果。

（2）节点（K） 指定节点参数化，用来确定样条曲线中连续拟合点之间曲线的过渡方式。

（3）对象（O）　将多段线转换为样条曲线。

（4）闭合（C）　可以使最后一点与起点重合，从而构成闭合的样条曲线。

（5）公差（L）　可以修改当前样条曲线的拟合公差，然后根据新的公差值和现有点重新定义样条曲线。

（6）端点相切（T）　指定样条曲线终点的相切条件。

2. 编辑样条曲线

选择“修改”/“对象”/“样条曲线”菜单命令，可以在绘图窗口中编辑已绘制的样条曲线。

命令：SPLINEDIT

选择样条曲线：

输入选项［闭合（C）/合并（J）/拟合数据（F）/编辑顶点（E）/转换为多段线（P）/反转（R）/放弃（U）/退出（X）］<退出>：

该命令提示中主要选项的功能如下：

（1）合并（J）　将选定的样条曲线与其他样条曲线、直线、多段线和圆弧在重合端点处合并，从而形成一个较大的样条曲线。

（2）拟合数据（F）　通过添加、删除、移动拟合点等方式来修改样条曲线。

（3）转化为多段线（P）　将样条曲线转换为多段线。

（4）反转（R）　反转样条曲线的方向。

知识点 3　绘制与编辑多线

多线是一种由多条平行线组成的组合对象，平行线之间的距离和平行线的数量是可以调整的。多线常用于绘制建筑图中的墙体、电子线路图等平行线对象。

1. 绘制多线

“多线”命令的执行方式如下：

菜单栏：选择“绘图”/“多线”命令。

命令行：输入“MLINE”。

命令提示信息如下：

命令：MLINE

当前设置：对正＝上，比例＝20.00，样式＝STANDARD

指定起点或［对正（J）/比例（S）/样式（ST）］：

该命令提示中主要选项的功能如下：

（1）对正（J）　选择该选项时，系统继续提示如下：

输入对正类型［上（T）/无（Z）/下（B）］<上>：

1）上（T）　该选项为默认方式。绘制多线时，多线的上端将随着十字光标进行移动，如图 3-32a 所示。

2）无（Z）　该选项为零偏移方式。绘制多线时，多线的中心将随着十字光标进行移动，如图 3-32b 所示。

3）下（B） 该选项为下偏移方式。绘制多线时，多线的下端将随着十字光标进行移动，如图 3-32c 所示。

（2）比例（S） 用于控制绘制多线时的比例，也就是多线中两条平行线之间的间距。采用不同的比例绘制出来的图形完全不一样，如图 3-33 所示。

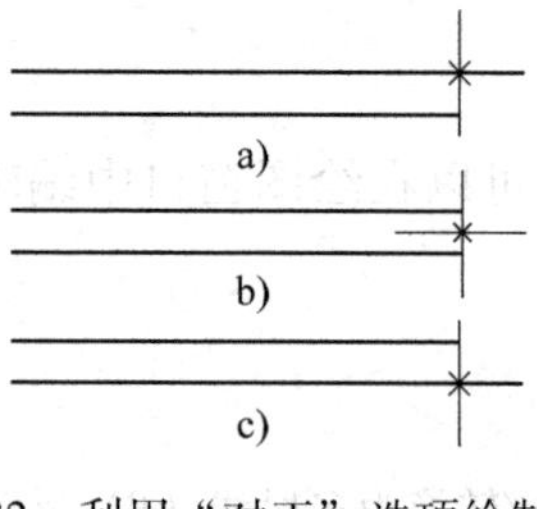

图 3-32 利用“对正”选项绘制多线

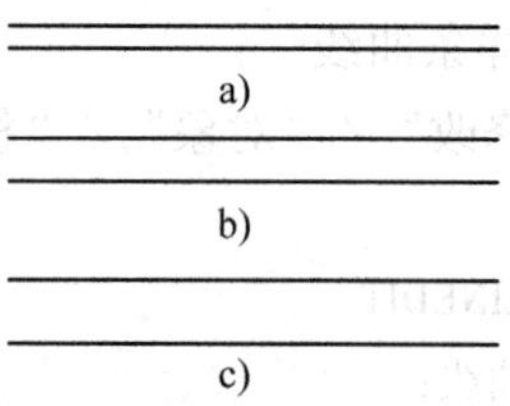

图 3-33 采用不同比例绘制的多线

（3）样式（ST） 用于确定多线的样式，默认样式为“STANDARD”。

2. 使用“多线样式”对话框

选择“格式”菜单下的“多线样式”选项，可以打开如图 3-34 所示的“多线样式”对话框。用户可以在该对话框中创建、修改、重命名、删除、保存和加载多线样式。

在“多线样式”对话框中单击“新建”按钮，将弹出如图 3-35 所示的“创建新的多线样式”对话框，用户可以在此为创建的多线样式命名。

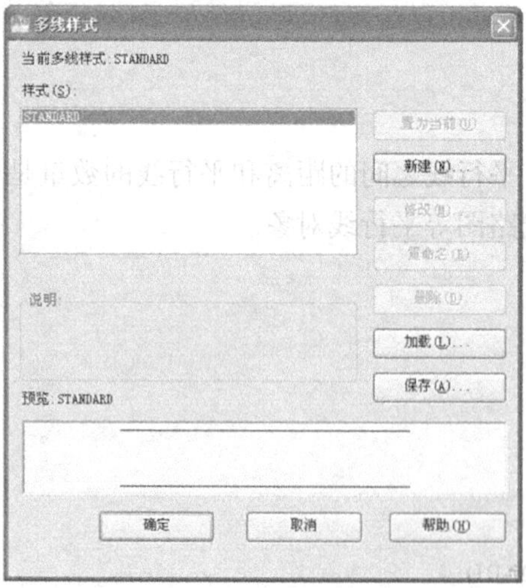

图 3-34 “多线样式”对话框

图 3-35 “创建新的多线样式”对话框

命名完毕后单击“继续”按钮，弹出如图 3-36 所示的“新建多线样式”对话框，用户可以在该对话框中创建多线样式的“封口”、“填充”和“图元”等特性。

“新建多线样式”对话框中各选项的功能如下：

（1）“封口”选项组 用来设置封口形式。其中，“直线”选项是指使用一条穿过整个多线元素的直线封口；“外弧”选项是指使用弧线连接最外层元素的端点；“内弧”选项是指连接成对元素，若为奇数个元素，则中心线不连接。具体效果如图 3-37 所示。

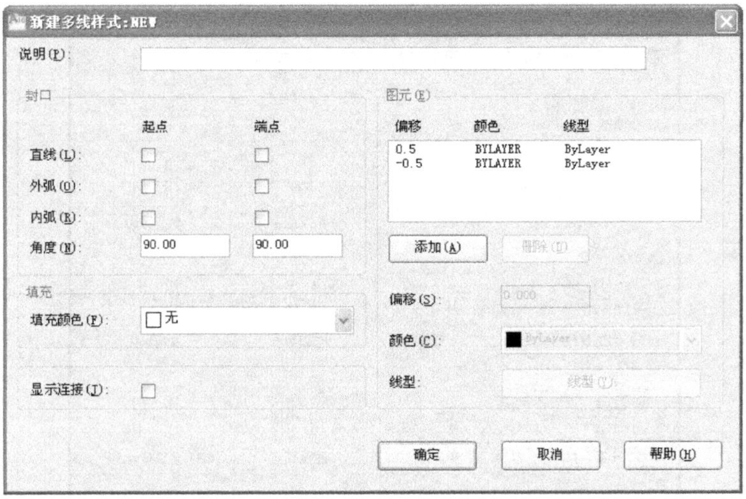

图 3-36　“新建多线样式”对话框

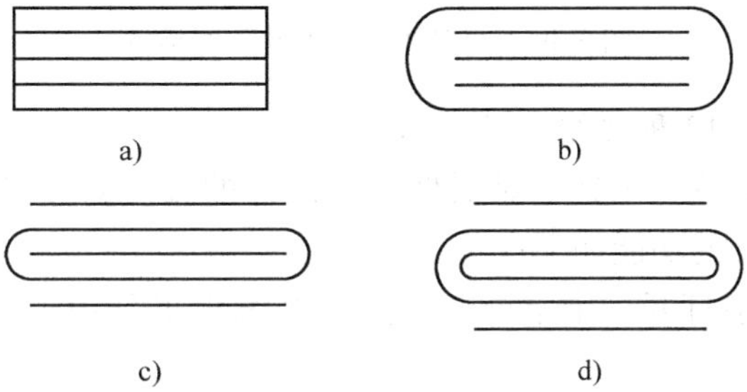

图 3-37　多线的封口样式

a）直线封口　b）外弧封口　c）内弧封口（奇数个元素）　d）内弧封口（偶数个元素）

（2）“填充”选项组。用于设置多线内部的填充颜色。

（3）“显示连接”复选框。用于控制多线线段连接处的连接线是否显示，如图 3-38 所示。

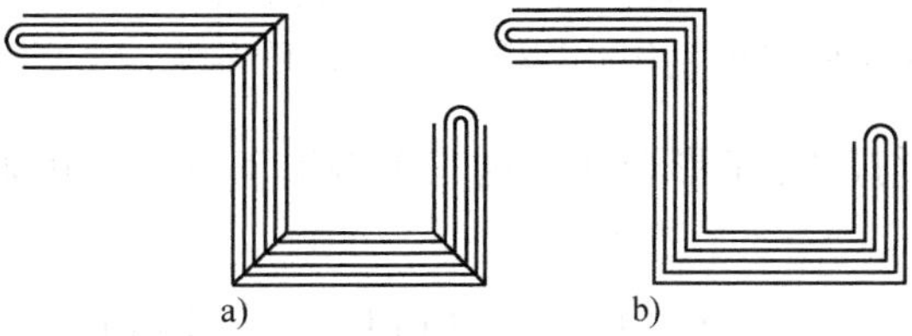

图 3-38　“显示连接”效果对比

a）显示连接线　b）不显示连接线

（4）“图元”选项组　用来增加或删除多线元素，最多可设置 16 个多线元素，而且可以设置线元素之间的距离；还可以设置每条线元素的颜色和线型。

3. 编辑多线

选择“修改”/“对象”/“多线”命令，可以打开如图 3-39 所示的“多线编辑工具”

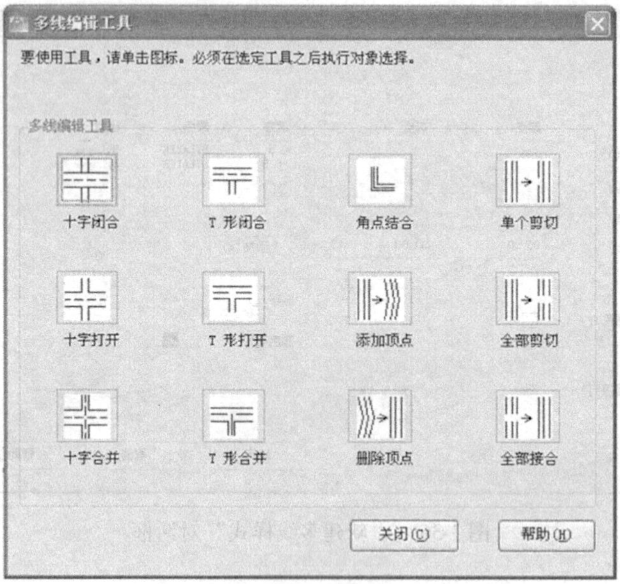

图 3-39 “多线编辑工具”对话框

对话框。该对话框提供了 12 种多线编辑工具。

用户可以通过“多线编辑工具”对话框对绘制好的多线对象进行编辑。“多线编辑工具”选项组中各编辑工具的功能如下：

（1）十字闭合、十字打开、十字合并　这三个编辑工具用于消除各种十字形相交线，具体效果如图 3-40 所示。

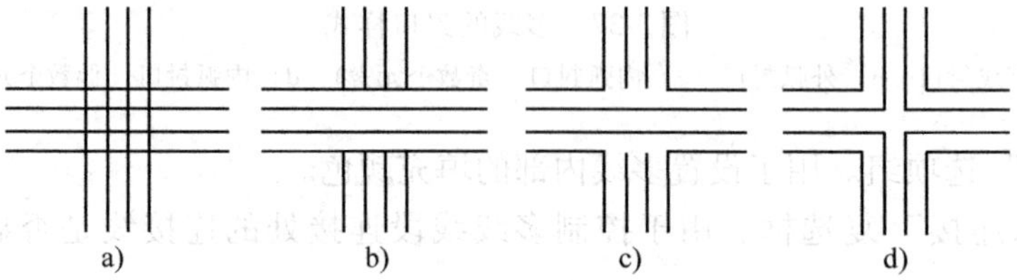

图 3-40 “十字”工具多线编辑效果

a）十字交叉多线　b）十字闭合效果　c）十字打开效果　d）十字合并效果

（2）T 形闭合、T 形打开、T 形合并　这三个编辑工具主要用来消除各种 T 形相交线，具体效果如图 3-41 所示。

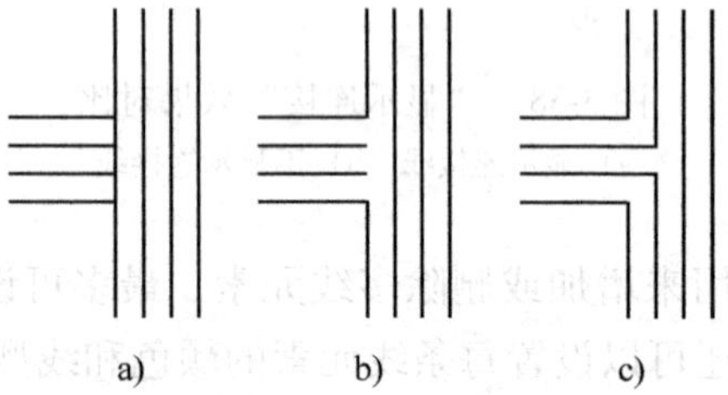

图 3-41 “T 形”工具多线编辑效果

a）T 形闭合效果　b）T 形打开效果　c）T 形合并多线

（3）角点结合　用来消除多线一侧的延伸线，从而形成直角，如图 3-42 所示。

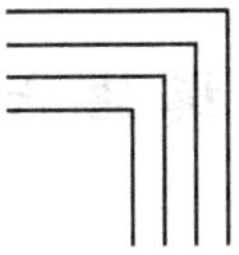

图 3-42　角点结合多线

（4）添加顶点、删除顶点　用于为多线增加或删除若干顶点。

（5）单个剪切、全部剪切、全部接合　这三个编辑工具主要用来对多线进行切断和将已切断的多线进行连接。

【课堂实训三】　使用多线命令绘制如图 3-43 所示的图形。

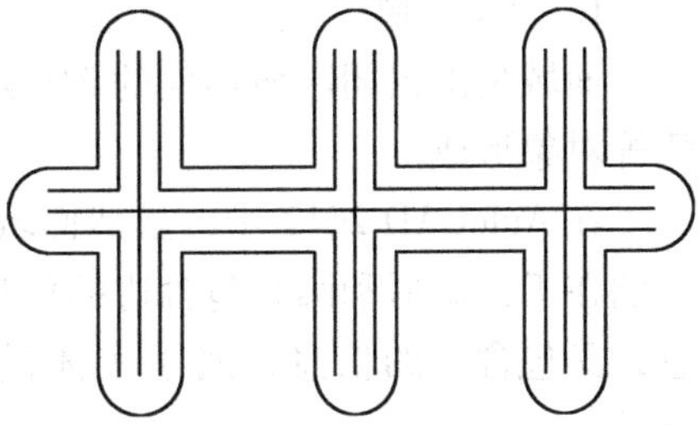

图 3-43　绘制图形

主要操作步骤如下：

1）选择“格式”/“多线样式”命令，打开“多线样式”对话框。新建一个多线样式，命名为“new”，在“新建多线样式”对话框中进行如图 3-44 所示的设置，并将新样式置为当前。

2）选择“绘图”/“多线”命令，创建四个多线对象，如图 3-45 所示。

3）选择“修改”/“对象”/“多线”命令，选择“十字合并”选项，对图 3-45 所示的多线对象进行合并。

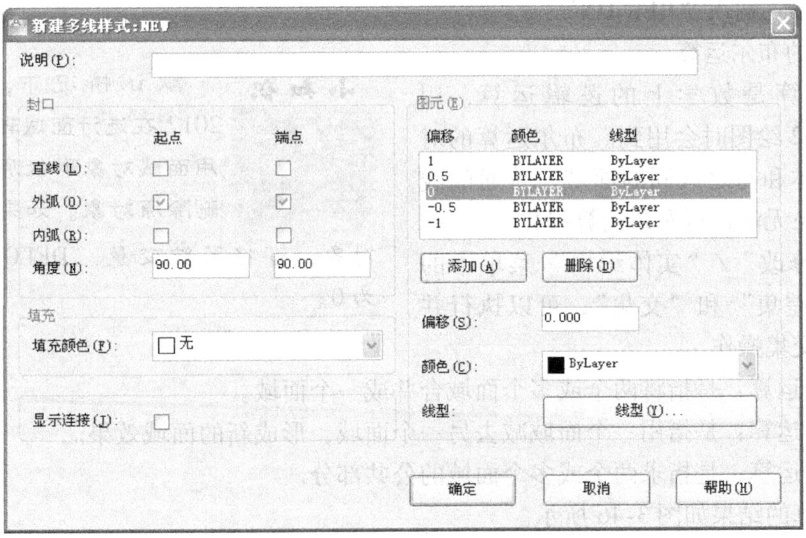

图 3-44　“新建多线样式”对话框的设置

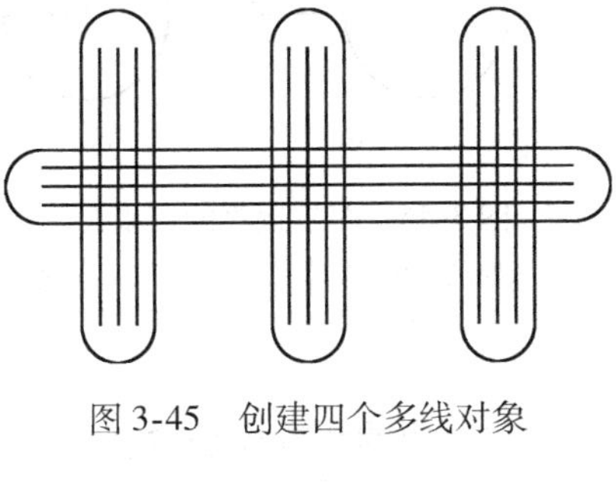

图 3-45　创建四个多线对象

知识模块六　面域与图案填充

知识点1　创建面域

1. 创建面域

面域是由封闭区域形成的2D实体对象，其边界可以由直线、多段线、圆、椭圆弧或圆弧等对象形成。

在AutoCAD 2012中，虽然面域与矩形、圆等图形都是封闭的，但其本质不同。它们的区别在于：矩形和圆只包含边的信息，没有面的信息，属于线框模型；而面域既包含边的信息，又包含面的信息，属于实体模型。创建面域的目的主要是将其作为建立三维模型的基础。

“面域”命令的执行方式如下：

- 菜单栏：选择“绘图”/“面域”命令。
- 工具栏：单击“绘图”工具栏中的“面域”命令。
- 命令行：输入“REGION”。

2. 面域的布尔运算

布尔运算是数学上的逻辑运算，用AutoCAD 2012绘图时会用到。布尔运算的对象只包括实体和与之共同的面域，普通的线条、图形对象无法进行布尔运算操作。

编辑“修改”/“实体编辑”菜单中的“并集”、“差集”和“交集”，可以执行并集、差集和交集操作。

小知识

默认情况下，AutoCAD 2012在进行面域转换时，将用面域对象取代原对象，并删除原对象。如果要保留原对象，可将系统变量“DELOBJ”设置为0。

1）并集运算：是指将两个或多个面域合并成一个面域。

2）差集运算：是指用一个面域减去另一个面域，形成新的面域效果。

3）交集运算：是指求两个或多个面域的公共部分。

布尔运算的结果如图3-46所示。

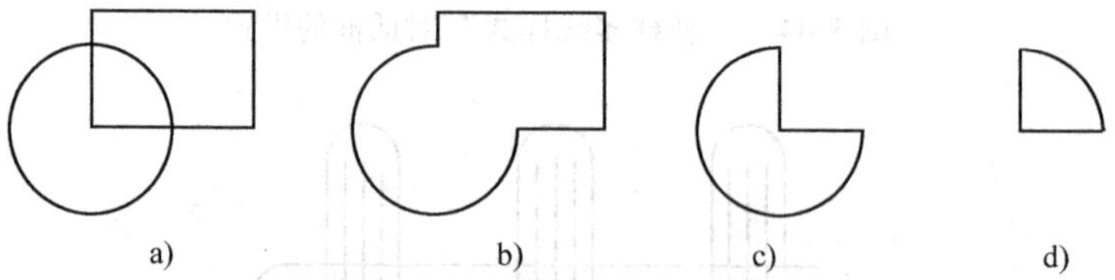

图3-46　布尔运算的结果

a）面域原图　b）并集　c）差集　d）交集

3. 从面域中获取数据

由于面域是实体对象，所以它比对应的线框模型含有更多的信息。在AutoCAD 2012中，用户可以选择“工具”/“查询”/“面域/质量特性”菜单显示面域模型的信息，如图 3-47所示。

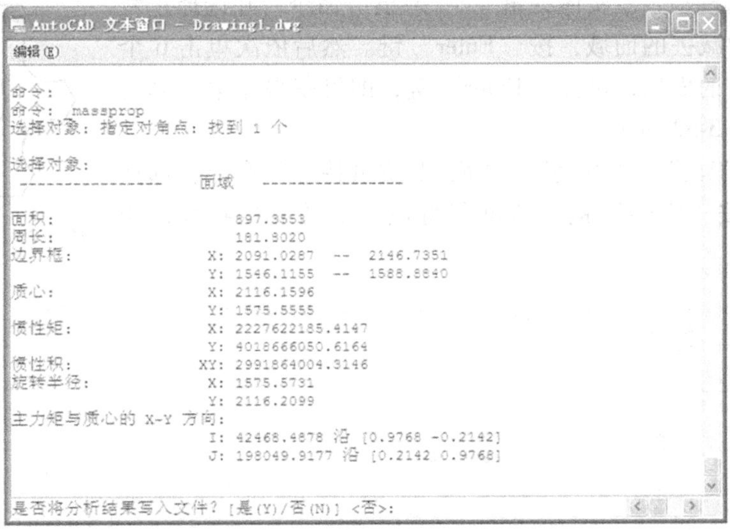

图 3-47　“面域/质量特性”文本框

【课堂实训】　绘制如图 3-48 所示的机械零件，并计算质量特性。

1）绘制 *R*40mm 的圆，并以该圆的圆心为中心，绘制一个外切于 *R*100mm 的圆的正六边形，如图 3-49 所示。

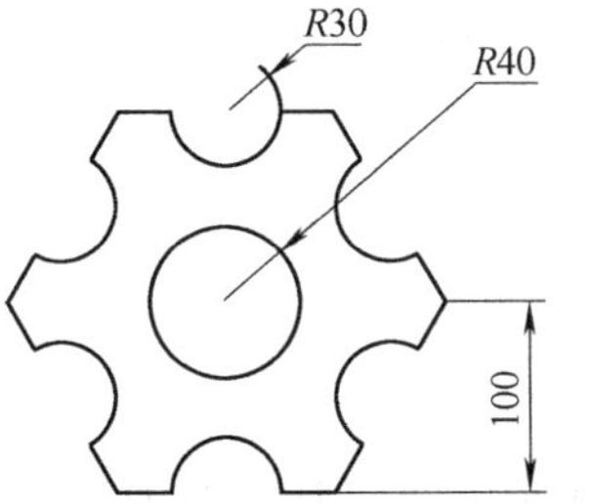

图 3-48　机械零件

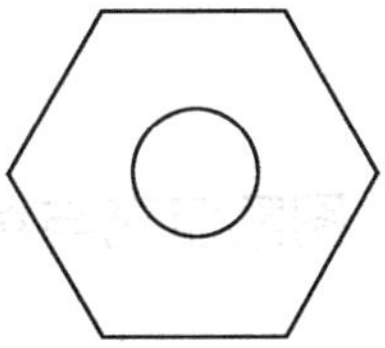

图 3-49　绘制圆和正六边形

2）设置对象捕捉，选中中点，以正六边形一条边的中点为圆心绘制 *R*30mm 的圆，如图 3-50 所示。

3）重复步骤 2）的命令绘制其他圆，结果如图 3-51 所示。

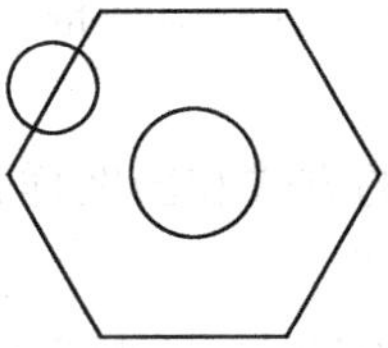

图 3-50　绘制圆

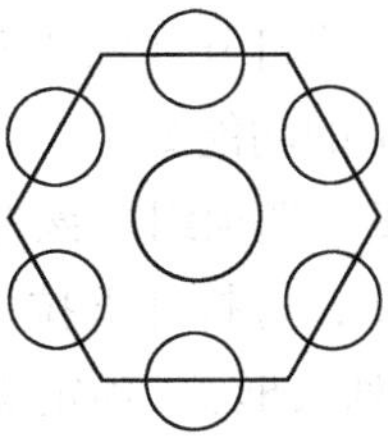

图 3-51　绘制其他圆

4）选择“绘图”/“面域”命令，框选绘图区中的正六边形和 6 个小圆，然后按“Enter”键，将其转化为面域。

5）选择“修改”/“实体编辑”/“差集”命令，并选择正六边形作为要从中减去的面域，按“Enter”键。然后依次单击 6 个小圆作为被剪去的面域，再按“Enter”键，即可获得差集运算后的新面域，如图 3-52 所示。

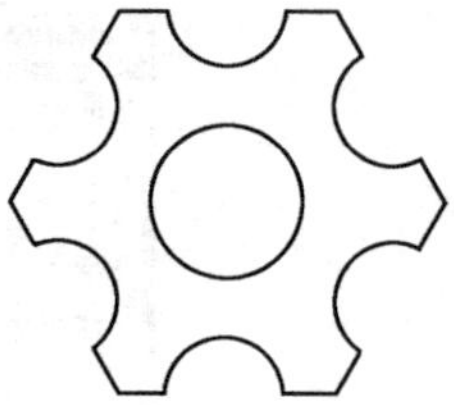

图 3-52　对面域求差集

6）选择“工具”/“查询”/“面积/质量特性”命令，选择创建的面域并按“Enter”键，即可获得该面域的质量特性，如图 3-53所示。

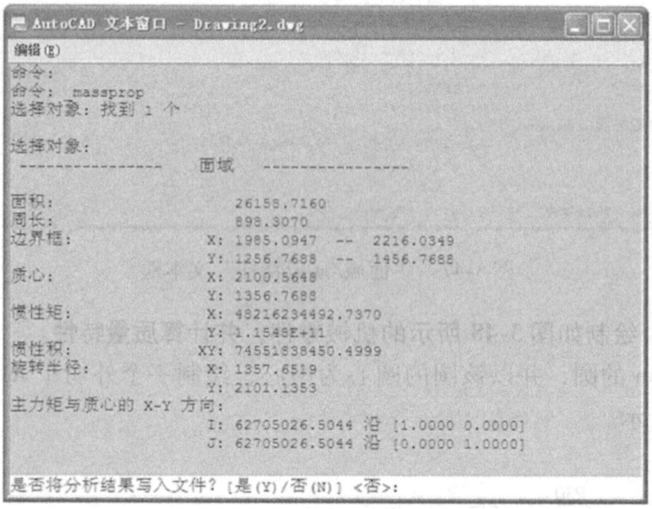

图 3-53　显示图形的质量特性

知识点 2　图案填充与编辑

在工程制图中，为了标识某一区域的意义或用途，通常需要将其填充为某种图案，以区别于图形中的其他部分。

1. 创建图案填充

“图案填充”命令的执行方式如下：

菜单栏：选择“绘图”/“图案填充”命令。

工具栏：单击“绘图”工具栏中的“图案填充”按钮。

执行上述命令后，将打开如图 3-54 所示的“图案填充和渐变色”对话框。

该对话框中各选项的功能如下：

（1）“类型和图案”选项组　该选项组用于设置图案填充的方式和图案样式。单击其中各选项右侧的下拉按钮，可打开下拉列表来选择填充类型和样式。

1）“类型”下拉列表框：“预定义”、“用户定义”和“自定义”三种图案类型。

2）“图案”下拉列表框：选择“预定义”选项，可激活该选项组。除了可以在下拉列

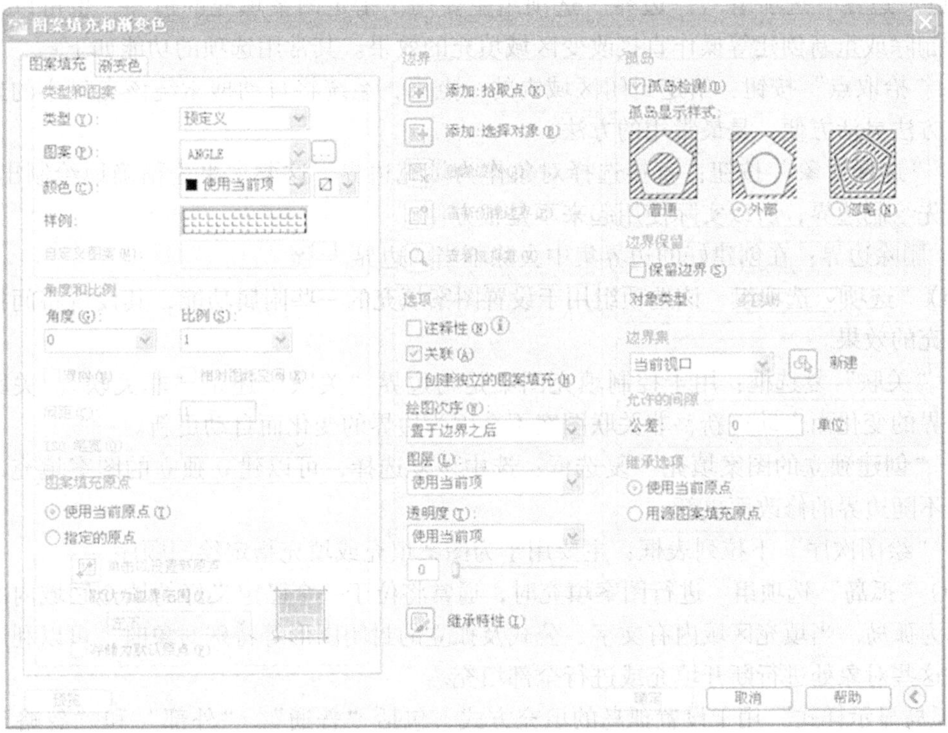

图 3-54 “图案填充和渐变色”对话框

表中选择相应的图案外，还可以单击…按钮，打开“填充图案选项板”对话框，如图 3-55 所示；然后从中选择相应的图案样式。

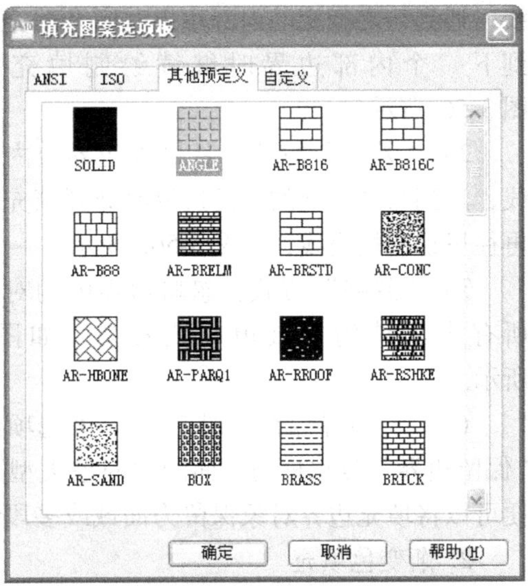

图 3-55 “填充图案选项板”对话框

（2）“角度和比例”选项组 该选项组用于预设图案填充的角度、比例或图案间距等参数。

1）“角度”下拉列表框：设置填充图案的角度，默认情况下填充角度为 0。

2）“比例”下拉列表框：设置填充图案的比例。

3）“间距”文本框：当用户选择“用户定义”填充图案类型时，可用来设置线条间距。

4）“ISO 笔宽”下拉列表框 当用户选择“预定义”填充图案类型，同时选择了 ISO 预定义图案时，可以通过改变笔宽值来改变填充图案的效果。

（3）“图案填充原点”选项组

1）“使用当前原点”单选按钮：用于设置生成填充图案的起始位置。因为许多图案在填充时，需要对齐填充边界上的一个点，默认使用当前 UCS 的原点作为图案填充的原点。

2）“指定原点”单选按钮：用于用户自定义图案填充的原点。

（4）“边界”选项组　“边界”选项组主要用于指定图案填充的边界，也可以通过对边界的删除或重新创建等操作直接改变区域填充的效果。其常用选项的功能如下：

1）“拾取点”按钮：给定封闭区域内的一点后，系统将自动搜索绕该点最小的封闭区域。该方法灵活方便，是最常用的方法。

2）“选择对象”按钮：直接选择对象作为填充边界，这要求事先精确地绘制出边界。由于要先绘制边界，所以实际使用起来不是很方便。

3）删除边界：在创建好的边界集中去除不当的边界。

（5）“选项”选项组　该选项组用于设置图案填充的一些附属功能，其设置将间接影响图案填充的效果。

1）“关联”复选框：用于控制填充图案是与边界“关联”还是“非关联”。关联图案将随边界的变化而自动更新，非关联图案不会因为边界的变化而自动更新。

2）“创建独立的图案填充”复选框：选中该复选择，可以建立独立的图案填充，填充图案将不随边界的修改而更新。

3）“绘图次序”下拉列表框：主要用于为图案填充或填充指定绘图顺序。

（6）“孤岛”选项组　进行图案填充时，通常将位于一个已定义好的填充区域内的封闭区域称为孤岛。当填充区域内有文字、公式及孤立的封闭图形等特殊对象时，可以利用孤岛操作在这些对象处进行断开填充或进行全部填充。

“孤岛显示样式”用于设置孤岛的填充方式，包括“普通”、“外部”和“忽略”三种方式。

1）“普通”方式：从最外边界向内画填充线，遇到与之相交的内部边界时断开填充线，遇到下一个内部边界时继续绘制填充线，如图3-56a所示。

2）“外部”方式：从最外边界向内画填充线，遇到与之相交的内部边界时断开填充线，不再往里绘制填充线，如图3-56b所示。

3）“忽略”方式：忽略边界内的对象，使所有内部结构都被填充线覆盖，如图3-56c所示。

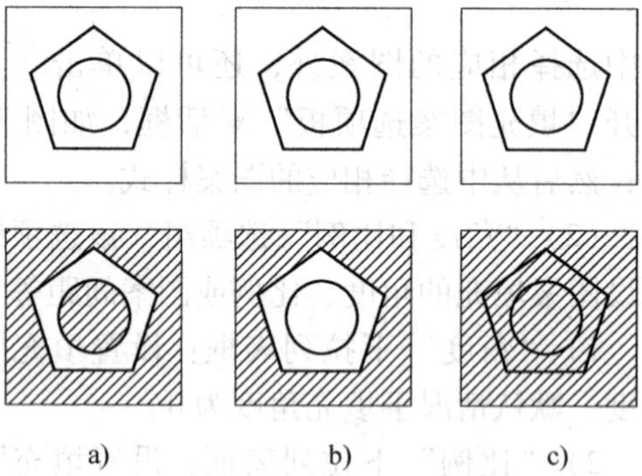

图3-56　孤岛的三种效果

a）普通　b）外部　c）忽略

（7）“边界保留”选项组　该选项组中的“保留边界”复选框与下面的“对象类型”下拉列表相关联，即启用“保留边界”复选框，便可以将填充边界对象保留为面域或多段线两种形式。

2. 渐变色填充

渐变是指从一种颜色向另一种颜色的平滑过渡。渐变能产生光的效果，可为图形添加视觉效果。可以将渐变填充应用到实体填充图案中，以增强演示图形的效果。如图3-57所示，使用渐变色进行填充时，可以用单色渐变填充，也可以用双色渐变填充；渐变的方式有线性渐变、对称渐变、径向渐变等。

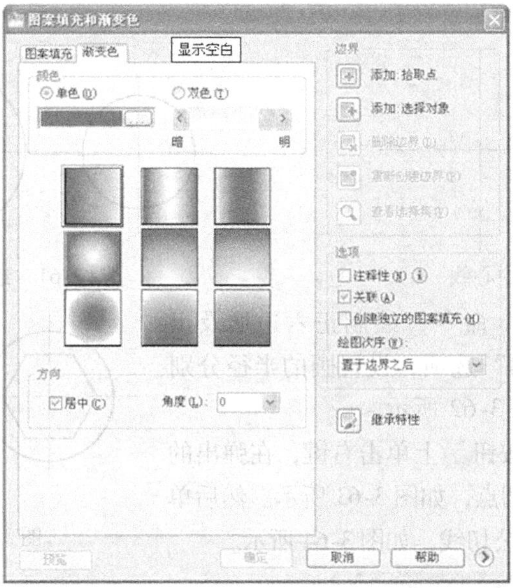

图 3-57　“图案填充和渐变色”对话框

知识模块七　典型范例

知识点　绘制扳手

扳手是常见工具，其结构比较简单。按图 3-58 所示尺寸绘制扳手图样。

主要操作步骤如下：

1）单击“图层特性”按钮，进行图层设置，并将中心线图层置为当前，如图 3-59 所示。

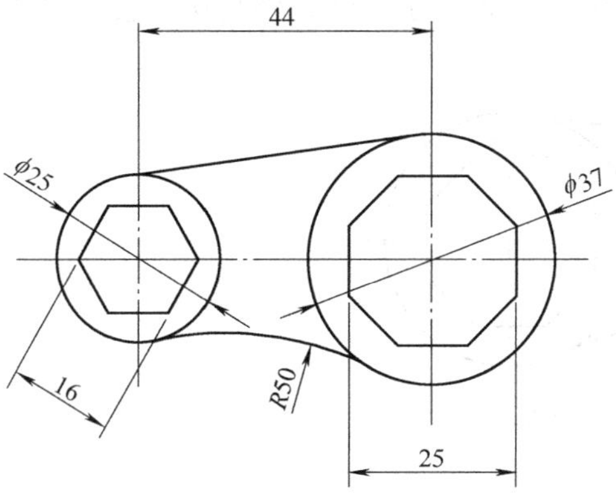

图 3-58　扳手

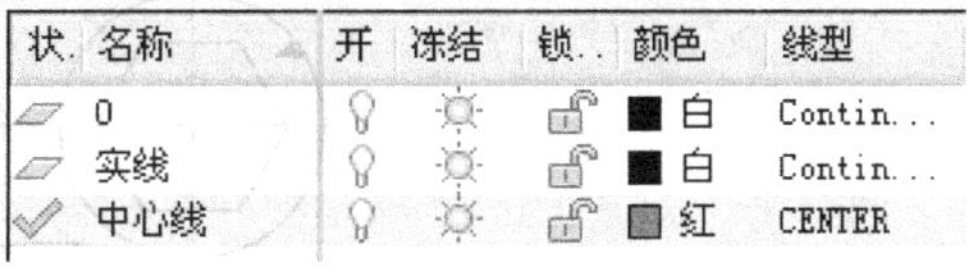

状.	名称	开	冻结	锁..	颜色	线型
	0				白	Contin...
	实线				白	Contin...
✓	中心线				红	CENTER

图 3-59　图层设置

2）使用“直线”命令绘制中心线，如图 3-60 所示。

3）切换图层到实线图层，使用“圆”命令绘制 ϕ25mm 和 ϕ37mm 的两个圆，如

图 3-61所示。

图 3-60　绘制中心线

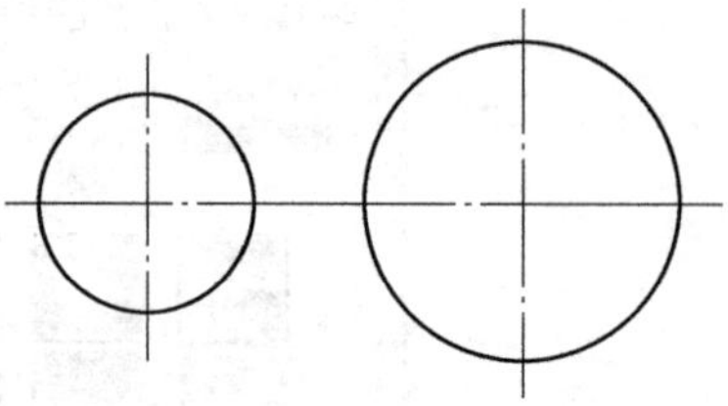

图 3-61　绘制圆

4）使用“正多边形”命令绘制正六边形及正八边形。使用“外切于圆”选项，设置圆的半径分别为 8mm 和 12. 5mm，如图 3-62 所示。

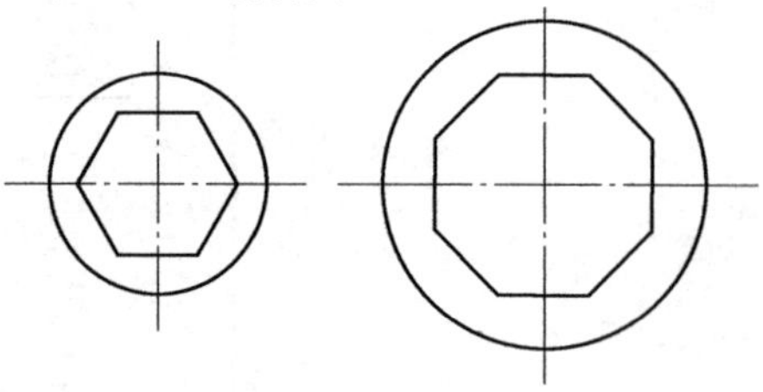

图 3-62　绘制正多边形

5）在“对象捕捉”按钮上单击右键，在弹出的快捷菜单中设置为只捕捉切点，如图 3-63 所示。然后单击“直线”命令，绘制公切线，如图 3-64 所示。

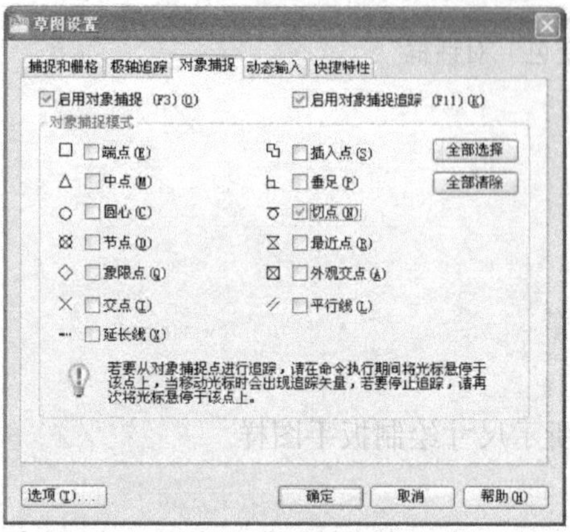

图 3-63　设置对象捕捉点

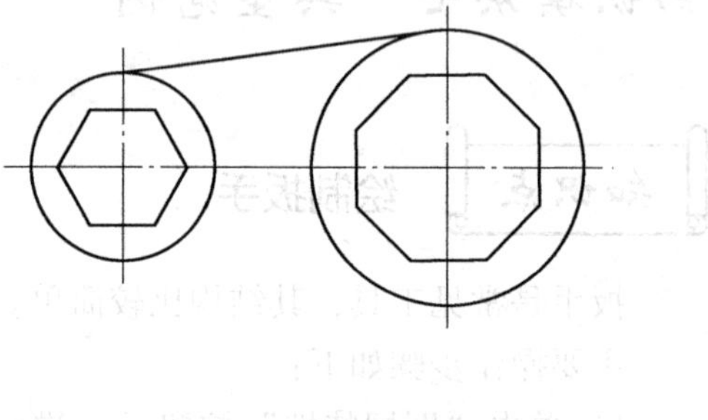

图 3-64　绘制公切线

6）单击“圆”命令，选择“切点、切点、半径”方式绘制外切圆；使用“修剪”命令修剪多余的线，如图 3-65 所示。

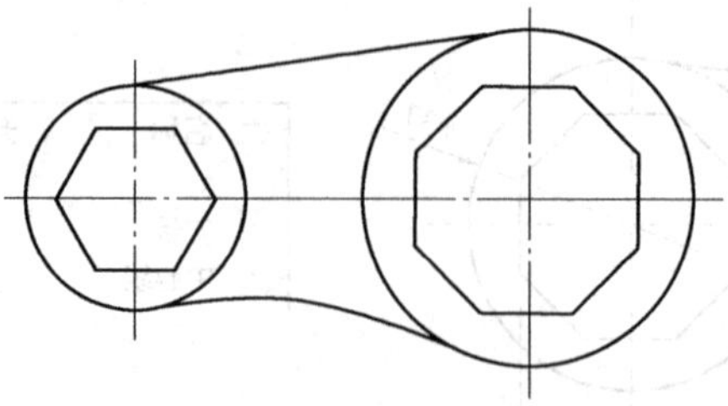

图 3-65　完成图形

【综合训练】

1. 简答题

（1）在 AutoCAD 2012 中，如何创建点对象？

（2）在 AutoCAD 2012 中，直线、射线和构造线各有什么特点？如何使用它们绘制辅助线？

（3）在 AutoCAD 2012 中，如何创建多线样式？

（4）在 AutoCAD 2012 中，如何绘制与编辑样条曲线？

2. 操作题

（1）使用直线命令绘制如图 3-66 所示的图形。

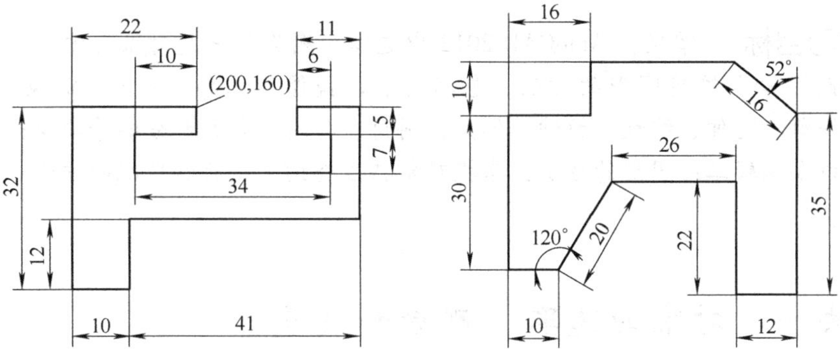

a)　　b)

图 3-66　操作题（1）

（2）绘制如图 3-67 所示的图形。

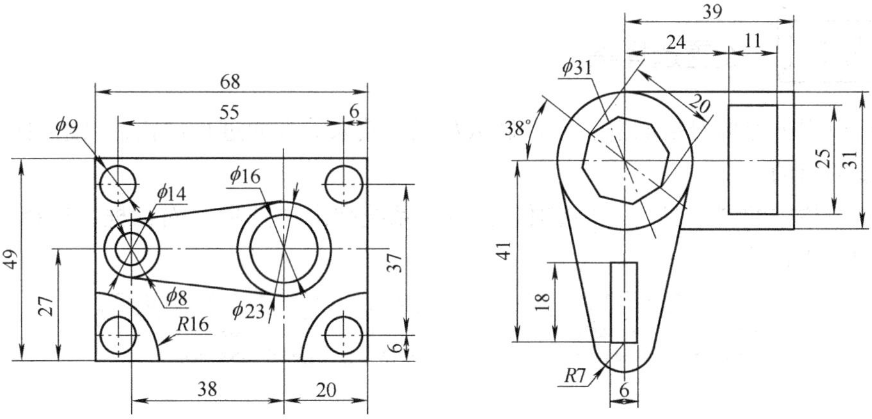

a)　　b)

图 3-67　操作题（2）

（3）绘制如图 3-68 所示的图形。

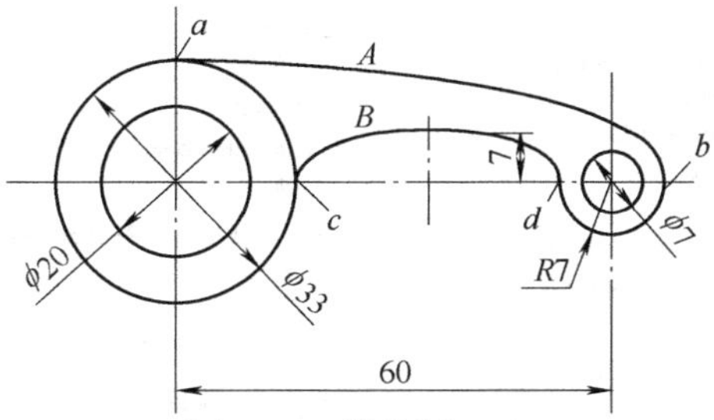

图 3-68　操作题（3）

注：曲线 A 是椭圆弧，点 a、b 分别是短轴、长轴的端点；曲线 B 是椭圆弧，点 c、d 是长轴的端点。

第四单元　编辑二维图形

学习目标： 掌握在 AutoCAD 2012 中选择、删除与恢复对象的方法；掌握使用“修改”命令编辑图形的方法，包括复制、镜像、偏移、阵列、移动、旋转、对齐、修剪、延伸、缩放、拉伸、倒角、圆角、打断、合并和分解等命令；掌握使用夹点命令编辑二维图形的方法；掌握对象特性查询、编辑和匹配的方法。

知识模块一　对象的选取、删除和恢复

在编辑图形之前，首先需要选择要编辑的图形。AutoCAD 2012 用虚线高亮显示所选的对象，这些对象构成选择集。选择集可以包含单个对象，也可以包含复杂的对象编组。

知识点 1　设置选择集

用户可以根据习惯对拾取框、夹点显示及视觉效果等方面进行设置，以达到提高绘图效率和精确度的目的。

单击菜单栏中的“工具”/“选项”命令，系统弹出“选项”对话框，选择“选择集”选项卡，如图 4-1 所示。

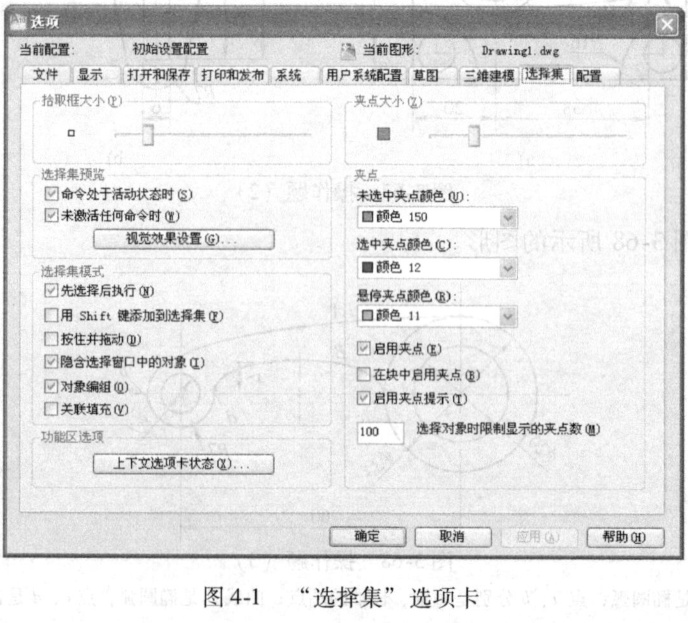

图 4-1　“选择集”选项卡

各选项的含义如下：

（1）“拾取框大小”选项组　拖动滑块可以调整十字光标中部拾取框的大小，如图4-2所示。

（2）“夹点大小”选项　拖动滑块可以设置夹点的大小，如图4-3所示。

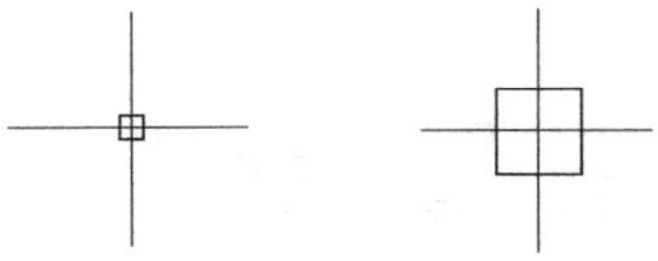

图4-2　调整拾取框的大小

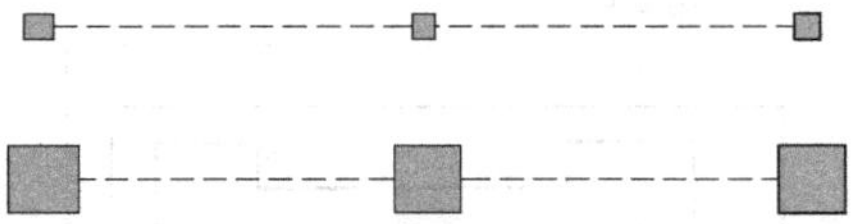

图4-3　调整夹点的大小

（3）“选择集预览”选项组　当光标的拾取框移动到图形对象上时，图形对象以加粗实线或虚线的形式显示预览效果。各选项的含义如下。

1）“命令处于激活状态时”复选框：选中该复选框时，只有当某个命令处于激活状态，并在命令提示行中显示“选取对象”时，将拾取框移动到图形对象上，该对象才会显示选择预览。

2）“未激活任何命令时”复选框：该复选框的作用同上述复选框相反，即选中该复选框时，只有在没有任何命令处于激活状态时，才可以显示选择预览。

3）“视觉效果设置”按钮：选择集的视觉效果包括被选择对象的线型、线宽及选择区颜色、透明度等。

（4）“选择集模式”选项组　该选项组包括六种模式，以定义选择集同命令之间的先后执行顺序、选择集的添加方式，以及在定义与组或填充对象有关的选择集时的各类详细设置。

知识点2　选取对象的方法

AutoCAD 2012选取对象大致有以下三种方法。

1. 点取对象

直接选取对象是最常见的一种选取方法。在要选取的对象上单击该对象，即可完成选取操作。当被选取的对象以虚线显示时，表示该对象已被选中。

2. 使用选择窗口与交叉选择窗口

（1）选择窗口采用选择窗口方式选取对象时，首先在要选取图形的左上方按住鼠标左键，然后向右下角拖动鼠标，将要选取的图形框在一个矩形框内后，释放鼠标左键以确定范围。这时，所有完全出现在矩形框内的对象都被选中，如图4-4所示。

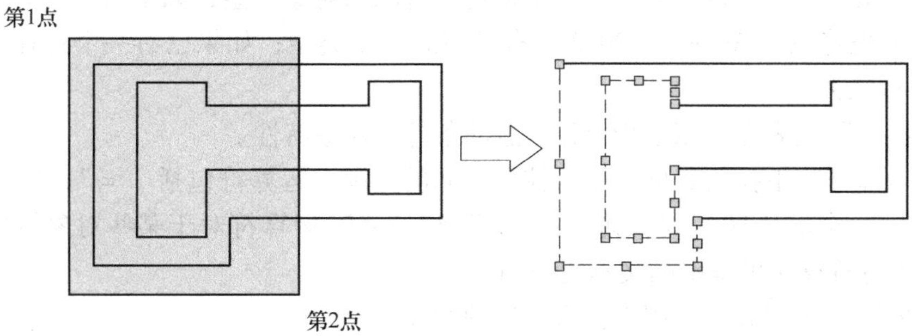

图4-4　利用选择窗口选择对象

（2）交叉选择窗口　首先在选取图形的右下方按住鼠标左键，然后向左上角拖动鼠标。确定选取范围后释放鼠标左键，所有完全或部分包含在交叉选择窗口中的对象均被选中，如图 4-5 所示。

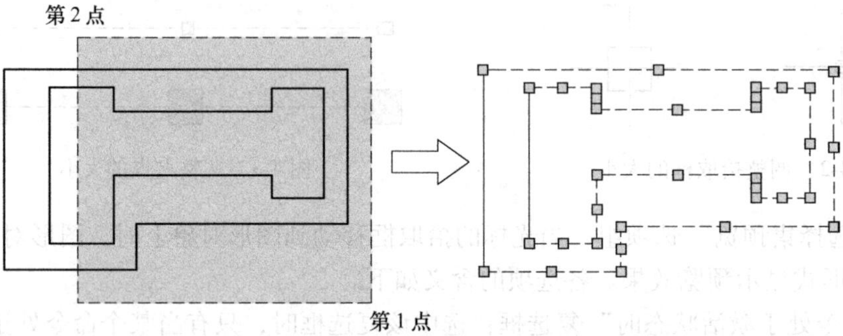

图 4-5　利用交叉选择窗口选择对象

3. 快速选择

当用户需要选择具有某些共同特性的对象时，可利用“快速选择”对话框，根据对象的图层、线型、颜色、图案填充等特性和类型创建选择集。选择“工具”/“快速选择”命令，可打开“快速选择”对话框，如图 4-6 所示。

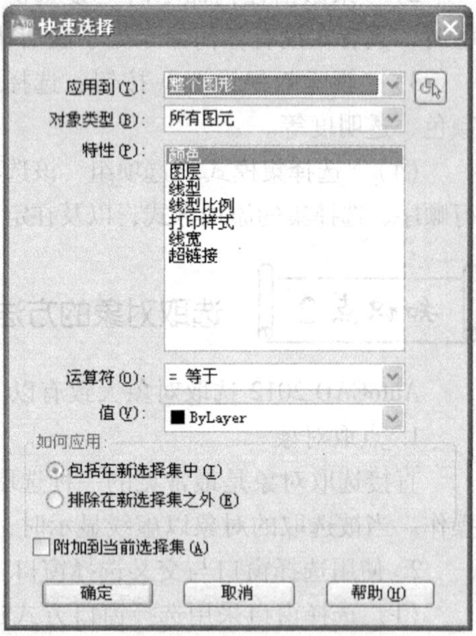

图 4-6　“快速选择”对话框

（1）“应用到”下拉列表框　用于选择过滤条件的应用范围，可以应用于整个图形，也可以应用于当前选择集。如果有当前选择集，则“当前选择”选项为默认选项；如果没有当前选择集，则“整个图形”选项为默认选项。

（2）“选择对象”按钮　单击该按钮将切换到绘图窗口，用户可以根据当前指定的过滤条件选择对象。选择完毕后，按“Enter”键结束选择，并回到“快速选择”对话框。同时，AutoCAD 2012 会将“应用到”下拉列表框中的选项设置为“当前选择”。

（3）“对象类型”下拉列表框　用于指定要过滤的对象类型，如果当前没有选择集，则在该下拉列表框将包含 AutoCAD 2012 所有可用的对象类型；如果已有一个选择集，则包含所选对象的对象类型。

（4）“特性”列表框　用于指定作为过滤条件的对象特性。

（5）“运算符”下拉列表框　用于控制过滤的范围。运算符包括“=”、“〈〉”、“>”、“<”、“*”、“全部选择”等。其中，“>”和“<”运算符对于某些对象特性是不可用的，“*”运算符仅对可编辑的文本起作用。

（6）“值”下拉列表框　用于输入过滤的特性值。

（7）“如何应用”选项组　此选项组包含两个单选按钮。如果选中“包括在新选择集中”单选按钮，则由满足过滤条件的对象构成选择集；如果选中“排除在新选择集之外”单选按钮，则由不满足过滤条件的对象构成选择集。

（8）“附加到当前选择集”复选框　用于指定由“快速选择”命令所创建的选择集是追加到当前选择集中，还是替代当前选择集。

【课堂实训】　使用“快速选择”功能选择图 4-7a 中所有半径为 50mm 的圆弧。

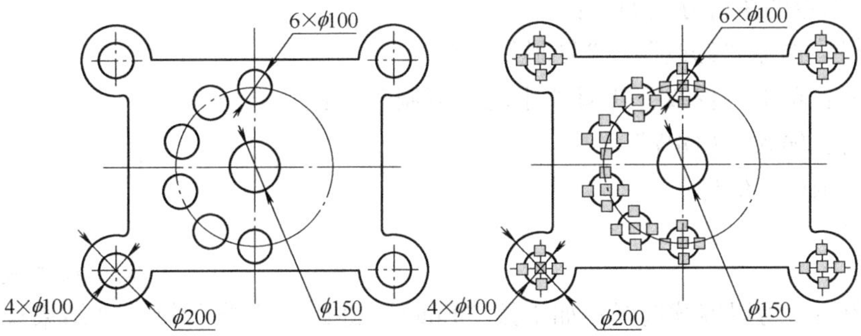

a)　　b)

图 4-7　“快速选择”图形

a）原始图形　b）快速选择图形结果

主要操作步骤如下：

1）选择“工具”/“快速选择”命令，打开“快速选择”对话框。

2）在“应用到”下拉列表框中选择“整个图形”选项，在“对象类型”下拉列表框中选择“圆弧”选项。

3）在“特性”列表框中选择“半径”选项，在“运算符”下拉列表框中选择“=等于”选项，在“值”文本框中输入数值 50，表示选择图形中所有半径为 50mm 的圆弧。

4）在“如何应用”选项组中，选择“包括在新选择集中”单选按钮，按设定条件创建新的选择集。

5）单击“确定”按钮，这时将选中图形中所有符合要求的图形，如图 4-7b 所示。

知识点 3　对象的删除与恢复

编辑过程中经常会出现错误，当发现错误时，需要执行删除与恢复操作：

（1）删除　在工具栏内单击按钮，然后选择所要删除的图形对象，最后按“Enter”键完成删除操作。也可以先选对象，再选命令。

（2）恢复　通过“OOPS”命令可以恢复最后一次的删除操作。“OOPS”命令只能恢复最后一次执行的删除操作，如果要连续向前恢复所进行的操作，需要使用“取消”命令“UNDO”。

知识模块二　复制图形对象

有些图形中会有许多相同或相似的结构，使用 AutoCAD 2012 提供的复制、镜像、偏移和阵列工具，可以快速创建这些对象。

知识点1　复制对象

复制对象是指在距原始位置的指定距离处创建对象的副本。

“复制”命令的执行方式如下：

菜单栏：选择“修改”/“复制”命令。

工具栏：单击“修改”工具栏中的“复制”按钮。

命令行：输入“COPY”。

命令行提示如下信息：

命令：COPY

选择对象：　　//选择需要复制的对象

选择对象后，可以继续选择；如果按“Enter”键或“空格”键，则结束选择，系统继续提示如下：

当前设置：复制模式 = 多个

指定基点或［位移（D）/模式（O）］<位移>：

指定第二个点或［阵列（A）］<使用第一个点作为位移>：

指定第二个点或［阵列（A）/退出（E）/放弃（U）］<退出>：

指定第二个点或［阵列（A）/退出（E）/放弃（U）］<退出>：

下面就各选项作简单介绍：

（1）指定基点　用于确定复制图元的基点。执行命令之后，要求用户指定位移的第二点，其绘制结果如图4-8所示。

（2）位移（D）　确定复制对象与原始对象之间的位移量。

（3）模式（O）　控制是否自动重复该命令。

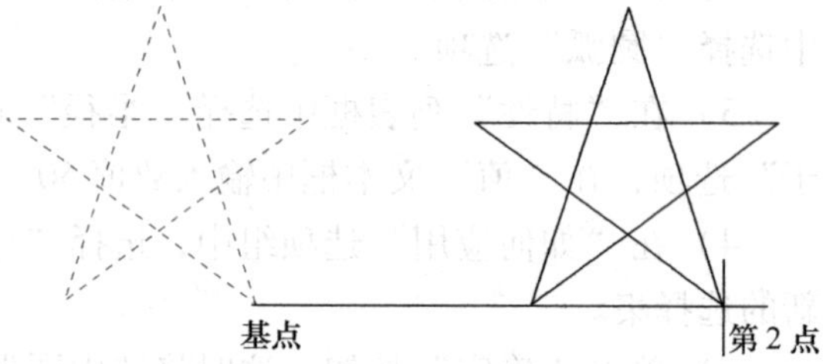

图4-8　复制对象

（4）阵列（A）　以沿着第一点到第二点的方式复制指定个数的对象。

知识点2　镜像对象

镜像对象用于复制具有对称性的图形对象。

“镜像”命令的执行方式如下：

菜单栏：选择“修改”/“镜像”命令。

工具栏：单击“修改”工具栏中的“镜像”按钮。

命令行：输入“MIRROR”。

命令行提示如下信息：

命令：MIRROR

选择对象：　　//选择需要镜像的对象

选择对象后，可以继续选择；如果按“Enter”键或“空格”键，则结束选择，系统继续提示如下：

选择对象：指定镜像线的第一点：　　　　　　　　　　　　　　//指定镜像线的第一点
指定镜像线的第二点：　　　　　　　　　　　　　　　　　　　//指定镜像线的第二点
是否删除源对象？[是（Y）/否（N）]：<N>：

对于“是否删除源对象”选项，系统默认为“N”，即不删除源对象；如果选择“Y”，则删除源对象，如图 4-9 所示。

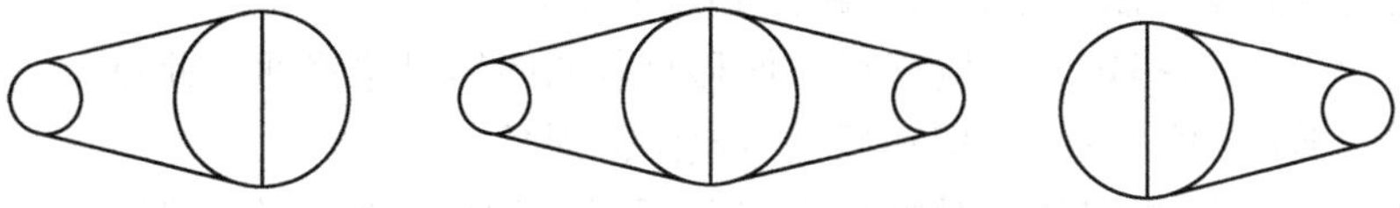

a)　　　　　　b)　　　　　　c)

图 4-9　删除与不删除源对象的镜像效果
a）源对象　b）删除源对象　c）不删除源对象

在 AutoCAD 2012 中，使用系统变量“MIRRTEXT”可以控制文字对象的镜像方向。如果“MIRRTEXT”的值为 0，则文字对象的方向不镜像，如图 4-10a 所示；如果“MIRRTEXT”的值为 1，则文字对象完全镜像，镜像出来的文字变为不可读，如图 4-10b 所示。

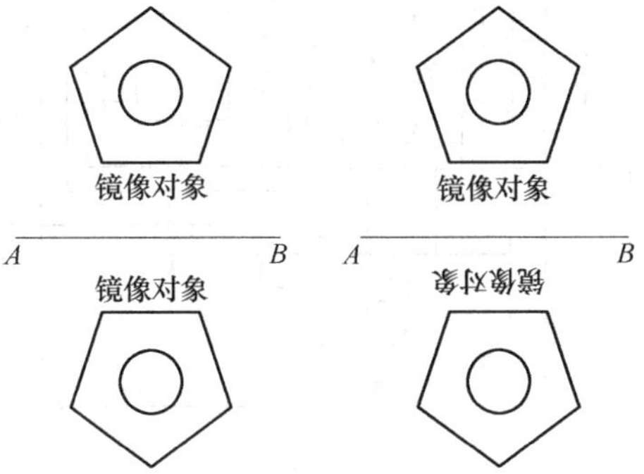

a)　　　　　　b)

图 4-10　系统变量影响文字镜像
a）“MIRRTEXT”为 0 时　b）“MIRRTEXT”为 1 时

知识点 3　偏移对象

偏移对象是指对图形进行复制，并将复制的图形对象同心偏移一定的距离，如图 4-11 所示。

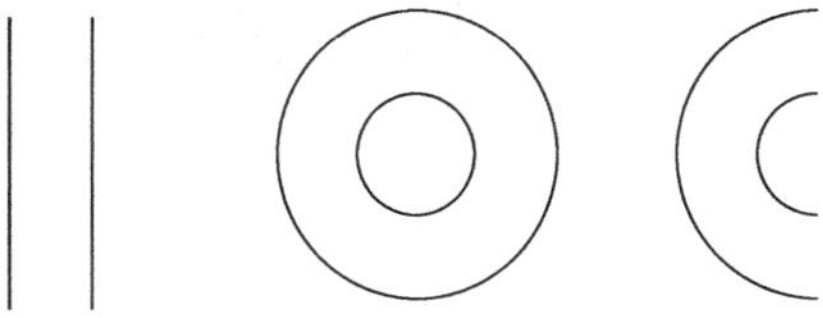

图 4-11　图形偏移的效果

“偏移”命令的执行方式如下：

菜单栏：选择“修改”/“偏移”命令。

工具栏：单击“修改”工具栏中的“偏移”按钮。

命令行：输入“OFFSET”。

命令行提示如下信息：

命令：OFFSET

当前设置：删除源 = 否　图层 = 源　OFFSETGAPTYPE = 0

指定偏移距离或［通过（T）/删除（E）/图层（L）］<通过>：

选择要偏移的对象，或［退出（E）/放弃（U）］<退出>：

指定要偏移的那一侧上的点，或［退出（E）/多个（M）/放弃（U）］<退出>：

偏移命令是一个对单一对象的编辑命令，只能通过直接选取的方式选择对象。若要通过指定偏移距离的方式来复制对象，偏移距离必须大于 0。

（1）通过（T）　可指定一个偏移点，偏移复制的图形对象将通过此点。

（2）删除（E）　可以选择在偏移后是否删除源对象。

（3）图层（L）　可指定新的对象是在当前图形中创建，还是在与源对象相同的图层中创建。

（4）多个（M）　可进行多次偏移操作，无需退出该命令，而且偏移方向可以改变。

【课堂实训一】　绘制如图 4-12 所示的直线图形。

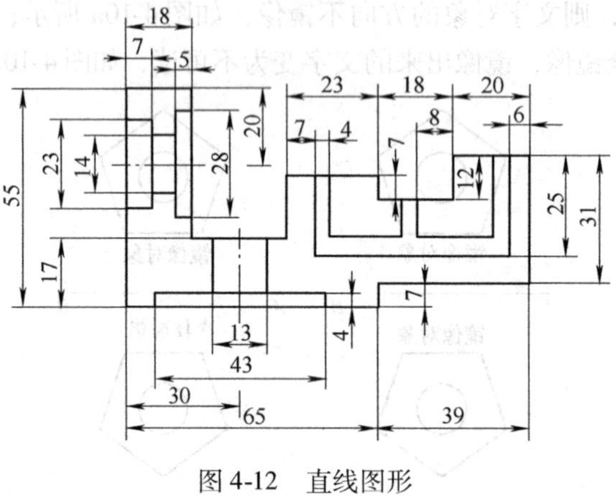

图 4-12　直线图形

主要操作步骤如下：

1）设置图层、绘图空间、绘图单位。

2）绘制作图基准线 *A*、*B*，如图 4-13 所示。

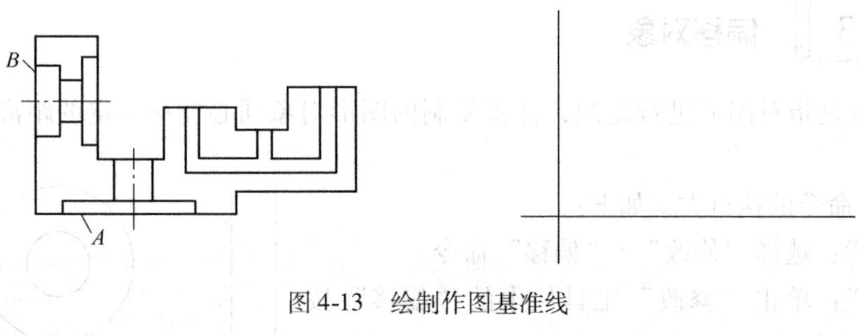

图 4-13　绘制作图基准线

3）用“偏移”命令平移直线 *A*、*B*，以形成图形细节 *E*，如图 4-14 所示。

4）偏移直线 *A*、*B*，以形成局部细节 *F*，如图 4-15 所示。

5）用“偏移”命令偏移直线 *C*、*D*，以形成图形细节 *G*，然后修改线型，结果如图 4-16所示。

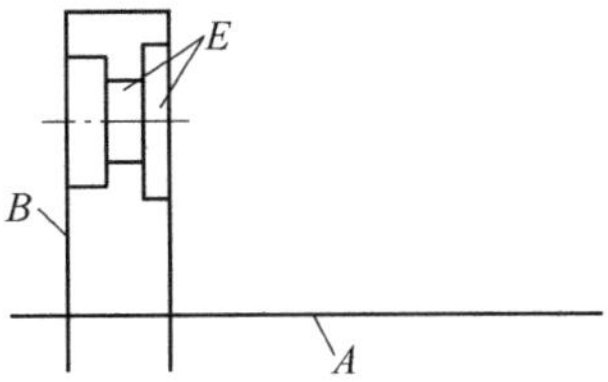

图 4-14　绘制图形细节 *E*

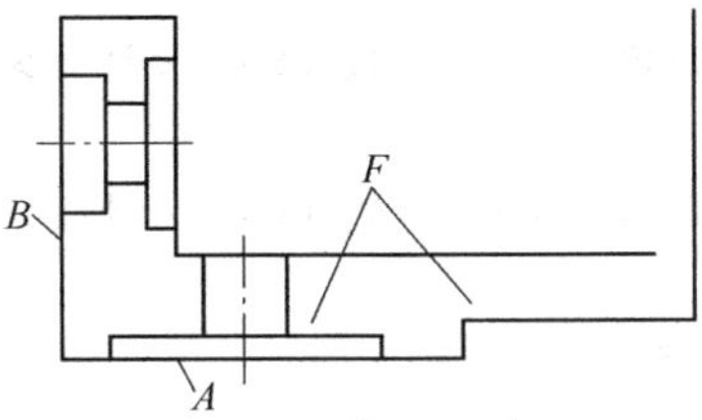

图 4-15　绘制图形细节 *F*

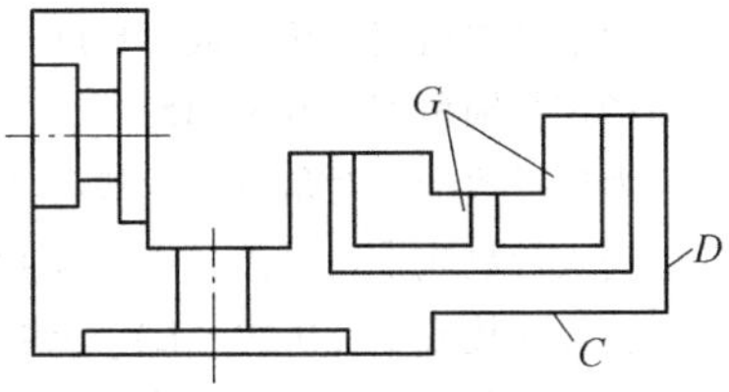

图 4-16　绘制图形细节 *G*

【课堂实训二】　绘制如图 4-17 所示的图形。

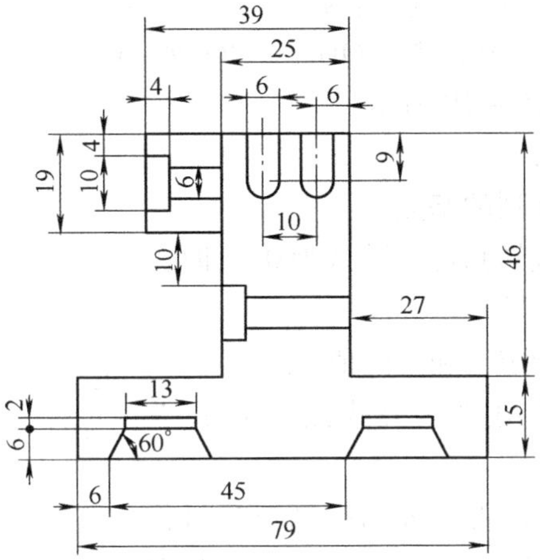

图 4-17　绘制图形

知识点 4　阵列对象

“阵列”命令实际上是一种特殊的复制方法，有利于快速有效地创建很多对象。它分为矩形阵列、路径阵列和环形阵列三种方式。

“阵列”命令的执行方式如下：

菜单栏：选择“修改”/“阵列”命令，如图 4-18所示。

图 4-18　“阵列”命令

工具栏：单击“修改”工具栏中“阵列”按钮的右下三角形，弹出阵列命令。

1. 矩形阵列

使用“矩形阵列”工具时，需要定义阵列的行数、列数、行偏移值、列偏移值及起始角度。现以创建“20 × 10”的矩形阵列为例，说明“矩形阵列”工具的使用方法。

执行矩形阵列命令，命令行提示如下：

命令：ARRAYRECT
选择对象：指定对角点：找到 1 个
选择对象：
类型 = 矩形　关联 = 是
为项目数指定对角点或［基点（B）/角度（A）/计数（C）］<计数>：A
指定行轴角度 <0>：15
为项目数指定对角点或［基点（B）/角度（A）/计数（C）］<计数>：C
输入行数或［表达式（E）］<4>：4
输入列数或［表达式（E）］<4>：5
指定对角点以间隔项目或［间距（S）］<间距>：S
指定行之间的距离或［表达式（E）］<15>：20
指定列之间的距离或［表达式（E）］<30>：40
按“Enter”键接受或［关联（AS）/基点（B）/行（R）/列（C）/层（L）/退出（X）］<退出>：AS
创建关联阵列［是（Y）/否（N）］<是>：N
按“Enter”键接受或［关联（AS）/基点（B）/行（R）/列（C）/层（L）/退出（X）］<退出>：

矩形阵列的创建结果如图 4-19 所示。

下面就选项作简单介绍：

（1）基点（B）　指定阵列的基点

（2）角度（A）　指定旋转角度。默认为 0，即行、列都与当前 UCS 的 X 轴或 Y 轴平行。

（3）计数（C）　分别指定行和列的值。

（4）表达式（E）　使用数学公式或方程式获取值。

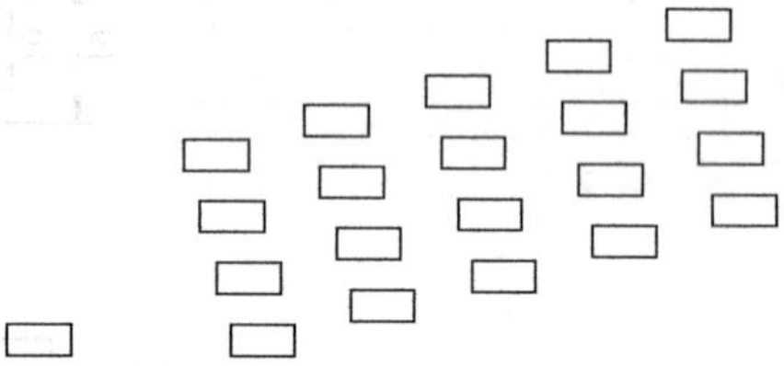

图 4-19　矩形阵列
a）原图　b）矩形阵列效果

（5）关联（AS）　指定是否在阵列中创建项目作为关联阵列对象，或者作为独立对象。是（Y）：包含单个阵列对象中的阵列项目，类似于块；否（N）：创建阵列项目作为独立对象，更改其中一个项目，不影响其他项目。

2. 路径阵列

使用“路径阵列”工具时，需要定义阵列的路径曲线，以及沿着路径阵列的方向、项目数、间距等。例如，创建“10×10”的矩形和阵列路径，对其实施路径阵列。

执行路径阵列命令时，命令行的提示如下：

命令：ARRAYPATH
选择对象：指定对角点：找到 1 个
选择对象：
类型 = 路径　关联 = 否
选择路径曲线：
输入沿路径的项数或［方向（O）/表达式（E）］<方向>：10
指定沿路径的项目之间的距离或［定数等分（D）/总距离（T）/表达式（E）］<沿路径平均定数等分（D）>：D
按“Enter”键接受或［关联（AS）/基点（B）/项目（I）/行（R）/层（L）/对齐项目（A）/Z 方向（Z）/退出（X）］<退出>：

路径阵列结果如图4-20所示。

下面就路径阵列命令中的选项作简单的介绍：

（1）方向（O）　控制选定对象是否相对于路径的起始方向重定向（旋转），然后再移动到路径的起点。

（2）定数等分（D）　沿整个路径长度平均定数等分项目。

（3）总距离（T）　指定第一个项目和最后一个项目之间的总距离。

（4）对齐项目（A）　指定是否对齐每个项目，使其与路径的方向相切，如图4-21所示。

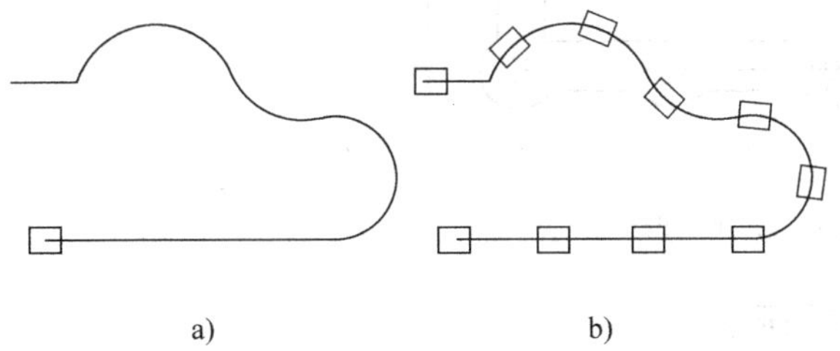

图4-20　路径阵列

a）原图　b）路径阵列效果

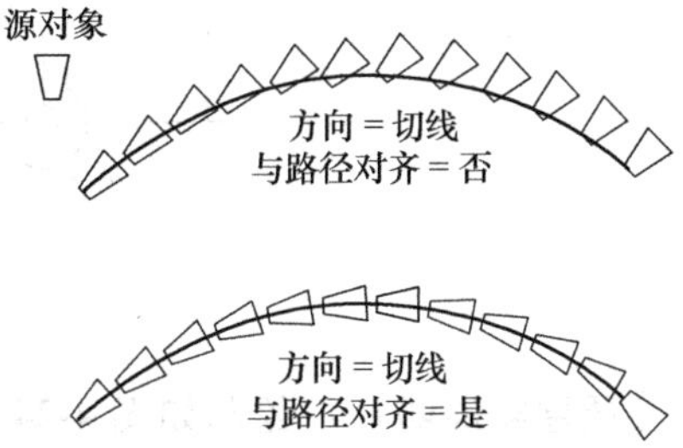

图4-21　对齐项目

3. 环形阵列

使用“环形阵列”工具时，需要定义阵列的中心，再根据需要定义项目数、环形阵列的角度或各项目之间的角度等。

执行环形阵列命令时，命令行的提示如下：

命令：ARRAYPOLAR

选择对象：指定对角点：找到 1 个

选择对象：

类型 = 极轴　关联 = 否

指定阵列的中心点或［基点（B）/旋转轴（A）］：

输入项目数或［项目间角度（A）/表达式（E）］ <4>：6

指定填充角度（+ = 逆时针、- = 顺时针）或［表达式（EX）］ <360>：

按“Enter”键接受或［关联（AS）/基点（B）/项目（I）/项目间角度（A）/填充角度（F）/行（ROW）/层（L）/旋转项目（ROT）/退出（X）］ <退出>：

环形阵列的结果如图4-22所示。

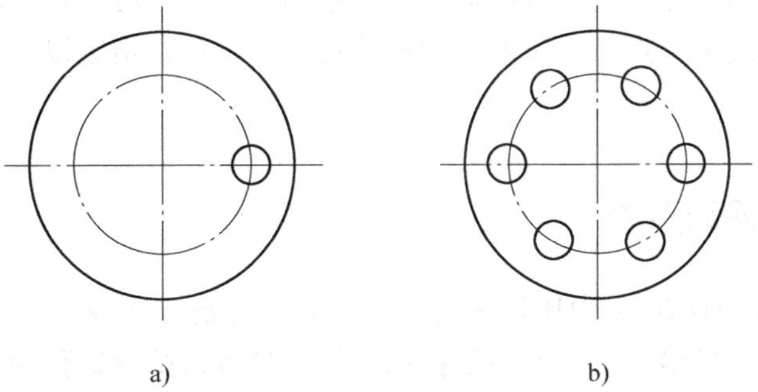

图4-22　环形阵列

a）原图　b）环形阵列效果

【课堂实训三】 使用矩形阵列命令绘制如图 4-23 所示的图形。

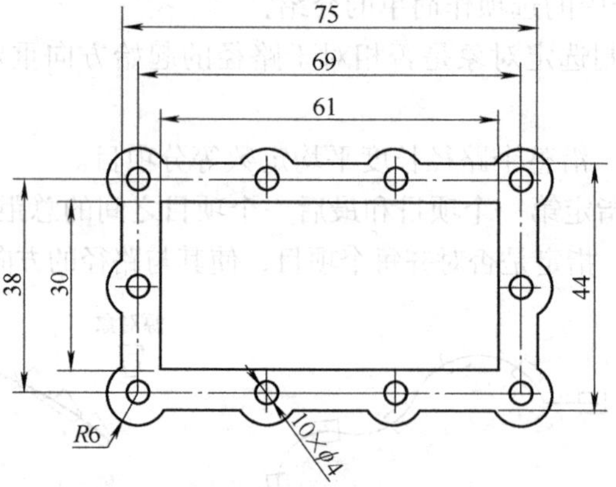

图 4-23 绘制图形

【课堂实训四】 绘制如图 4-24 所示的图形。

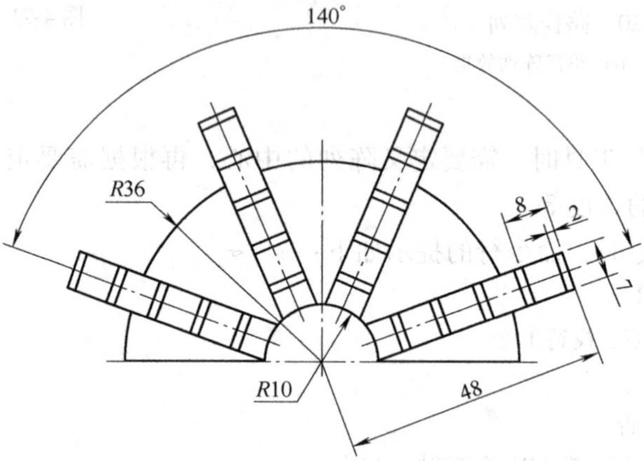

图 4-24 绘制图形

知识模块三 移动图形对象

对于已经绘制好的图像对象，有时需要移动它们的位置。可以将对象由一个位置移动到另一个位置，可以围绕某个点按一定的角度旋转对象，也可以指定以点对点的对齐方式移动对象。

知识点 1 移动对象

移动对象是 AutoCAD 2012 中比较常用的命令工具，是指从源对象以指定的角度和方向移动对象。使用坐标、栅格捕捉、对象捕捉和其他工具可以精确地移动对象。

“移动”命令的执行方式如下：

菜单栏：选择“修改”/“移动”命令。

工具栏：单击“修改”工具栏中的“移动”按钮。

命令行：输入“MOVE”。

命令行的提示信息如下：

命令：MOVE
选择对象：指定对角点：找到 1 个　　// 选择需要移动的对象
选择对象：　　// 单击右键，按空格键或“Enter”键确认选择结束
指定基点或［位移（D）］<位移>：　　// 指定移动基点
指定第二个点或 <使用第一个点作为位移>：

位移（D）：选择该选项，可以给定位移坐标作为图形移动量。

选择对象后，如果不是指定基点，而是选择“位移（D）”选项，则系统将出现如下提示：

指定基点或［位移（D）］<位移>：D
指定位移 <0.0000, 0.0000, 0.0000>：　　// 给定坐标作为位移量

此时输入位移坐标即可移动图形对象，这里输入的坐标默认为相对坐标，无需包含“@”符号。例如，输入“30，40”，系统直接认为是“@30，40”，如图 4-25 所示。

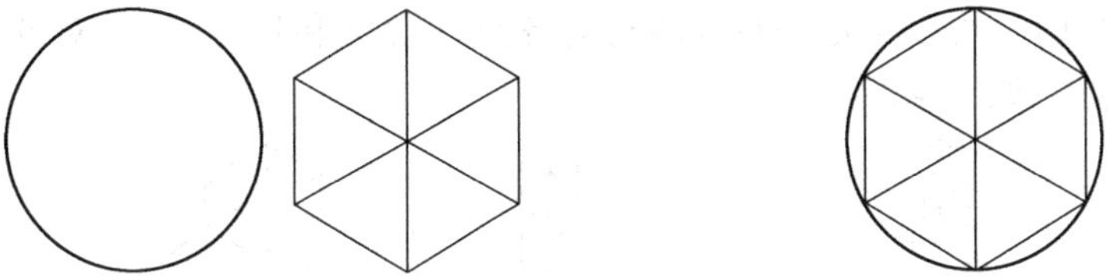

a)　　b)

图 4-25　移动图形

a）移动前的图形　b）移动后的图形

知识点 2　旋转对象

“旋转”命令用于将所选择的对象围绕指定的基点旋转一定的角度。

“旋转”命令的执行方式如下：

菜单栏：选择“修改”/“旋转”命令。

工具栏：单击“修改”工具栏中的“旋转”按钮。

命令行：输入“ROTATE”。

命令行的提示信息如下：

命令：ROTATE
UCS 当前的正角方向：　ANGDIR = 逆时针　ANGBASE = 0
选择对象：指定对角点：找到 1 个　　// 选择需要移动的对象
选择对象：　　// 单击右键，按空格键或“Enter”键确认选择结束
指定基点：　　// 指定旋转中心
指定旋转角度，或［复制（C）/参照（R）］<0>：

下面就“旋转”命令中的选项作简单说明：

(1) 复制 (C) 将图形对象旋转的同时进行复制。

(2) 参照 (R) 将图形对象按参照方式进行旋转。此时，系统将出现如下提示：

指定旋转角度，或 [复制 (C)/参照 (R)] <0>: R

指定参照角 <0>: 指定第二点:

指定新角度或 [点 (P)] <0>:

旋转图形的结果如图 4-26 所示。

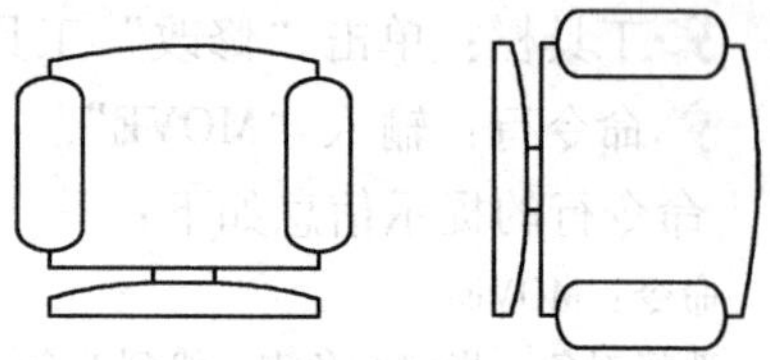

图 4-26 旋转对象

a) 旋转前 b) 旋转后

知识点 3 对齐对象

“对齐”命令可以使当前对象与其他对象对齐，它既适用于二维对象，也适用于三维对象。

“对齐”命令的执行方式如下：

菜单栏：选择“修改”/“三维操作”/“对齐”命令。

命令行：输入“ALIGN”。

对齐二维对象时，可以指定一对或两对对齐点（源点和目标点）；对齐三维对象时，则需指定三对对齐点，如图 4-27 所示。

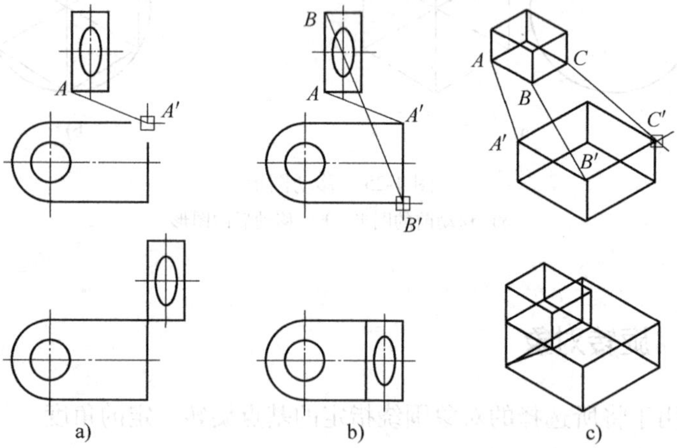

图 4-27 对齐对象

a) 一对对齐点 b) 两对对齐点 c) 三对对齐点

对齐对象时，当命令行显示“是否基于对齐点缩放对象？[是 (Y)/否 (N)] <否>:”的提示信息时，若选择“否 (N)”选项，则对象改变位置，且对象的第一源点与第一目标点重合，第二源点位于第一目标点与第二目标点的连线上，即对象先平移，后旋转；若选择“是 (Y)”选项，则对象除平移和旋转外，还基于对齐点进行缩放。由此可见，“对齐”命令是“移动”命令和“旋转”命令的组合。

【课堂实训】 利用对齐命令，将图 4-28a 所示的图形修改成如图 4-28b 所示的图形。

操作步骤如下：

1) 对齐。选择“修改”/“三维操作”/“对齐”命令，或者直接在命令行中输入“AL”命令，AutoCAD 2012 提示：

选择对象：　　　　　　　　　　　　//选择位于左侧的图形
指定第一个源点：　　　　　　　　　//拾取一点
指定第一个目标点：　　　　　　　　//拾取两点
指定第二个源点：　　　　　　　　　//拾取三点
指定第二个目标点：　　　　　　　　//拾取四点
指定第三个源点或 <继续>：
是否基于对齐点缩放对象？［是（Y）/否（N）］<否>：

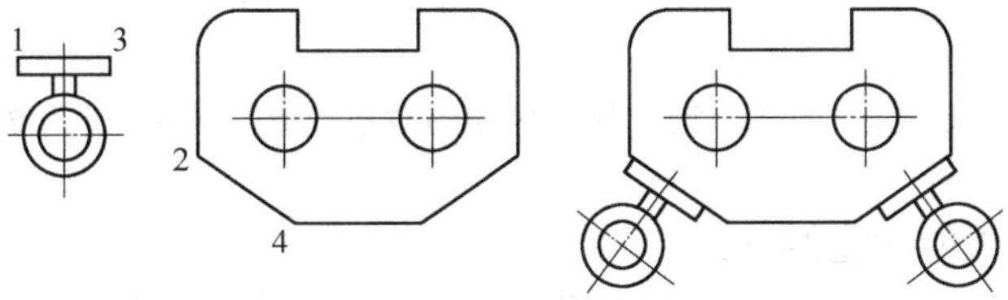

a)　　　　　　b)

图 4-28　对齐图形
a）已知图形　b）操作结果

“对齐对象”的操作结果如图 4-29 所示。

2）镜像。执行“镜像”命令，对图 4-29 中的相应图形进行镜像操作，即可得到如图 4-28b所示的图形。

执行对齐操作时，如果在“是否基于对齐点缩放对象？［是（Y）/否（N）］<否>：”的提示下用“是（Y）”响应，则会得到如图 4-30 所示的结果。

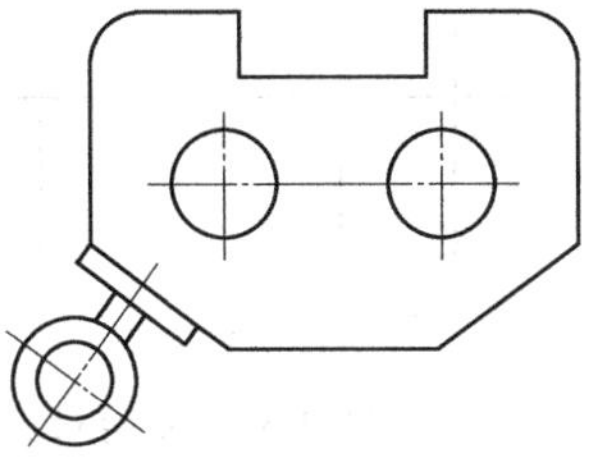

图 4-29　操作结果

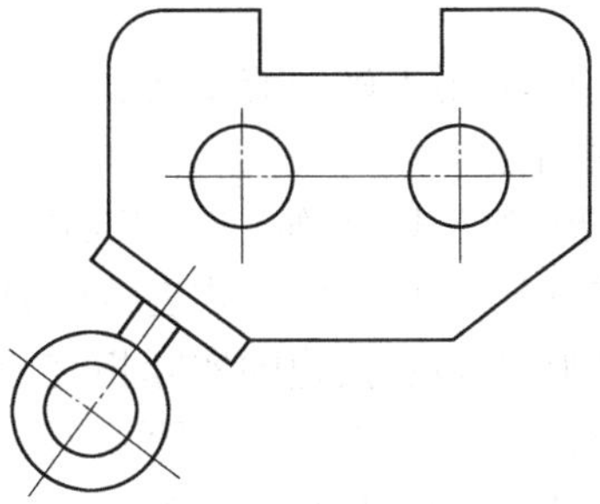

图 4-30　操作结果

知识模块四　修整图形对象

使用修剪或延伸命令可以缩短或拉长对象，以使其与其他对象的边相接；也可以使用缩放、拉伸命令，在一个方向上调整对象的大小或按比例增大或缩小对象。

知识点 1　修剪对象

修剪对象是指利用指定的边界修剪指定对象，修剪边界和修剪对象可以是直线、多段线、矩形、圆弧、圆等。

“修剪”命令的执行方式如下：

菜单栏：选择“修改”/“修剪”命令。

工具栏：单击“修改”工具栏中的“修剪”按钮。

命令行：输入“TRIM”。

命令行的提示信息如下：

命令：TRIM
当前设置：投影 = UCS，边 = 无
选择剪切边...
选择对象或 <全部选择>：　　　　　　　　　　　　//选择修剪边界
选择对象：
选择要修剪的对象，或按住“Shift”键选择要延伸的对象，或[栏选（F）/窗交（C）/投影（P）/边（E）/删除（R）/放弃（U）]：

该命令中主要选项的功能如下：

（1）按住“Shift”键选择要延伸的对象　按下“Shift”键后，单击图形对象可使其延伸到修剪边界。

（2）投影（P）　用于确定执行修剪的空间。选择该选项后，系统出现如下提示：

输入投影选项[无（N）/UCS（U）视图/（V）]〈UCS〉：

1）无（N）：指定无投影。该命令只修剪与三维空间中的剪切边相交的对象。

2）UCS（U）：指定在当前用户坐标系 *XY* 平面上的投影。该命令将修剪不与三维空间中的剪切边相交的对象。

3）视图（V）：指定沿当前观察方向的投影。该命令将修剪与当前视图中的边界相交的对象。

（3）边（E）用于确定修剪方式。选择该选项后，系统出现如下提示：

输出隐含边延伸模式[延伸（E）/不延伸（N）]<不延伸>：

1）延伸（E）：按延伸方式进行修剪。

2）不延伸（N）：按边的实际相交情况进行修剪。

（4）放弃（U）　取消上一次的操作。

对对象进行修剪效果如图 4-31 所示。

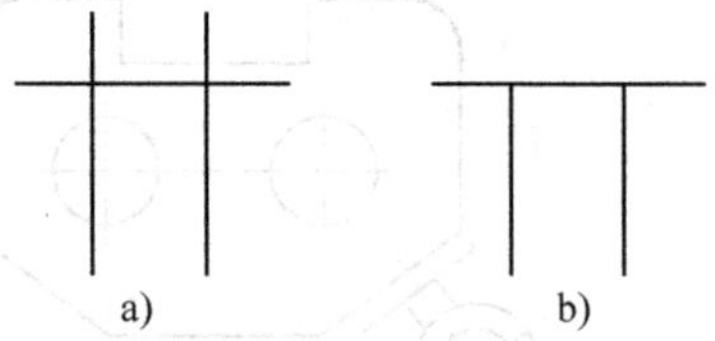

图 4-31　修剪对象
a）修剪前　b）修剪后

知识点 2　延伸对象

延伸对象用于将指定的对象延伸到指定的边界上，延伸对象包括圆弧、椭圆弧、直线等非封闭的线。

“延伸”命令的执行方式如下：

菜单栏：选择“修改”/“延伸”命令。

工具栏：单击“修改”工具栏中的“延伸”按钮。

命令行：输入“EXTEND”。

命令行的提示信息如下：

命令：EXTEND
当前设置：投影 = UCS，边 = 无
选择边界的边...

选择对象或 <全部选择>：　　　　　　//选择延伸边界
选择对象：
选择要延伸的对象，或按住“Shift”键选择要修剪的对象，或[栏选(F)/窗交(C)/投影(P)/边(E)/放弃(U)]：

此命令的提示选项功能与修剪命令的提示选项相似。延伸效果如图4-32所示。

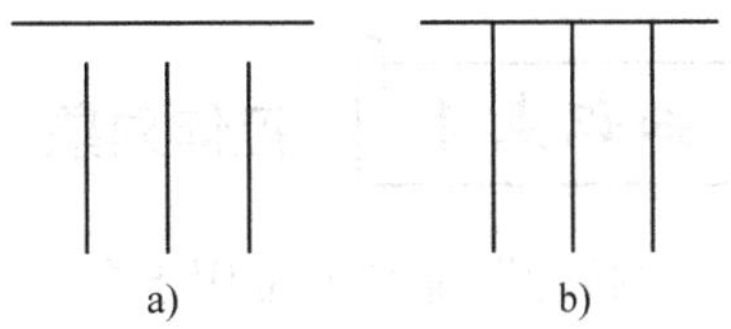

图4-32　延伸对象
a）延伸前　b）延伸后

知识点3　缩放对象

缩放对象是指将选择的图形对象按指定的比例进行缩放变换，缩放命令实际上改变了图形的尺寸。使用缩放命令时需要指定一个基点，该基点在图形缩放时不移动。缩放对象后默认为删除原图，也可以设定保留原图。

“缩放”命令的执行方式如下：

菜单栏：选择“修改”/“缩放”命令。

工具栏：单击“修改”工具栏中的“延伸”按钮。

命令行：输入“SCALE”。

命令行提示信息如下：

命令：SCALE
选择对象：指定对角点：找到1个　　　　// 选择需要缩放的对象
选择对象：　　　　// 单击右键，按空格键或“Enter”键确认选择结束
指定基点：　　　　// 指定缩放基点
指定比例因子或[复制(C)/参照(R)] <1.0000>：　　　　// 确定缩放比例因子

该命令提供了以下缩放对象的方式和选项：

(1) 指定比例因子　选择该选项，可以直接给定缩放比例，大于1是将图形放大，大于0而小于1是将图形缩小。

(2) 复制(C)　选择该选项，可以在缩放对象的同时复制对象。

(3) 参照(R)　选择该选项，可以通过已知图形对象获取所需比例。该选项可拾取任意两个点以指定新的角度或比例，而不再局限于将基点作为参照点。

缩放对象的结果如图4-33所示。

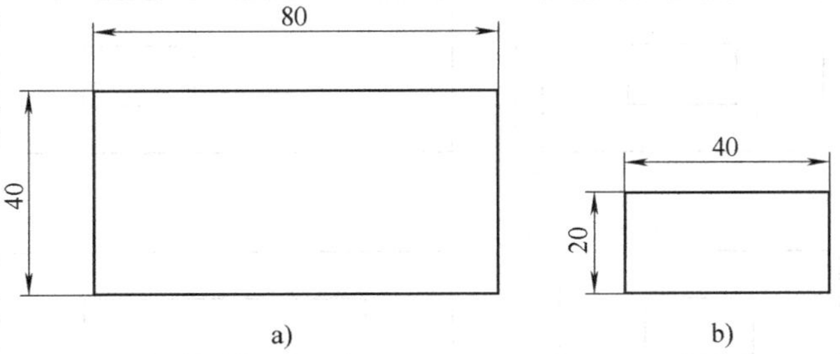

图4-33　缩放对象（比例因子为0.5）
a）缩放前　b）缩放后

知识点 4 拉伸对象

“拉伸”命令通常用于多个对象的拉伸，使其在一个方向上按比例增大或缩小。

“拉伸”命令的执行方式如下：

菜单栏：选择“修改”/“拉伸”命令。

工具栏：单击“修改”工具栏中的“拉伸”按钮。

命令行：输入“STRETCH”。

命令行的提示信息如下：

命令：STRETCH
以交叉窗口或交叉多边形选择要拉伸的对象...
选择对象：指定对角点：找到 1 个　　// 选择需要拉伸的对象
选择对象：　　// 单击右键，按空格键或“Enter”键确认选择结束
指定基点或［位移（D）］<位移>：　　// 指定拉伸基点
指定第二个点或 <使用第一个点作为位移>：　　// 指定拉伸距离

位移（D）：选择该选项，可以给定位移坐标作为图形的拉伸量。

执行“拉伸”命令时，可使用交叉窗口或交叉多边形选择拉伸对象。该命令会移动所有位于选择窗口内的图形对象，而对于与选择窗口边界相交的对象则进行拉伸操作。对于直线、圆弧、区域填充和多段线等对象，拉伸规则见表 4-1。

表 4-1　不同对象的拉伸规则

类　型	拉 伸 规 则
直线	在选择窗口之外的端点不动，在选择窗口之内的端点移动
圆弧	在圆弧的拉伸过程中，圆心位置和圆弧起始角、终止角的值发生变化，但圆弧的弦高保持不变
区域填充	在选择窗口之外的端点不动，在选择窗口之内的端点移动
多段线	多段线两端的宽度、切线方向及曲线拟合信息均不改变
其他对象	如果对象的定义点在选择窗口之内，则对象移动，否则对象不移动。这里圆的定义点为圆心，块的定义点为插入点，文本的定义点为字符串的基线端点

拉伸对象的结果如图 4-34 所示。

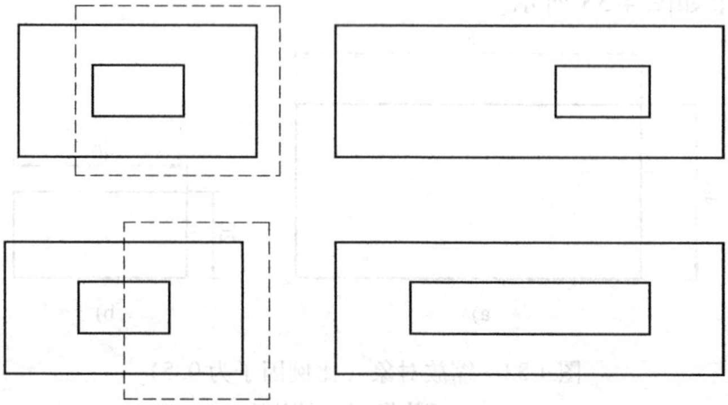

图 4-34　以交叉窗口的方式选择图形进行拉伸的效果

【课堂实训】　绘制图 4-35 所示的图形。

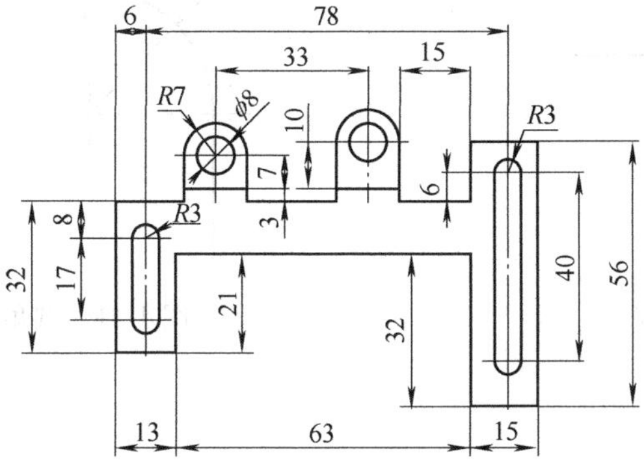

图 4-35　复制与拉伸图形

操作步骤如下：

1）用“直线”命令画出图形的外轮廓线，如图 4-36 所示。

2）绘制线框 *A*、*B*，如图 4-37 所示。

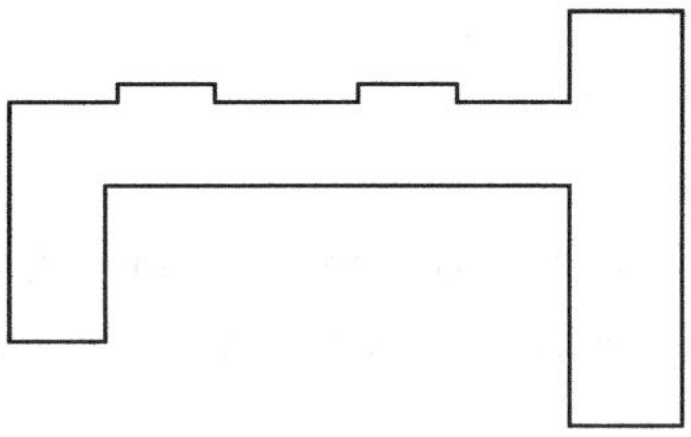

图 4-36　绘制外轮廓线

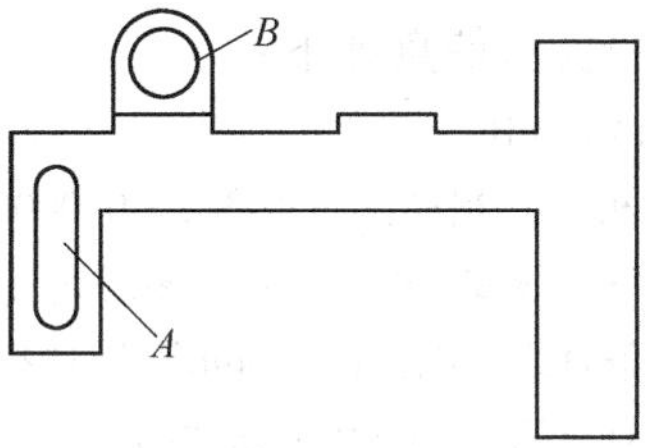

图 4-37　绘制线框

3）将线框 *A*、*B* 分别复制到 *C*、*D* 处，如图 4-38 所示。

4）拉伸线框 *C*、*D*，结果如图 4-39 所示。

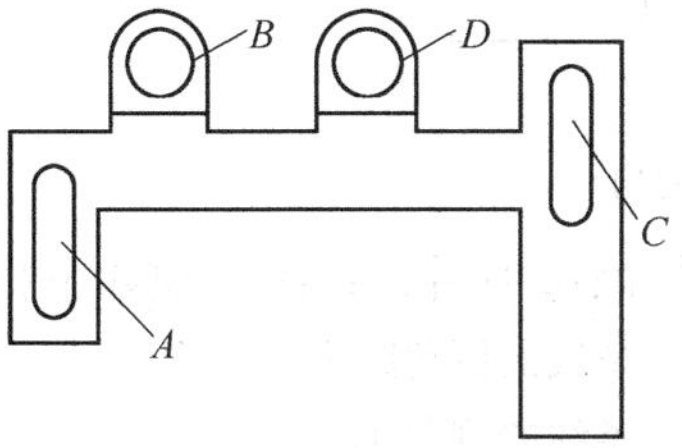

图 4-38　复制图形

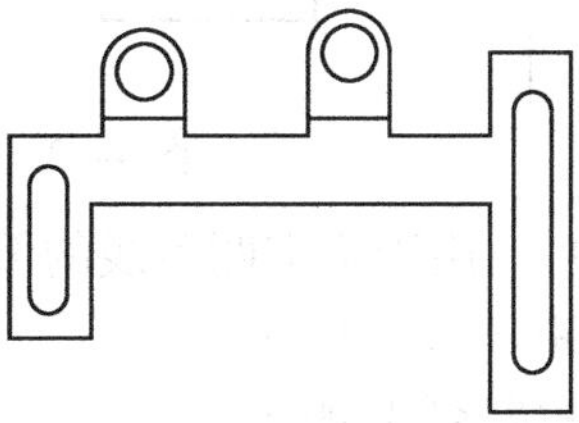

图 4-39　拉伸图形

知识模块五　倒角和圆角

倒角和圆角是机械设计中常用的工艺，可使工件的相邻两表面在相交处以斜面或圆弧面过渡。以斜面形式过渡时称为倒角，如图 4-40 所示；以圆弧面形式过渡时称为圆角，如图 4-41所示。在二维平面中，倒角和圆角分别用直线和圆弧过渡表示。

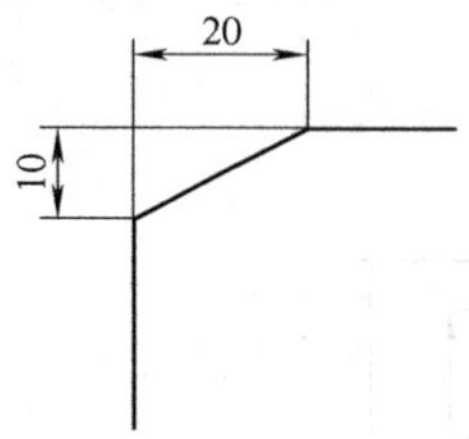

图 4-40　倒角

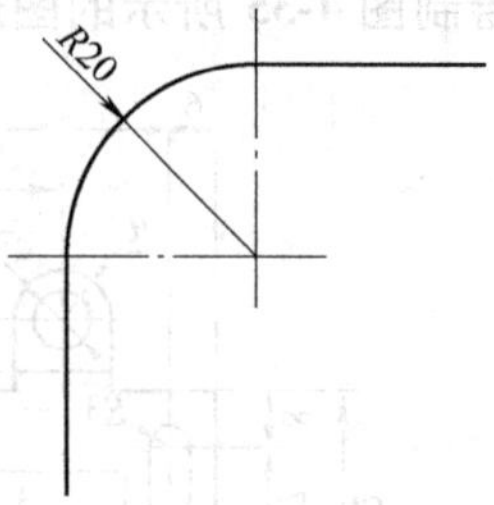

图 4-41　圆角

知识点 1　倒角

“倒角”命令的执行方式如下：

菜单栏：选择“修改”/“倒角”命令。

工具栏：单击“修改”工具栏中的“倒角”按钮。

命令行：输入“CHAMFER”。

命令行的提示信息如下：

命令：CHAMFER

（“修剪”模式）当前倒角距离 1 = 0.0000，距离 2 = 0.0000

选择第一条直线或[放弃（U）/多段线（P）/距离（D）/角度（A）/修剪（T）/方式（E）/多个（M）]：

选择第二条直线，或按住“Shift”键选择直线以应用角点或[距离（D）/角度（A）/方法（M）]：

该命令中主要选项的功能如下：

（1）选择第一条直线　此选项为默认选项，指定用于倒角的两条线中的第一条。

（2）多线段（P）　对整条多线段进行倒角。执行该选项后，系统出现如下提示：

选择二维多线段：

选择了二维多线段以后，系统会对整条多线段的各顶点进行直线倒角，如图 4-42 所示。

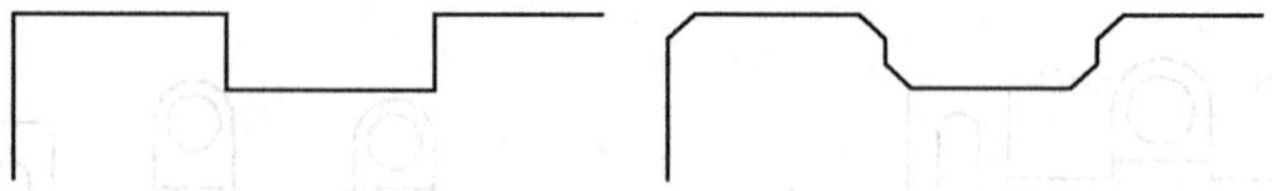
图 4-42　对多段线进行倒角

（3）距离（D）　用于确定两条线的倒角距离。执行该选项后，系统出现如下提示：

指定第一个倒角距离 <0.0000>　　　　//指定第一条线的倒角距离

指定第二个倒角距离 <0.0000>　　　　//指定第二条线的倒角距离

确定了倒角的距离后，倒角时将按照新的距离倒角，倒角过程中先选择那条线对应的第一个倒角距离。

（4）角度（A）　用于设置第一条线的倒角距离和第一条线的倒角角度。执行该选项后，系统出现如下提示：

指定第一条直线的倒角长度 <0.0000>：

指定第二条直线的倒角角度 <0>：

（5）修剪（T）　用于决定倒角后是否对相应的倒角边进行修剪。执行该选项后，系统出现如下提示：

输入修剪模式选项［修剪（T）/不修剪（N）］＜修剪＞：

1）修剪（T）：此选项为默认选项，表示倒角后对倒角边进行修剪。

2）不修剪（N）：选择该选项，表示倒角后不对倒角边进行修剪，如图4-43所示。

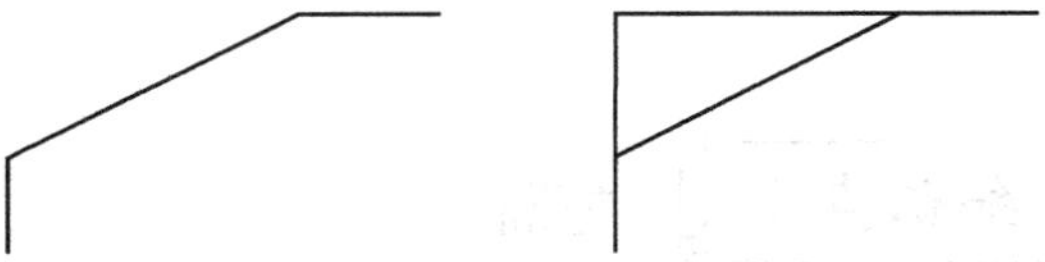

a)　　b)

图4-43　倒角边的处理

a）修剪　b）不修剪

（6）方式（E）　用于确定按什么方式倒角。执行该选项后，系统出现如下提示：

输入修剪方法［距离（D）/角度（A）］＜距离＞：D

1）距离（D）：表示采用倒角边长的方式来倒角。

2）角度（A）：表示按边距离与倒角角度进行倒角。

知识点2　圆角

“圆角”命令的执行方式如下：

菜单栏：选择“修改”/“圆角”命令。

工具栏：单击“修改”工具栏中的“圆角”按钮。

命令行：输入“FILLET”。

命令行的提示信息如下：

命令：FILLET

当前设置：模式＝修剪，半径＝0.0000

//设置当前圆角模式和半径

选择第一个对象或［放弃（U）/多段线（P）/半径（R）/修剪（T）/多个（M）］：

选择第二个对象，或按住“Shift”键选择对象以应用角点或［半径（R）］：

此命令中各选项的功能与倒角命令的各项功能相似。

技巧　按住“Shift”键选择两条倒角或圆角的直线，则倒角距离或圆角半径为0。在修剪模式下，可以对两条不平行的直线倒圆角，系统将自动延伸或修剪这两条直线，以使它们相交。允许对两条平行线倒圆角，此时不需要指定半径，圆角半径为两条平行线距离的一半，如图4-44所示。

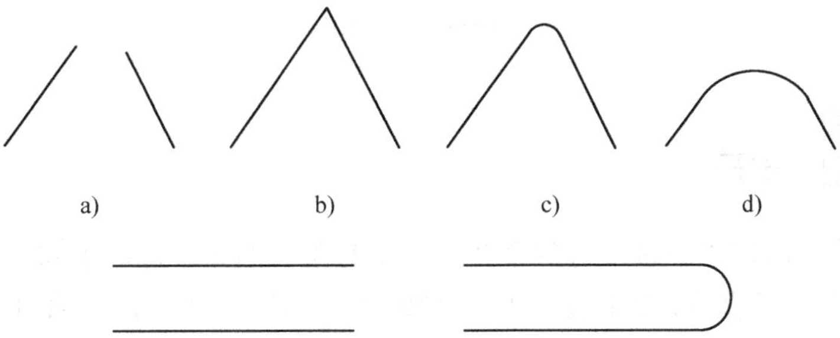

a)　b)　c)　d)

e)　f)

图4-44　倒角和圆角的形式

a）两条不平行直线　b）按住“Shift”键倒角　c）圆角自动延伸

d）圆角自动修剪　e）两条平行直线　f）平行线倒圆角

知识模块六　打断、合并和分解

知识点 1　打断

“打断”命令用于将对象从某一点处断开或删除对象的一部分。

“打断”命令的执行方式如下：

菜单栏：选择“修改”/“打断”命令。

工具栏：单击“修改”工具栏中的“打断于点”按钮（从某一点处断开对象）或“打断对象”按钮（删除对象的一部分）。

命令行：输入“BREAK”。

命令行的提示信息如下：

命令：BREAK 选择对象：
指定第二个打断点或［第一点（F）］：

该命令中主要选项的功能如下：

（1）指定第二个打断点　确定第二个打断点，以拾取时的点为第一点。系统将第一点和第二点之间的对象删除。

（2）第一点（F）　表示重新定义第一点，如果选择此选项，则系统提示：

指定第一个打断点：　　　　　　　　　　　//重新指定第一个打断点
指定第二个打断点：

打断对象的结果如图 4-45 所示。

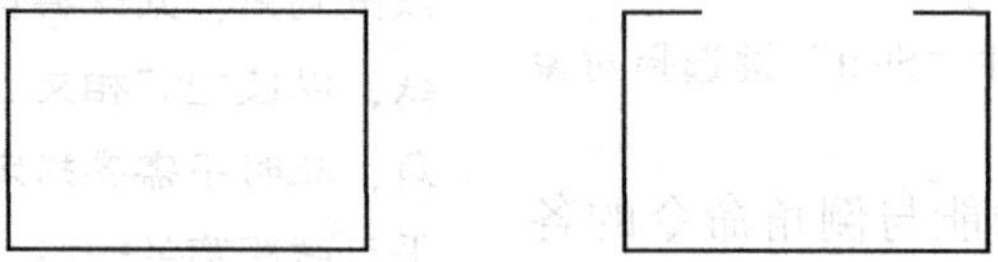

a)　　　　b)

图 4-45　打断对象

a）打断前　b）打断后

知识点 2　合并

“合并”命令可将同类的多个对象合并为一个对象。例如，将位于同一条直线上的两条或多条直线合并为一条直线；将同心、同半径的多个圆弧（椭圆弧）合并为一个圆弧或整圆（椭圆）；或者将一条多段线和与其首尾相连的一条或多条直线、多段线、圆弧或样条曲线合并在一起。

“合并”命令的执行方式如下：

菜单栏：选择“修改”/“合并”命令。

工具栏：单击“修改”工具栏中的“合并”按钮。

命令行：输入“JOIN”。

1. 合并直线

命令：JOIN

选择源对象：　　　　　　　　　　　　　　//选择直线对象

选择要合并到源的直线：　　　　　　　　　//选择要合并的对象

合并结果如图 4-46 所示。

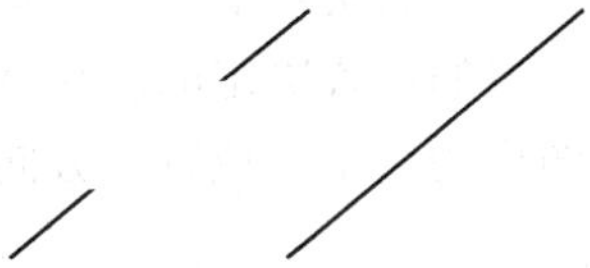

图 4-46　合并直线

2. 合并圆弧

命令：JOIN

选择源对象：　　　　　　　　　　　　　　//选择圆弧对象

选择圆弧，以合并到源或进行［闭合（L）］：　//选择要合并的圆弧或输入“L”闭合圆

将两段同心且半径相等的圆弧合并起来的效果如图 4-47 所示。

使用“合并”命令还可以用圆弧或椭圆弧创建完整的圆和椭圆。其命令提示如下，效果如图 4-48 所示。

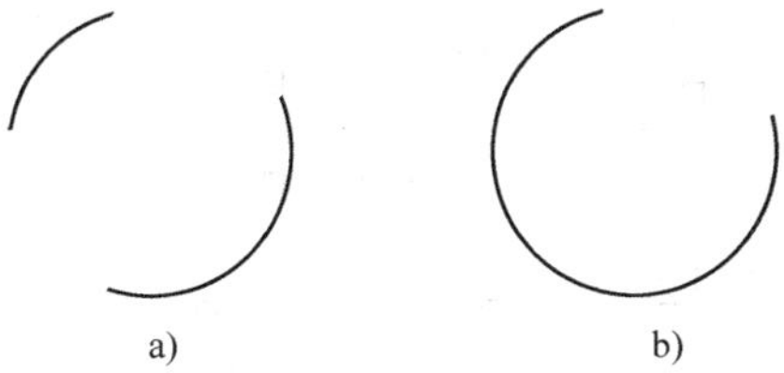

图 4-47　合并圆弧效果
a）源对象　b）合并效果

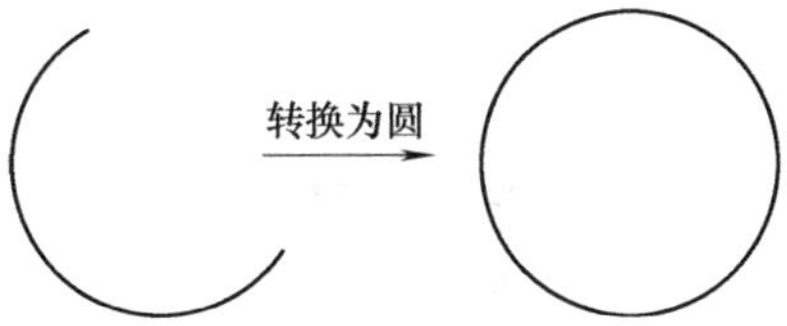

图 4-48　合并圆弧效果

命令：JOIN

选择源对象：　　　　　　　　　　　　　　//选择圆弧

选择圆弧，以合并到源或进行［闭合（L）］：L　//选择“合并”选项

已将圆弧转换为圆

知识点 3　分解

“分解”命令是将一个合成图形分解为其部件的工具。例如，一个矩形被分解后变成四条直线。

“分解”命令的执行方式如下：

菜单栏：选择“修改”/“分解”命令。

工具栏：单击“修改”工具栏中的“分解”按钮。

命令行：输入“EXPLODE”。

命令行的提示信息如下：

命令：EXPLODE

选择对象：　　　　　　　　　　　　　　　//选择要分解的对象

选择对象后，可以继续选择，按“Enter”键或“空格”键可结束选择，并分解所选的对象。

知识模块七　使用夹点编辑图形

夹点实际上就是对象上的特征点，如端点、中点、圆心等。图形的形状和位置通常是由夹点的位置决定的。在 AutoCAD 2012 中，夹点是一种集成的编辑模式。利用夹点可以编辑图形的大小、位置、方向，以及对图形进行移动、镜像等操作。

知识点 1　夹点模式概述

选择对象时，图形上会出现若干个小方框，这些小方框用来标记被选中对象的夹点，如图 4-49 所示。

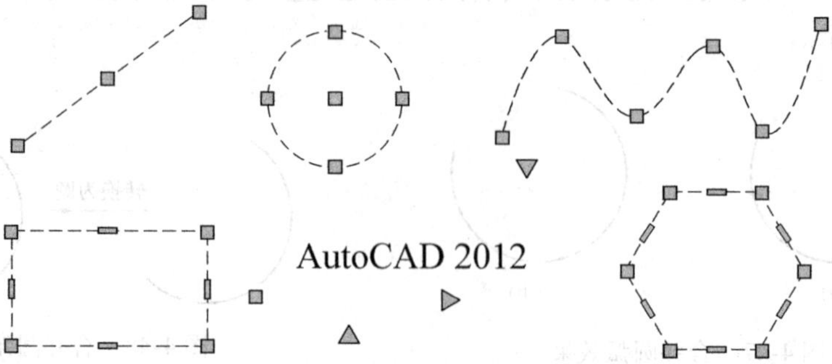

图 4-49　选中对象上的夹点

夹点有未激活和激活两种状态。蓝色小方框显示的夹点处于未激活状态，单击某个未激活夹点，该夹点以红色小方框显示，表示处于激活状态。被激活的夹点称为暖夹点。以暖夹点为基点，可以对图形进行拉伸、移动、旋转及缩放等操作。

技巧　激活热夹点时按住"Shift"键，可以选择激活多个热夹点。

在默认情况下，夹点始终是打开的。用户可以通过"工具"/"选项"对话框中的"选择集"选项卡设置夹点的显示和大小。

知识点 2　夹点编辑模式

出现"暖夹点"时单击右键，将弹出如图 4-50 所示的菜单，用户可在此菜单中选择命令。

1. 拉伸对象

选择要拉伸的对象后，将显示该图形对象的夹点。在对象中单击其中一个夹点作为拉伸基点，命令行将显示如下信息：

＊＊拉伸＊＊

指定拉伸点或［基点（B)/复制（C)/放弃（U)/退出（X)］：

其中各选项的功能如下：

（1）指定拉伸点　该选项用于指定拉伸目标点。

（2）基点（B）　重新确定拉伸基点。

（3）复制（C）　允许用户确定一系列的拉伸点，以实现多次拉伸。

（4）放弃（U）　取消上一次操作。

（5）退出（X）　退出当前的操作。

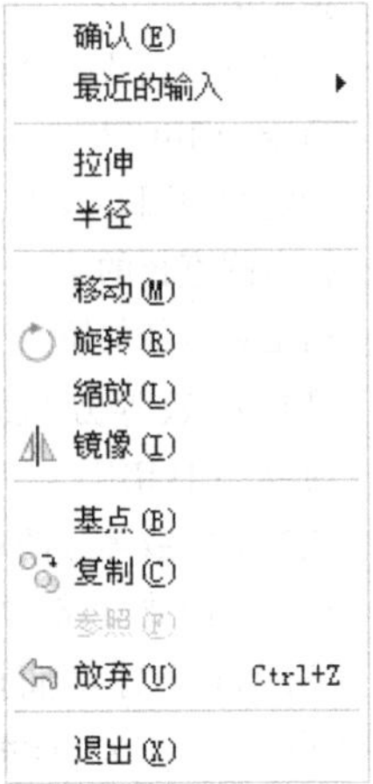

图 4-50　夹点编辑菜单

2. 移动对象

移动对象仅仅是位置上的平移，对象的方向和大小并不会被改变。要非常精确地移动对象，可使用捕捉模式、坐标、夹点和对象捕捉模式，命令行将显示如下提示信息：

＊＊移动＊＊

指定移动点或［基点（B）/复制（C）/放弃（U）/退出（X）］：

3. 旋转对象

在夹点编辑模式下确定基点后，选择“旋转”选项进入旋转模式，命令行提示如下信息：

＊＊旋转＊＊

指定旋转角度或［基点（B）/复制（C）/放弃（U）/参照（R）/退出（X）］：

参照（R）：选择该选项，可以以参照方式旋转对象，要依次指定参照方向的角度和相对于参照方向的角度。

4. 缩放对象

在夹点编辑模式下确定基点后，选择“缩放”选项进入缩放模式，命令行提示如下信息：

＊＊比例缩放＊＊

指定比例因子或［基点（B）/复制（C）/放弃（U）/参照（R）/退出（X）］：

在默认情况下，当确定了缩放的比例因子后，系统将相对于基点进行缩放对象的操作。当比例因子 >1 时，放大对象；当 0 < 比例因子 <1 时，缩小对象。

5. 镜像对象

在夹点编辑模式下确定基点后，选择“镜像”选项进入镜像模式，命令行提示如下信息：

＊＊镜像＊＊

指定第二点或［基点（B）/复制（C）/放弃（U）/退出（X）］：

系统将以基点为镜像线上的第一点，以新指定的点为镜像线上的第二点，对对象作镜像操作，并删除源对象。

技巧　使用夹点编辑模式进行缩放、旋转及镜像时，在命令行输入“C”或再次单击右键选择复制，可以在编辑操作时复制图形。

【课堂实训】　使用夹点控制命令绘制如图 4-51 所示的图形。

主要操作步骤如下：

1）绘制长度为 70mm 的直线，以直线的两个端点通过“两点（2P）”的方式绘制圆。

命令：LINE

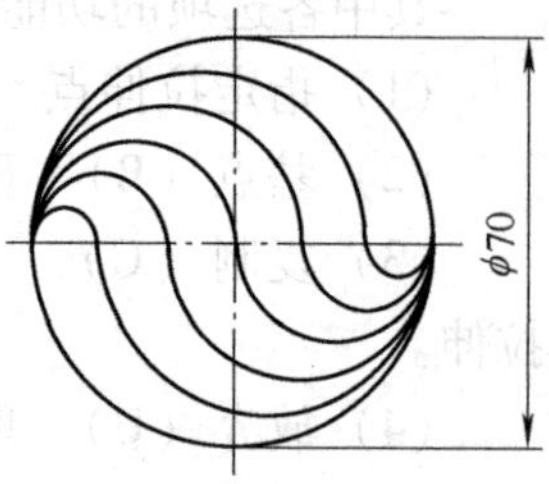

图 4-51　绘制图形

指定第一点：
指定下一点或［放弃（U）］：70
命令：CIRCLE
指定圆的圆心或［三点（3P）/两点（2P）/切点、切点、半径（T）］：2P
指定圆直径的第一个端点：
指定圆直径的第二个端点：　　　　　　　　　　//直线的端点

2）定数等分直线，将其等分为 12 份。

命令：DIVIDE
选择要定数等分的对象：
输入线段数目或［块（B）］：12　　　　　　　　//将对象等分为 12 份

3）打开对象捕捉中的“节点”，以左起第一个等分点为圆心绘制圆弧，起点为第二个等分点，端点为直线的左端点。

命令：ARC
指定圆弧的起点或［圆心（C）］：C
指定圆弧的圆心：　　　　　　　　　　　　　//选择第一个等分点
指定圆弧的起点：　　　　　　　　　　　　　//选择第二个等分点
指定圆弧的端点或［角度（A）/弦长（L）］：　//选择直线端点

4）选择圆弧的左端夹点，单击右键选择缩放，然后在命令行中输入“C”或再次单击右键选择复制，输入缩放的倍数，完成五段圆弧的绘制。

＊＊ 拉伸 ＊＊
指定拉伸点或［基点（B）/复制（C）/放弃（U）/退出（X）］：SCALE　　　//选择缩放命令
＊＊ 比例缩放 ＊＊
指定比例因子或［基点（B）/复制（C）/放弃（U）/参照（R）/退出（X）］：C
＊＊ 比例缩放（多重）＊＊
指定比例因子或［基点（B）/复制（C）/放弃（U）/参照（R）/退出（X）］：2
＊＊ 比例缩放（多重）＊＊
指定比例因子或［基点（B）/复制（C）/放弃（U）/参照（R）/退出（X）］：3
＊＊ 比例缩放（多重）＊＊
指定比例因子或［基点（B）/复制（C）/放弃（U）/参照（R）/退出（X）］：4
＊＊ 比例缩放（多重）＊＊
指定比例因子或［基点（B）/复制（C）/放弃（U）/参照（R）/退出（X）］：5　//输入缩放倍数

5）选择五段圆弧，并选择圆心处的夹点，作旋转、复制。

＊＊ 拉伸 ＊＊
指定拉伸点或［基点（B）/复制（C）/放弃（U）/退出（X）］：ROTATE　　　//选择旋转命令
＊＊ 旋转 ＊＊
指定旋转角度或［基点（B）/复制（C）/放弃（U）/参照（R）/退出（X）］：C　//复制对象

6）绘制中心线，删除等分点，即可得到如图 4-51 所示的图形。

知识模块八　对象特性查询、编辑和匹配

对象特性包含一般特性和几何特性，一般特性包括对象的颜色、线型、图层及线宽等，几何特性包括对象的尺寸和位置。用户可以直接在“特性”选项板中设置和修改对象的

特性。

知识点 1　“特性”选项板

“特性”选项板的执行方式如下：

菜单栏：选择“修改”/“特性”命令。

工具栏：单击“标准”工具栏中的“分解”按钮。

执行上述命令后，将打开“特性”选项板，如图 4-52 所示。

在绘图区选择对象后，“特性”选项板中就会显示该对象的类别、特性和特性值。如果同时选择多个对象，则会显示其共有特性和特性值。单击某个特性项，选项板下部的信息栏中就会显示关于该特性的说明信息，用户可以在选项板中直接修改对象的特性值。

同时修改多个对象属性时，“特性”选项板的功能更加强大。例如，要把属于不同图层的文本、尺寸、图形等多个对象全部放到某个指定的图层中，可以先选定这些对象，然后将“图层”特性值修改为指定层的层名。

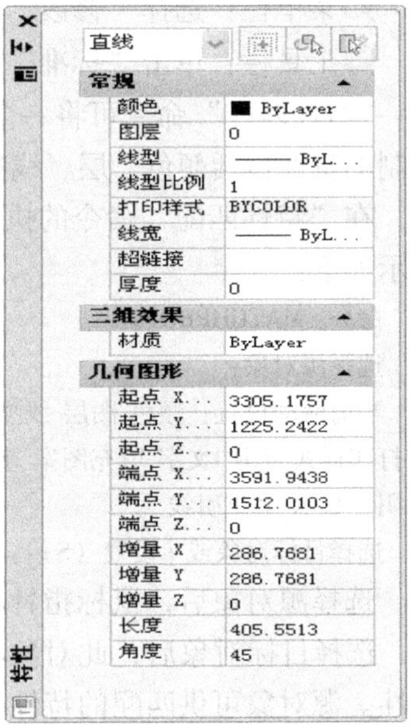

图 4-52　“特性”选项板

知识点 2　快捷特性

快捷特性是“特性”选项板的简化形式。单击状态栏中的“快捷特性”按钮，可以控制快捷特性的打开和关闭。当用户选择对象时，即可显示“快捷特性”面板，如图 4-53 所示，从而可以方便地修改对象的属性。

在“草绘设置”对话框的“快捷特性”选项卡中，选中“启用快捷特性选项板”复选框，也可以启用快捷特性功能，如图 4-54 所示。

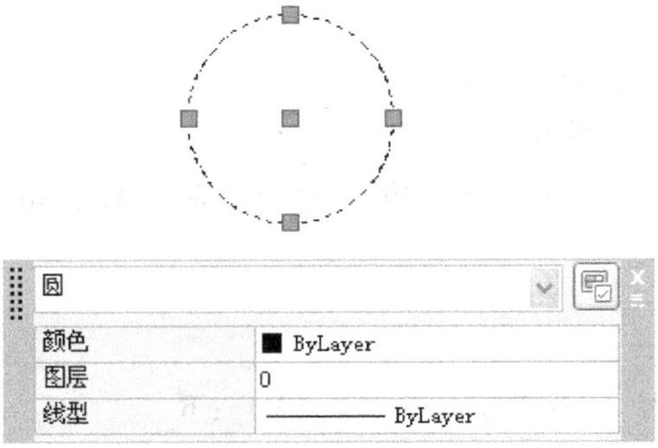

图 4-53　启用快捷特性

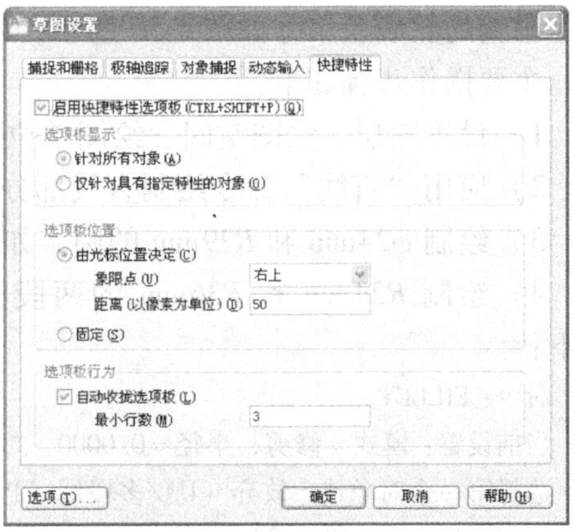

图 4-54　“快捷特性”选项卡

知识点 3 特性匹配

“特性匹配”命令的执行方式如下：

菜单栏：选择“修改”/“特性匹配”命令。

工具栏：单击“标准”工具栏中的“特性匹配”按钮。

“特性匹配”命令可将一个对象的某些或所有特性复制到其他一个或多个对象中，可以复制的特性包括颜色、层、线型、线型比例、线宽、厚度和打印样式等。

在“特性匹配”命令的执行过程中，需要选择两类对象，即源对象和目标对象。命令提示如下：

命令：MATCHPROP

选择源对象：

当前活动设置：颜色 图层 线型 线型比例 线宽 厚度 打印样式 标注 文字 填充图案 多段线 视口 表格材质 阴影显示 多重引线

选择目标对象或［设置（S）］：

选择源对象后，鼠标指针将变成刷子形状，选择目标对象后，此对象将具有源对象的属性。源对象可供匹配的特性很多，选择“设置”选项，将弹出如图 4-55 所示的“特性设置”对话框。在该对话框中，可以设置哪些特性允许匹配，哪些特性不允许匹配。

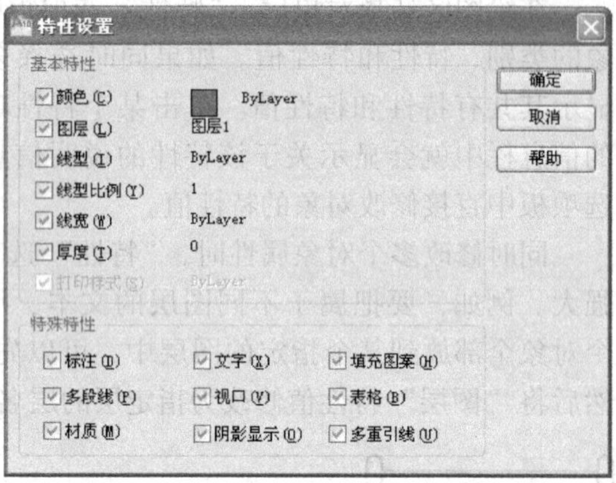

图 4-55 “特性设置”对话框

知识模块九 典型范例

知识点 吊钩

吊钩的轮廓及尺寸如图 4-56 所示。

主要操作步骤如下：

1）设置图层、绘图空间、绘图单位。

2）应用“直线”命令绘制直线部分，如图 4-57 所示。

3）绘制 $\phi 24$mm 和 $R29$mm 的圆，如图 4-58 所示。

4）绘制 $R24$mm 和 $R36$mm 的两段圆弧。利用“倒圆角”命令绘制圆弧，系统提示如下：

命令：FILLET

当前设置：模式 = 修剪，半径 = 0.0000

选择第一个对象或［放弃（U）/多段线（P）/半径（R）/修剪（T）/多个（M）］：R

指定圆角半径 <0.0000>：24 //确定圆的半径

选择第一个对象或［放弃（U）/多段线（P）/半径（R）/修剪（T）/多个（M）］：//选择右侧直线

选择第二个对象，或按住 Shift 键选择要应用角点的对象：　　//选择 $R29$mm 的圆
命令：FILLET
当前设置：模式 = 修剪，半径 = 24.0000
选择第一个对象或［放弃（U）/多段线（P）/半径（R）/修剪（T）/多个（M）］：R
指定圆角半径 < 24.0000 >：36　　//确定圆的半径
选择第一个对象或［放弃（U）/多段线（P）/半径（R）/修剪（T）/多个（M）］：//选择左侧直线
选择第二个对象，或按住 Shift 键选择要应用角点的对象：　　//选择 $\phi24$mm 的圆

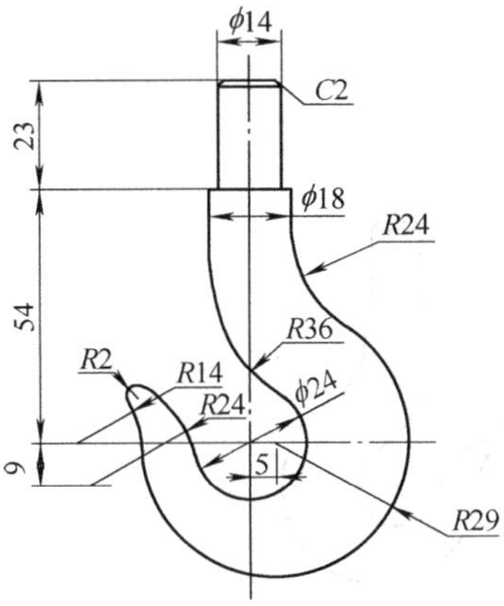

图 4-56　吊钩

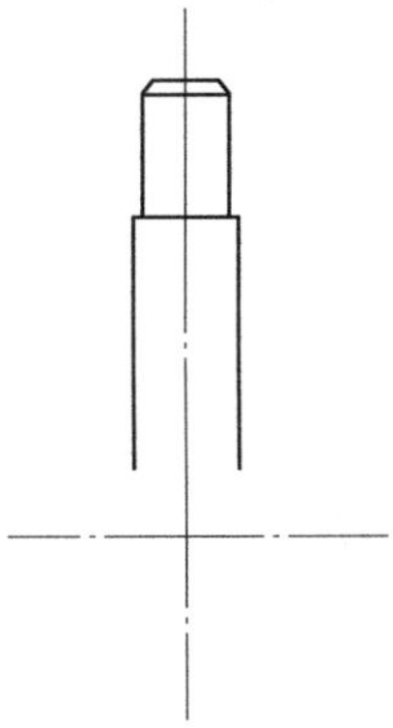
图 4-57　绘制中心线及直线

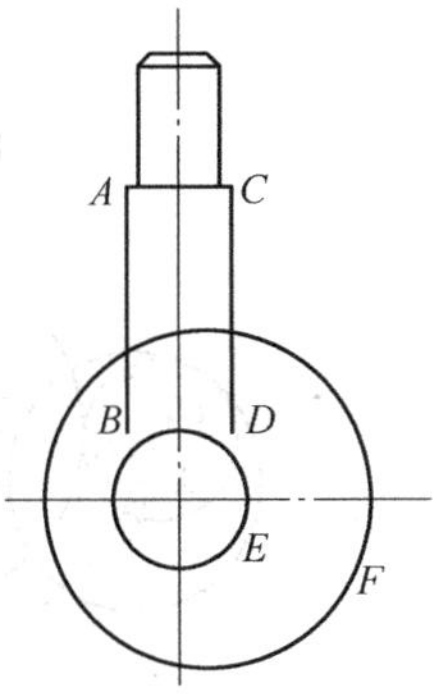

图 4-58　绘制圆

操作结果如图 4-59 所示。

5）绘制 $R24$mm 和 $R14$mm 的圆弧。因为 $R24$mm 圆弧圆心的纵坐标轨迹已知（水平中心线向下偏移 9mm），另一坐标未知，所以属于中间圆弧。又因该圆弧与 $\phi24$mm 的圆外切，所以可以用外切原理求出圆心的坐标轨迹。两圆心轨迹的交点即为圆心。

① 确定圆心。调用偏移命令，水平中心线向下偏移 9mm，得到直线 XY。

再调用偏移命令，将 $\phi24$mm 的圆向外偏移 24mm，得到与其相切的圆的圆心轨迹，此圆与直线 XY 的交点 O_3 为连接弧的圆心。

② 绘制连接圆弧。调用圆命令，以 O_3 为圆心，绘制半径为 24mm 的圆，结果如图 4-60 所示。

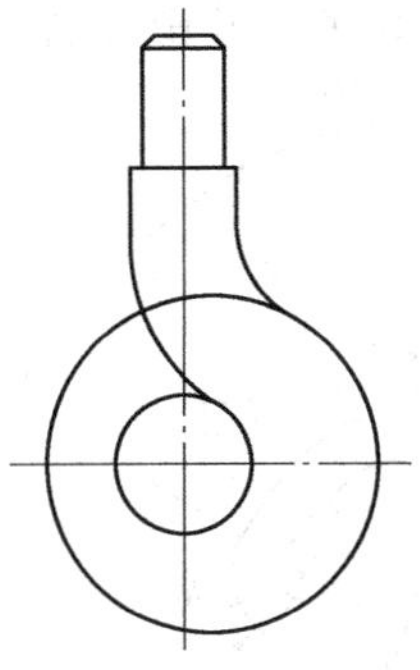
图 4-59　绘制连接圆弧

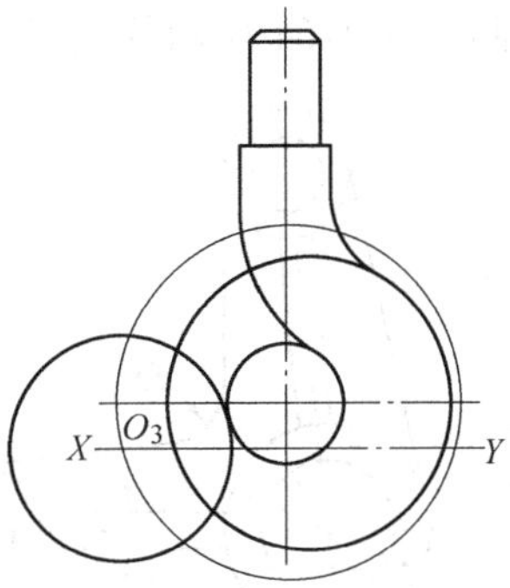

图 4-60　运用辅助圆绘制连接圆弧 $R24$mm

用同样的方法绘制 $R14$mm 的圆，结果如图 4-61 所示。

6）绘制钩尖处 $R2$mm 的圆弧。圆弧 $R2$mm 与圆弧 $R14$mm 外切，与圆弧 $R24$mm 内切，因此可以用圆角命令进行绘制。系统提示如下：

命令：FILLET
当前设置：模式 = 修剪，半径 = 0.0000
选择第一个对象或 [放弃（U）/多段线（P）/半径（R）/修剪（T）/多个（M）]：R
指定圆角半径 <0.0000>：2　　　　//确定圆的半径
选择第一个对象或 [放弃（U）/多段线（P）/半径（R）/修剪（T）/多个（M）]：//选择圆弧 R14mm
选择第二个对象，或按住 Shift 键选择要应用角点的对象：　　　　//选择圆弧 R24mm

7）编辑、修剪图形。删除两个辅助圆，修剪各圆和圆弧成合适的长度，用夹点编辑的方法调整中心线的长度。完成的图形如图 4-62 所示。

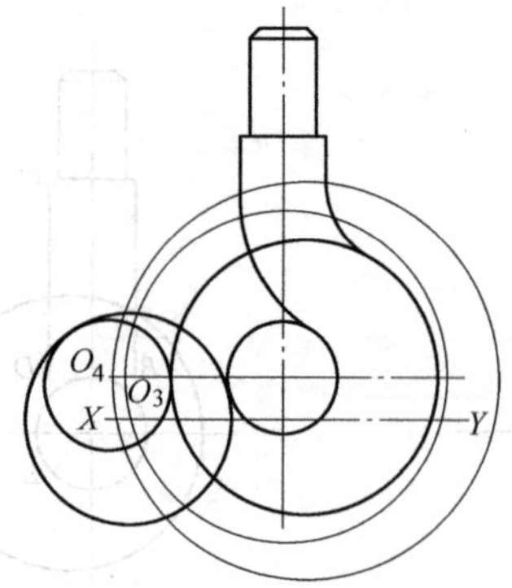

图 4-61　运用辅助圆绘制连接圆弧 R14mm

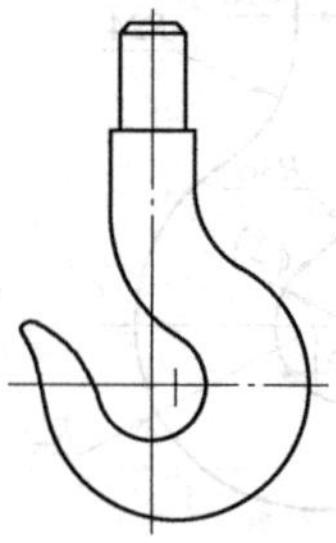

图 4-62　编辑、修剪的结果

【综合训练】

1. 简答题

（1）在 AutoCAD 2012 中，如何快速选择对象？

（2）在 AutoCAD 2012 中，如何使用夹点编辑对象？

（3）在 AutoCAD 2012 中，“打断”命令与“打断于点”命令有何区别？

2. 操作题

（1）绘制如图 4-63 所示的各图形（图中只给出了主要尺寸，其余尺寸由读者确定）。

（2）绘制如图 4-64 所示的图形（图中只给出了主要尺寸，其余尺寸由读者确定）。

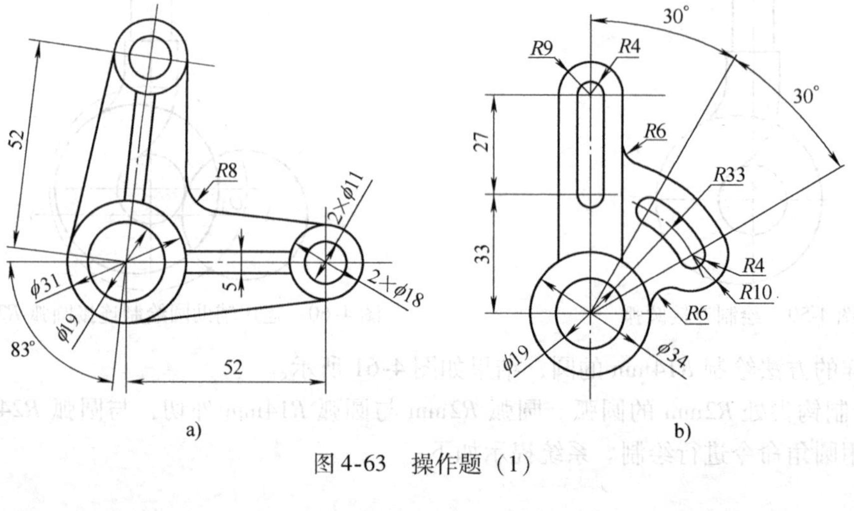

图 4-63　操作题（1）

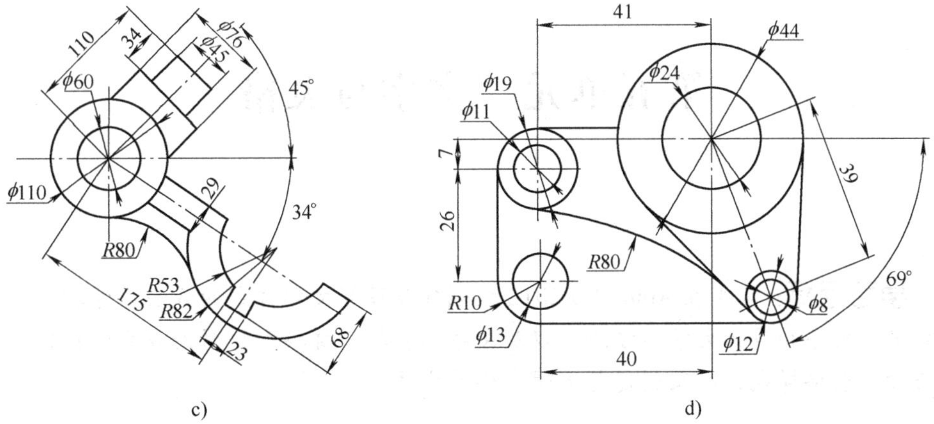

图 4-63　操作题（1）（续）

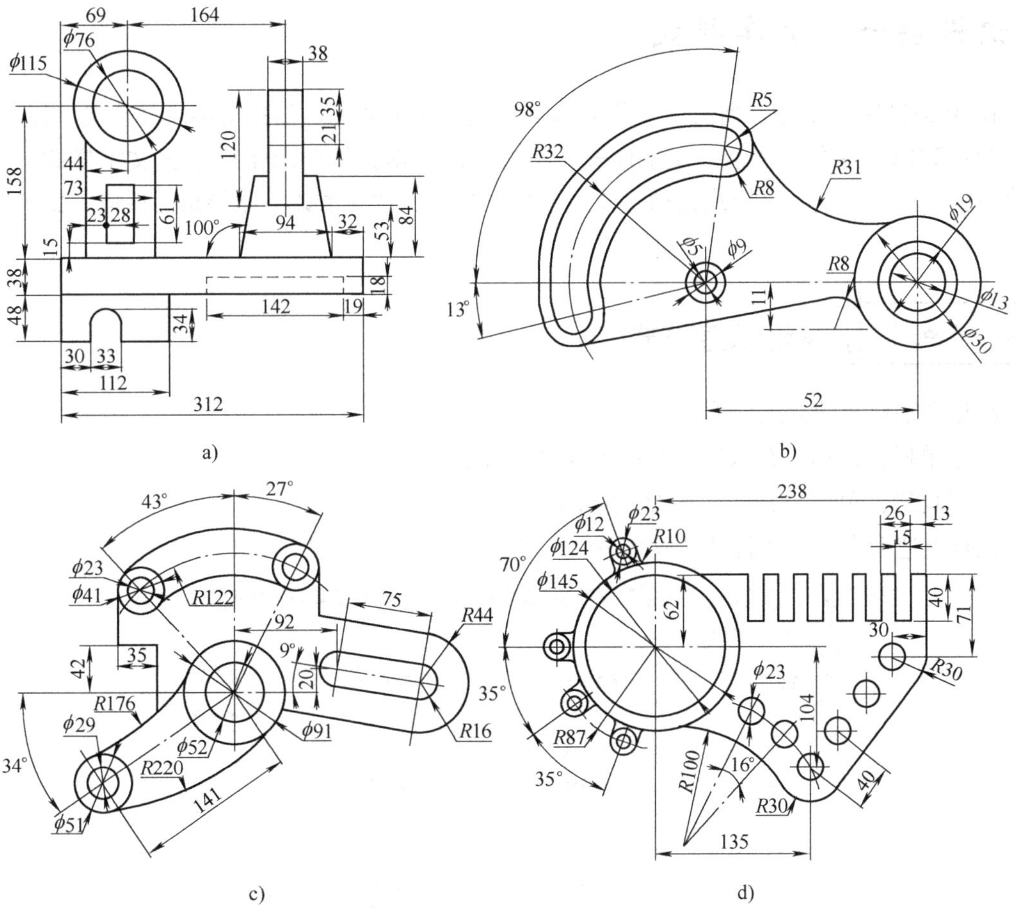

图 4-64　操作题（2）

第五单元　文字与表格

学习目标：掌握在 AutoCAD 2012 中创建及设置文字样式的方法；掌握创建与编辑单行文字和多行文字的方法，以及文字的查找、替换和拼写检查方法；掌握创建与管理表格样式，以及创建与编辑表格的方法。

知识模块一　文字样式

在 AutoCAD 2012 中，所有文字都有与其相关的文字样式。创建文字注释和尺寸标注时，AutoCAD 2012 通常使用当前的文字样式。用户可以根据具体要求重新设置文字样式，或者创建新的文字样式。文字样式包括字体、字型、高度、宽度系数、倾斜角、反向、倒置及垂直等参数。

知识点 1　新建文字样式

新建文字样式的方式如下：

- 菜单栏：选择“格式”／“文字样式”命令。
- 工具栏：单击“样式”工具栏中的“文字样式”按钮。

执行上述命令后，将打开“文字样式”对话框，如图 5-1 所示。

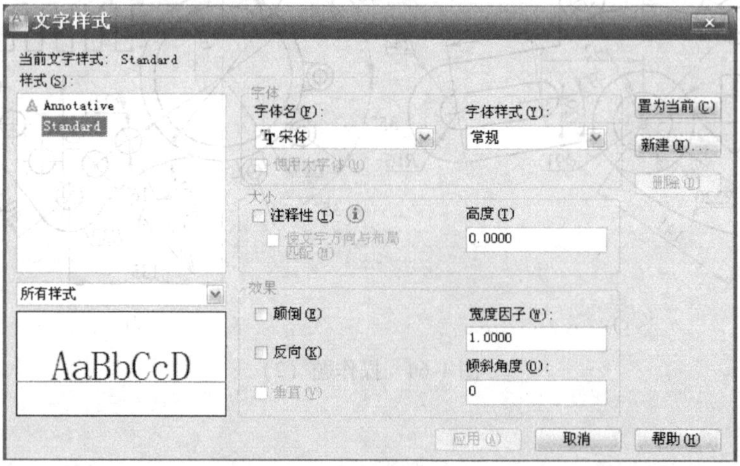

图 5-1　“文字样式”对话框

在默认情况下，文字样式为“Standard”，字体为宋体，高度为0，宽度比例为1。

1. 设置样式名

（1）“样式”列表

1）样式：显示图形中的样式列表。列表中包括已定义的样式名，并默认显示当前样式。样式名可以长达255个字符，包括字母、数字及特殊字符，如美元符号“$”、下划线“—”和连字符“-”。

2）样式列表过滤器：该过滤器位于“样式”列表下方，用户可以从中选择“所有样式”或“正在使用的样式”。

（2）“新建”按钮　单击该按钮，将打开“新建文字样式”对话框，用户可在“样式名”文本框中输入文字样式名称，如图5-2所示。

图5-2　“新建文字样式”对话框

（3）“置为当前”按钮　将在“样式”列表中选定的样式设置为当前文字样式。

（4）“删除”按钮　单击该按钮，可以删除所选的文字样式。但是不能删除系统默认的文字样式，以及当前文字样式，或者已经使用过的文字样式。

2. 设置字体和大小

（1）“字体”选项组　用于更改样式的字体。

1）“字体名”下拉列表框：列出“Fonts”文件夹中所有注册的“TrueType”字体和所有编译的形（SHX）字体的字体族名。

2）“字体样式”下拉列表框：指定字体格式，如斜体、粗体或常规字体。选中“使用大字体”复选框后，该选项变为“大字体”，用于大字体文件。

3）“使用大字体”复选框：指定亚洲语言的大字体文件。

（2）“大小”选项组　用于更改文字的大小。

1）“注释性”复选框：指定文字为注释性。

2）“使用文字方向与布局匹配”复选框：指定图纸空间视口中的文字方向与布局方向相匹配。如果未选中“注释性”复选框，则该选项不可用。

小知识

只有在“字体名”中指定“SHX”文件，才能使用“大字体”，即只有“SHX”文件可以创建“大字体”。

3）“高度”文本框：根据输入值设置文字高度。输入大于0.0的高度，系统将自动为此样式设置文字高度；如果使用默认值0.0，则文字高度将默认为上次使用的文字高度，或者使用存储在图形样板文件中的高度值。

3. 文字效果

“效果”选项组用于修改字体的效果特性。

（1）“颠倒”复选框　用于设置是否将文字倒过来书写。

（2）“反向”复选框　用于设置是否将文字反向书写。

（3）“垂直”复选框　用于设置是否将文字垂直书写。

（4）“宽度因子”文本框　用于设置文字字符的高度和宽度之比。当“宽度因子”等于1时，将按系统定义的高度比书写文字；当“宽度因子”小于1时，字符会变窄；当

“宽度因子”大于1时，字符会变宽。

（5）“倾斜角度”文本框　用于设置文字的倾斜角度，角度值为 -85°~ +85°。角度值为0时不倾斜，角度值为正值时向右倾斜，角度值为负值时向左倾斜，如图5-3所示。

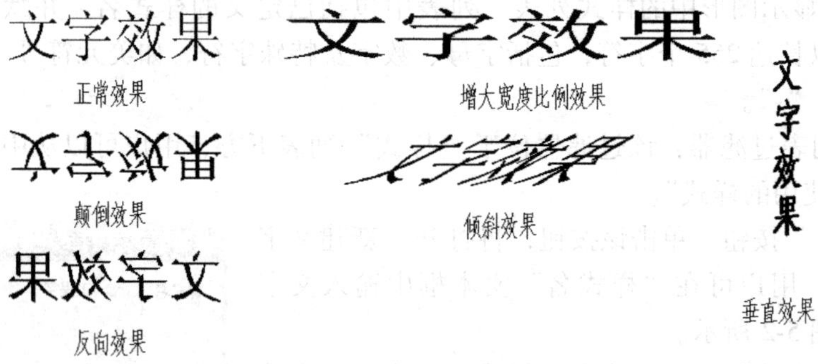

图5-3　文字的各种样式

【课堂实训】　定义新文字样式“Newtext”，字高为3.5，宽度因子为1.2，向右倾斜10°。

主要操作步骤如下：

1）选择“格式”/“文字样式”命令，打开“文字样式”对话框。

2）单击“新建”按钮，打开“新建文字样式”对话框，在“样式名”文本框中输入“Newtext”，单击“确定”按钮。

3）在“字体”选项组中的“SHX 字体”下拉列表中选择“gbenor. shx”；选中“使用大字体”复选框，接着在“大字体”下拉列表中选择“gbcbig. shx”。

4）在“大小”选项组中，设置字体高度为3.5。

5）在“效果”选项组中，设置倾斜角度为10°，宽度因子为1.2，如图5-4所示。

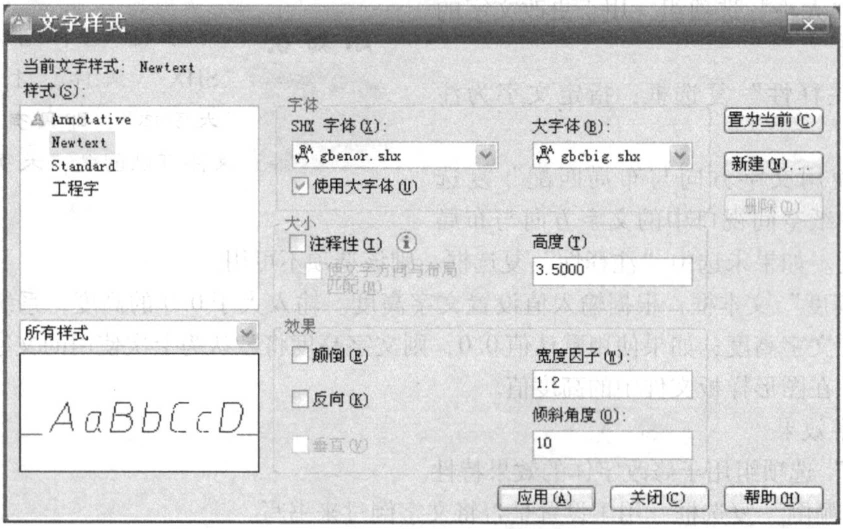

图5-4　设置文字样式

6）单击“应用”按钮，应用该文字样式，将文字样式置为当前，然后单击“关闭”按钮关闭对话框。

知识点 2　修改文字样式

修改文字样式也是在“文字样式”对话框中进行的，其过程和创建文字样式相似。用户可以修改文字样式的名称、字体名、大小及其他设置。

打开“文字样式”对话框，在“工程字”上单击右键，在弹出的快捷菜单中选择“重命名”选项，将名称修改为“修改工程字”，如图 5-5 所示。

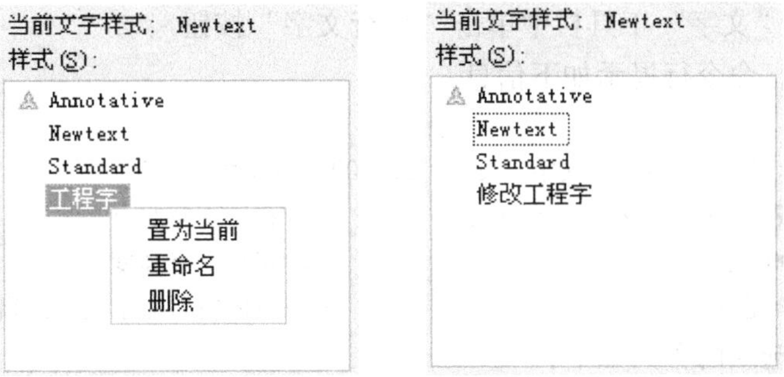

图 5-5　修改文字样式

除上述功能外，还可修改样式的字体名、大小、效果等选项，修改完成后，单击“应用”按钮即可。

修改文字样式时，用户需要注意以下几点：

1）修改完成后，单击“应用”按钮，则修改生效，系统将立即更新图样中与此文件样式关联的文字。

2）修改文字的“颠倒”、“反向”、“垂直”特性时，将改变单行文字的外观；而修改文字高度、宽度因子及倾斜角度时，则不会引起已有单行文字外观的改变，但将影响此后创建的文字对象。

3）对于多行文字，只有“垂直”、“宽度因子”和“倾斜角度”选项才会影响已有多行文字的外观。

知识模块二　创建与编辑单行文字

在 AutoCAD 2012 中，用户可以将鼠标放在任意工具栏上单击右键，在弹出的菜单中选择文字，即可调出文字工具栏，如图 5-6 所示。

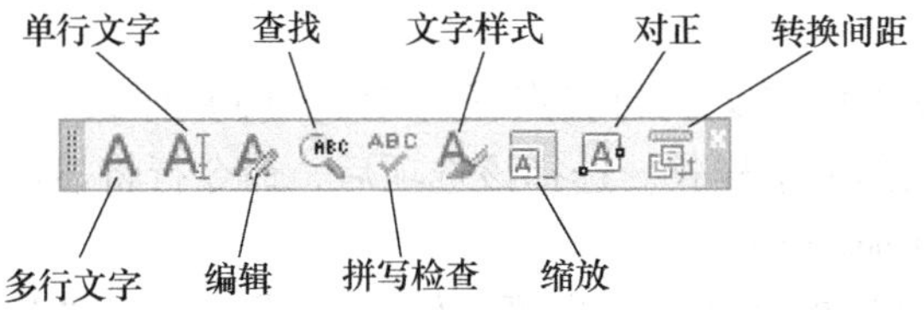

图 5-6　文字工具栏

文本输入有两种方式，即单行文字和多行文字。单行文字可以用来创建文字内容较少的文字对象，一次写入的文字的每一行都是一个独立的对象，可以对其进行重新定位、调整格式等修改。

知识点1 创建单行文字

创建单行文字的方式如下：

菜单栏：选择“绘图”/“文字”/“单行文字”命令。

工具栏：在“文字”工具栏中单击“单行文字”按钮A|。

执行该命令时，命令行提示如下信息：

命令：DTEXT

当前文字样式：“Standard” 文字高度：2. 5000 注释性：否

指定文字的起点或［对正（J）/样式（S）］： //指定文字起点

指定高度 <2. 5000 >： //指定文字高度

指定文字的旋转角度 <0 >： //绘图窗口显示文字编辑器，输入相应的文字

命令提示中各选项的含义如下：

（1）指定文字的起点　在默认情况下，通过指定单行文字行基线的起点位置来创建文字，在指定起点位置后，继续输入文字的旋转角度即可输入文字。

输入完成后，按两次“Enter”键或“Ctrl”+“Enter”键，即可结束单行文字的输入。

（2）对正（J）　在“指定文字的起点或［对正（J）/样式（S）］：”提示后输入“J”，可以设置文字的排列方式。此时，命令行将提示如下信息：

［对齐（A）/布满（F）/居中（C）/中间（M）/右对齐（R）/左上（TL）/中上（TC）/右上（TR）/左中（ML）/正中（MC）/右中（MR）/左下（BL）/中下（BC）/右下（BR）］：

在 AutoCAD 2012 中，系统为文字提供了多种对正方式，显示效果如图 5-7 所示。

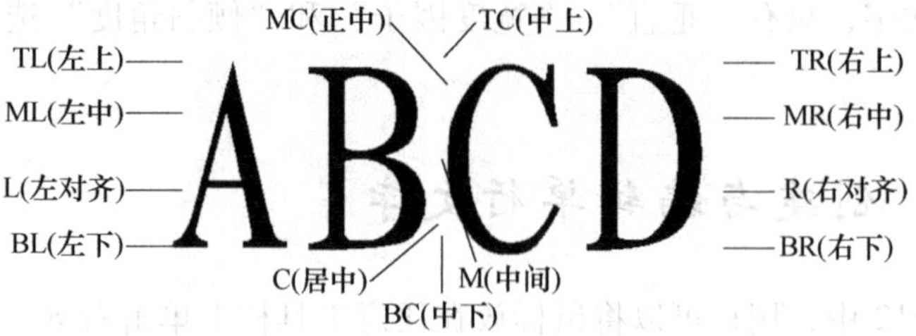

图 5-7　文字的对正方式

（3）样式（S）　在“指定文字的起点或［对正（J）/样式（S）］：”提示信息下输入“S”，可以设置当前使用的文字样式。选择该选项后，命令行将显示如下信息：

输入样式名或［?］< Standard >：

用户可以直接输入文字的样式名，也可以输入“?”，此时“AutoCAD 文本窗口”中将显示当前图形中已有的文字样式，如图 5-8 所示。

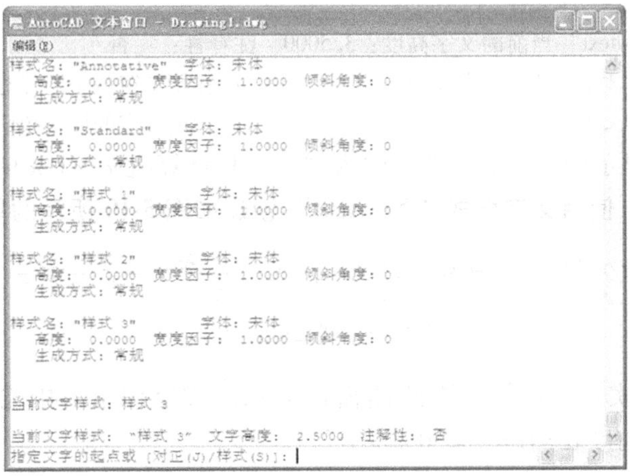

图 5-8　“AutoCAD 文本窗口”显示图形中包含的文字样式

知识点 2　使用文字控制符

在实际绘图中，经常需要标注一些特殊的字符。例如，在文字上方或下方加划线，标注度（°）、±、ϕ 等符号。由于这些特殊的字符不能通过键盘直接输入，因此，AutoCAD 2012提供了相应的控制符，以实现这些标注的要求。

AutoCAD 2012 的控制符由两个百分号（%%）及一个字符构成，常用控制符见表 5-1。

表 5-1　AutoCAD 2012 常用控制符

控　制　符	功　　能
%%O	打开或关闭文字上划线
%%U	打开或关闭文字下划线
%%D	标注度（°）符号
%%P	标注极限偏差（±）符号
%%C	标注直径（ϕ）

在 AutoCAD 2012 的控制符中，“%%O”和“%%U”分别是上划线和下划线的开关。第一次出现此符号时，可打开上划线或下划线；第二次出现该符号时，则会关闭上划线或下划线。

在“输入文字:”的提示下输入控制符时，这些控制符号会临时显示在屏幕上；当结束文本创建命令时，这些控制符将从屏幕上消失，转换为相应的特殊符号。

【课堂实训一】　使用文字样式“Newtext”创建如图 5-9 所示的单行文字。

主要操作步骤如下：

1）将先前创建的文字样式“Newtext”置为当前。

2）单击“单行文字”按钮 AI 创建单行文字，命令行提示如下：

图 5-9　创建单行文字

命令：DTEXT
当前文字样式："Newtext" 当前的文字高度：3.5000 注释性： 否
指定文字的起点或［对正（J）/样式（S）］： //在绘图窗口中的任意处单击
指定文字的旋转角度<0>： //指定文字的旋转角度

3）在绘图窗口显示的文字编辑器中输入"%%U 计算机%%U%%O 辅助%%U 设计"

【课堂实训二】 使用文字样式"Newtext"创建如图 5-10 所示的单行文字。

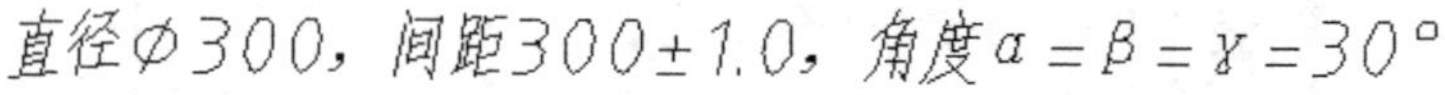

图 5-10 创建单行文字

操作步骤与课堂实训一相同。在绘图窗口显示的文字编辑器中输入"直径%%C300，间距 300%%P1.0，角度 $\alpha=\beta=\gamma=30\%\%D$"。

技巧 α、β和γ等特殊字符的输入方法：将输入法切换到中文输入法，在中文输入法工具栏的软键盘上单击右键，从弹出的快捷菜单中选择"希腊字母"菜单项，如图 5-11 所示。

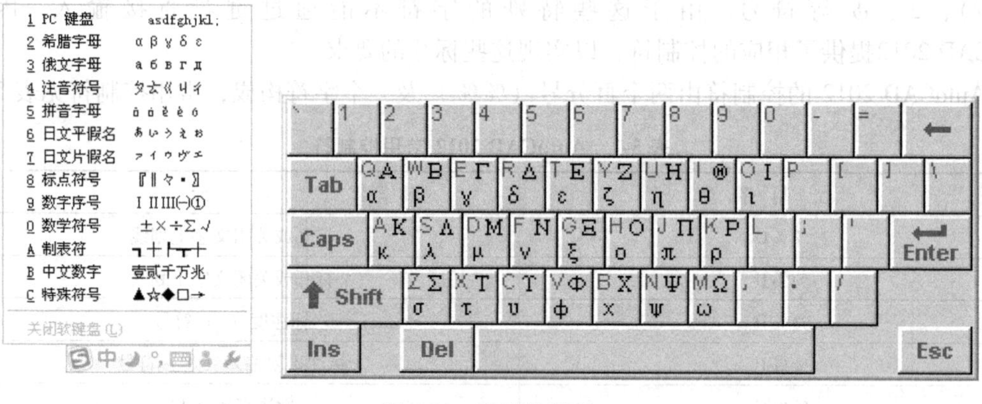

图 5-11 系统软键盘

知识点 3 编辑单行文字

编辑单行文字包括编辑文字内容、对正方式及缩放比例，可以通过"修改"/"对象"/"文字"子菜单中的命令对其进行设置，如图 5-12 所示。

各选项的含义如下：

（1）编辑（E） 对单行文字的内容进行编辑。

（2）比例（S） 用于修改文字的大小。

（3）对正（J） 用于修改文字的对正位置。

用户也可以在文字上双击左键对文字内容进行编辑；使用"文字"工具栏中的缩放按钮和对正按钮，修改文字的大小和对正方式。

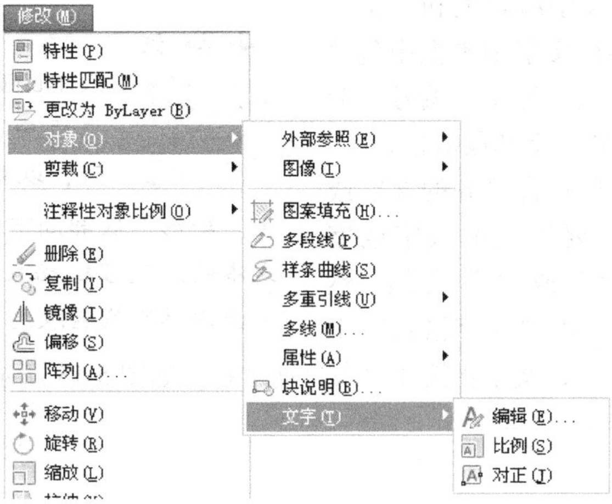

图 5-12　编辑文字菜单

知识模块三　创建与编辑多行文字

多行文字又称段落文字，是一种更易管理的文字对象，它可以由两行以上的文字组成，各行文字都可作为一个整体进行处理。在机械制图中，常使用“多行文字”功能创建较为复杂的文字说明，如技术要求等。

知识点 1　创建多行文字

创建多行文字的方式如下：

菜单栏：选择“绘图”/“文字”/“多行文字”命令。

工具栏：单击“文字”工具栏中的“多行文字”按钮 A，或者单击“绘图”工具栏中的“多行文字”按钮 A。

执行该命令后在绘图窗口中指定一个用来放置多行文字的矩形区域，这时将打开“文字格式”工具栏和文字输入窗口，利用它们可以设置多行文字的样式、字体及大小等属性，如图 5-13 所示。

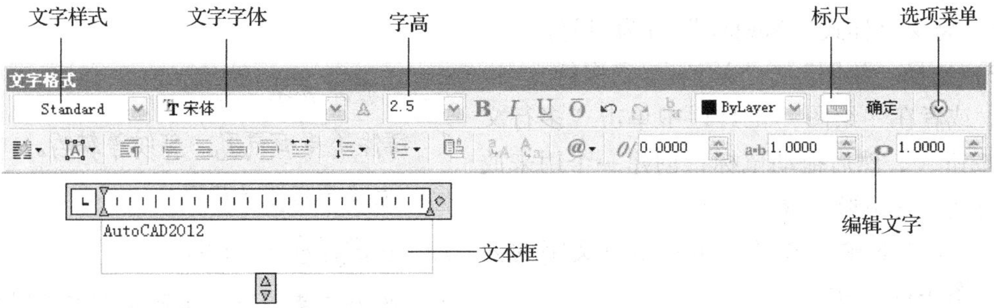

图 5-13　多行文字编辑器

多行文字编辑器由多行文字编辑框和“文字格式”工具栏组成。多行文字编辑框中包含制表位、缩进、对齐方式、行距、编号等命令，用户可以轻松地设置文字和段落格式。

小知识

矩形边界的宽度即为段落文本的宽度，多行文字对象每行中的单字可以自动换行，以适应文字边界的宽度。矩形框底部向下的箭头表示整个段落文本的高度可根据文字的多少自动伸缩，不受边界高度的限制，如图 5-14 所示。

创建堆叠文字（一种垂直对齐的文字或分数）时，可以先输入要堆叠的数字或字母，其间使用“/”、“#”或“^”分隔。然后选中要堆叠的字符，单击“文字格式”工具栏中的“堆叠”按钮，文字将按照要求自动堆叠，如图 5-15 所示。

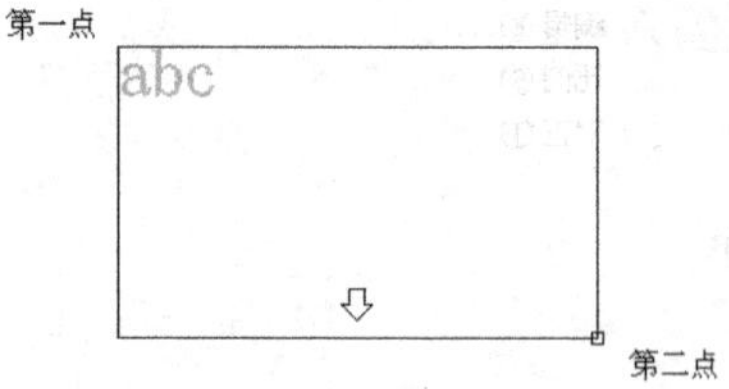

图 5-14　多行文字矩形框边界

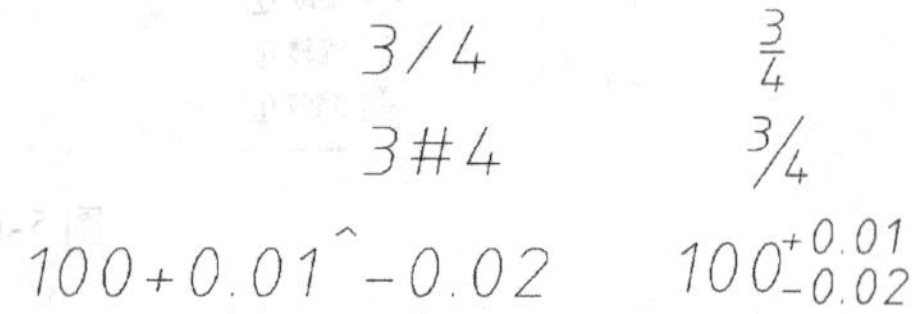

图 5-15　文字堆叠效果

堆叠符号的含义如下：

（1）斜杠（/）　垂直的堆叠文字，由水平线分隔。

（2）磅符号（#）　对角的堆叠文字，由对角线分隔。

（3）插入符（^）　创建公差堆叠文字，不用直线分隔。

知识点 2　编辑多行文字

要编辑创建的多行文字，可选择“修改”/“对象”/“文字”/“编辑”命令，并单击创建的多行文字，打开多行文字的编辑窗口；然后参照多行文字的设置方法，修改并编辑多行文字。

用户也可以在绘图窗口中双击输入的多行文字，或者在输入的多行文字上单击鼠标右键，从弹出的快捷菜单中选择“重复编辑多行文字”或“编辑多行文字”命令，来打开多行文字编辑窗口。

【课堂实训】　使用“Newtext”样式创建如图 5-16 所示的多行文字。

主要操作步骤如下：

1）将文字样式“Newtext”置为当前。

2）选择“绘图”/“文字”/“多行文字”命令，或者在“绘图”工具栏中单击“多行文字”按钮，然后拖动鼠标，创建一个用来放置多行文字的矩形区域。

3）在文本输入窗口中输入多行文字的内容，如图 5-17 所示。

4）单击“确定”按钮，输入的文字将显示在绘图窗口中。

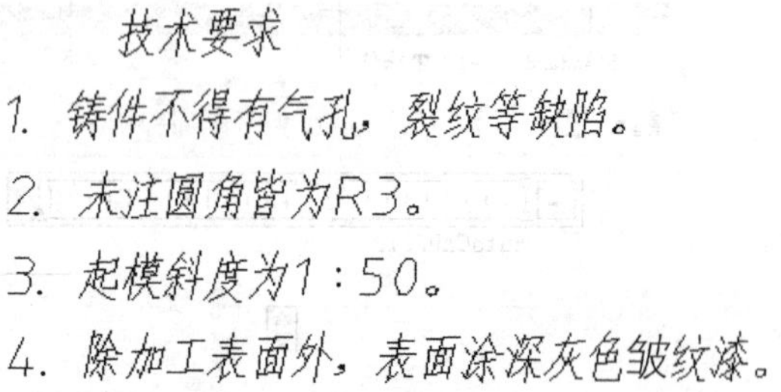

技术要求
1. 铸件不得有气孔，裂纹等缺陷。
2. 未注圆角皆为R3。
3. 起模斜度为1:50。
4. 除加工表面外，表面涂深灰色皱纹漆。

图 5-16　创建多行文字

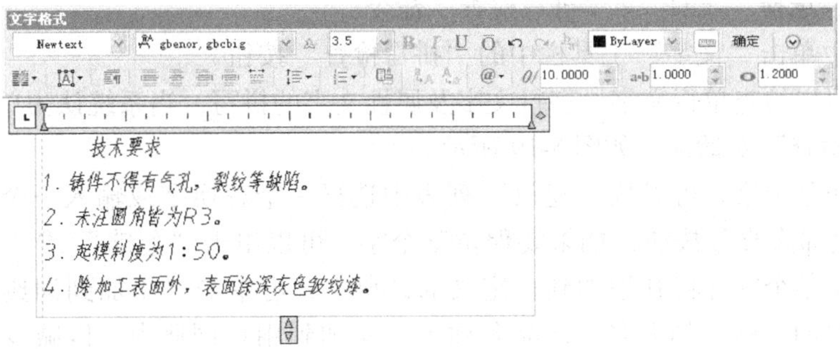

图 5-17 输入多行文字的内容

知识点 3 文字的查找与替换

单击“文字”工具栏中的“查找”按钮，将弹出如图 5-18 所示的“查找和替换”对话框。

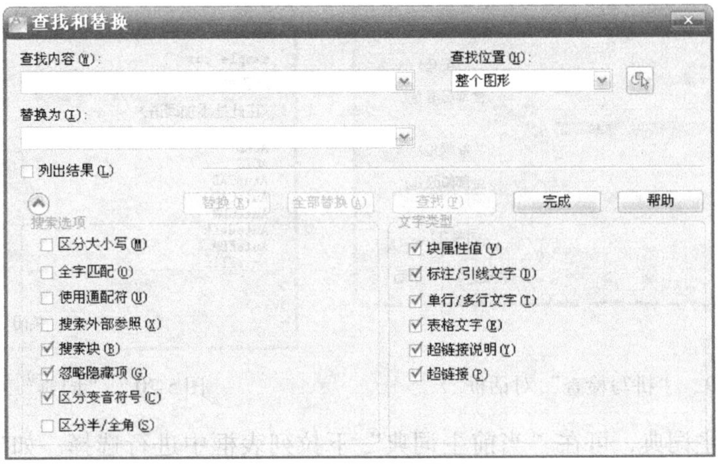

图 5-18 “查找和替换”对话框

各选项的含义如下：

(1) 查找内容 用于指定要查找的内容。

(2) 替换为 用于指定替换查找内容的文字。

(3) 查找位置 用于指定查找范围是整个图形，还是只在当前选择中查找。

(4) 搜索选项 用于指定搜索文字的范围和大小写区分等。

(5) 文字类型 用于指定查找文字的类别。

知识点 4 拼写检查

拼写检查用于检查输入文本的正确性。

“拼写检查”命令执行方式如下：

菜单栏：选择“工具”/“拼写检查”命令。

工具栏：单击“文字”工具栏中的“拼写检查”按钮。

拼写检查可以检查单行文字、多行文字及属性文字的拼写。当系统认为单词出错时，将会打开“拼写检查”对话框，如图 5-19 所示。

如果要更正某个字，可以从“建议”列表中选择一个替换字或输入一个字，然后单击“修改”或“全部修改”按钮；如果要保留某个字，可以单击“忽略”或“全部忽略”按钮；如果要保留某个字并将其添加到自定义的词典中，可单击“添加到词典”按钮。用户可以将某些非单词名称（如人名、产品名称等）添加到用户词典中，以减少不必要的拼写错误提示。

用户还可以更改用于拼写检查的词典，这时可单击“词典”按钮，打开“词典”对话框，如图 5-20 所示。

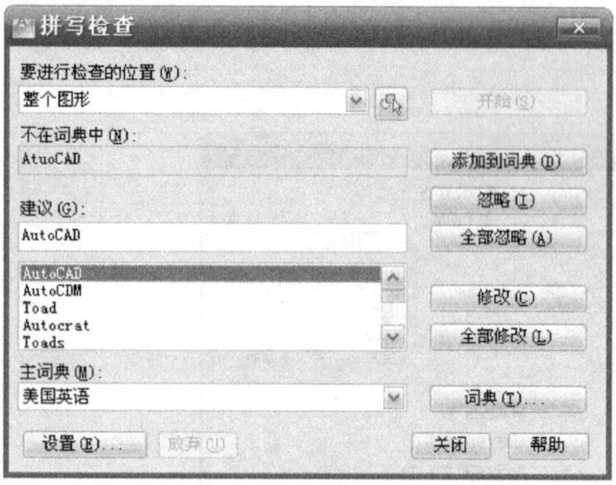

图 5-19 “拼写检查”对话框

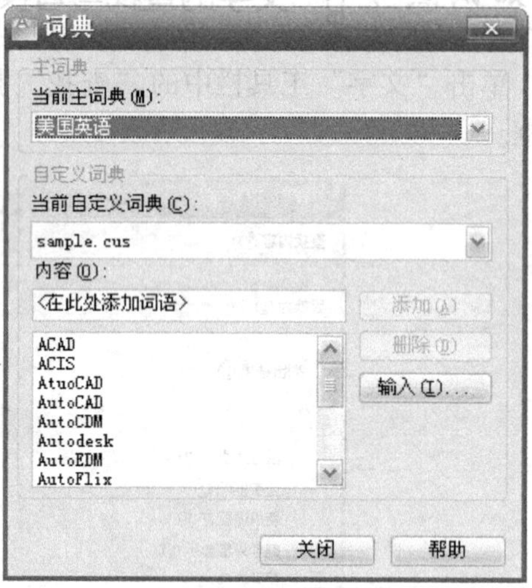

图 5-20 “词典”对话框

如果要更改主词典，可在“当前主词典”下拉列表框中进行选择。如果要更改自定义词典，可以从“自定义词典”下拉列表框中进行选择，或者单击“输入”按钮选择扩展为“.cus”的文件。如果要向自定义词典中添加单词，可在“当前自定义词典”文本框中输入单词，然后单击“添加”按钮。如果要从自定义词典中删除单词，可从单词列表中选定该单词，然后单击“删除”按钮。

知识模块四　创建表格

表格是在行和列中包含数据的对象。绘图过程中需要大量使用表格，例如，标题栏和明细表都属于表格的应用。

知识点 1　定义表格样式

和文字样式一样，AutoCAD 2012 所有图形中的表格都有与其相对应的表格样式。插入表格对象时，系统使用当前设置的表格样式。表格样式是用来控制表格基本形状的一组设置。

定义表格样式的方式如下：

菜单栏：选择“格式”/“表格样式”命令。

工具栏：单击“样式”工具栏中的“表格样式”按钮。

执行上述命令后，系统弹出“表格样式”对话框，如图 5-21 所示。

用户可以通过“表格样式”对话框对表格样式进行新建、修改、删除及置为当前等操作。单击“新建”按钮，系统弹出“创建新的表格样式”对话框，如图 5-22 所示。

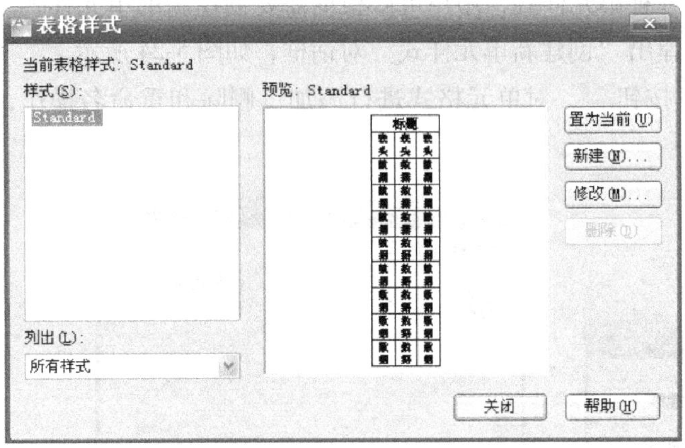

图 5-21　“表格样式”对话框

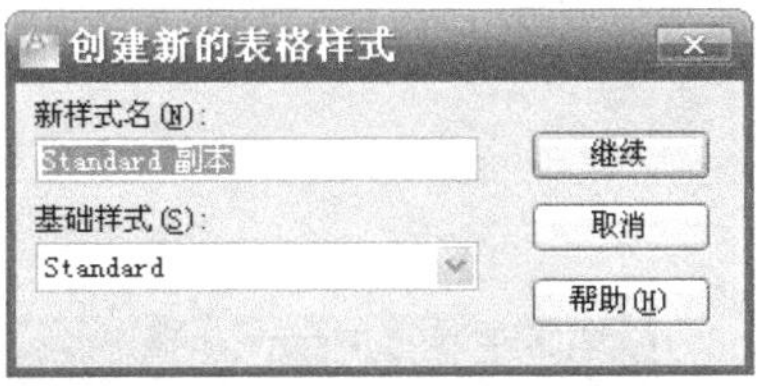

图 5-22　“创建新的表格样式”对话框

在“创建新的表格样式”对话框中输入新的表格样式名称，在“基础样式”下拉列表中选择一种表格样式作为新的表格样式的默认设置，然后单击“继续”按钮，将弹出“新建表格样式”对话框，如图 5-23 所示。

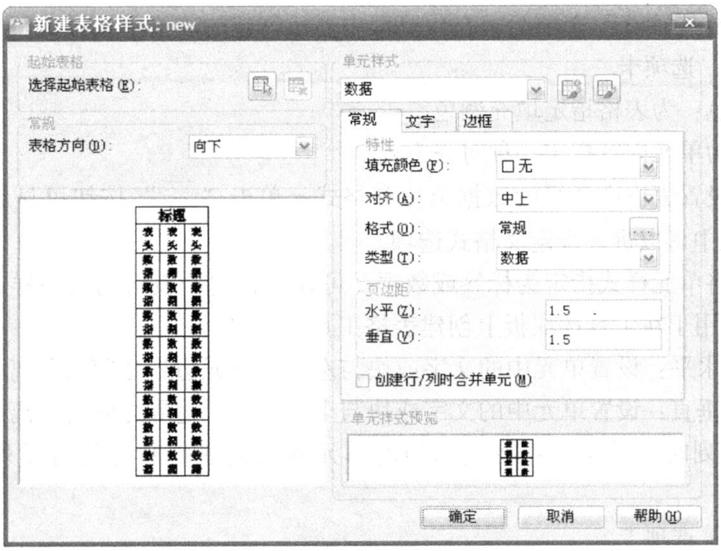

图 5-23　“新建表格样式”对话框

对话框中各选项的含义如下：

（1）“起始表格”选项组　该选项允许用户在图形中指定一个表格作为样例来设置新的表格样式。单击“选择表格”按钮，可进入绘图区选择已有表格；“删除表格”按钮用来删除已经选择的表格。

（2）“常规”选项组　该选项组用于更改表格的方向。用户可通过“表格方向”下拉列表框选择“向下”或“向上”来设置表格方向，“向下”用于创建由上而下读取的表格，标题行在表格的顶部，“向上”创建的表格与其相反。设置的效果会在预览框中显示。

（3）“单元样式”选项组　该选项组用于定义新的单元样式或修改现有的单元样式。AutoCAD 2012 提供了数据、标题和表头三种单元样式，用户可以根据需要创建新的单元样式。单击“创建新单元样式”按钮，系统弹出“创建新单元样式”对话框，如图 5-24 所示。

用户还可以通过“管理单元样式”按钮，对单元格式进行添加、删除和重命名操作，如图 5-25 所示。

图 5-24　“创建新单元样式”对话框

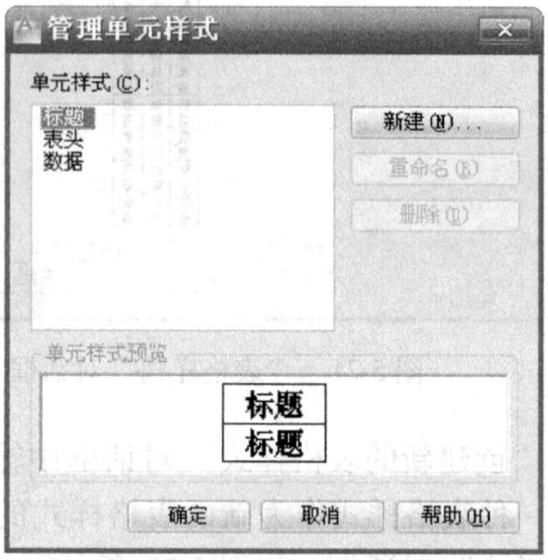

图 5-25　“管理单元样式”对话框

（4）“单元样式预览”选项组　在预览框中显示创建的表格单元样式。

（5）“常规”选项卡

1）填充颜色：为表格指定填充颜色。

2）对齐：为单元内容指定一种对齐方式。

3）格式：设置表格中各行的数据类型和格式。单击“...”按钮可显示“表格单元格式”对话框，从中可以进一步定义格式选项。

4）类型：将单元样式指定为标签或数据。可在包含起始表格的表格样式中插入默认文字时使用，也可用于在工具选项板上创建表格工具的情况。

5）页边距-水平：设置单元中的文字或块与左、右单元边界之间的距离。

6）页边距-垂直：设置单元中的文字或块与上、下单元边界之间的距离。

7）创建行/列时合并单元：将使用当前单元样式创建的所有新行或列合并到一个单元中。

（6）“文字”选项卡

1）文字样式：用于指定文字样式，选择文字样式，或者单击“...”按钮打开“文字样式”对话框来创建新的文字样式。

2）文字高度：用于指定文字高度。此选项仅在选定文字样式的字高为0时可用；如果选定的文字样式指定了固定的文字高度，则此选项不可用。

3）文字颜色：用于指定文字的颜色。

4）文字角度：用于设置文字角度。默认的文字角度为0°，可以输入 −359° ~359°的任何角度。

（7）“边框”选项卡

1）线宽：设置用于显示边界的线宽。如果使用加粗的线宽，则必须修改单元边距才能看到文字。

2）线型：设置线型以应用到指定的边框上。

3）颜色：指定颜色以应用于显示的边界。

4）双线：指定选定的边框为双线型，用户可以在“间距”框中输入值来更改行距。

5）“边框显示”按钮：用于控制边框线的显示，对话框中的预览将更新以显示设置后的效果。

知识点2　创建表格

表格样式创建完成之后，即可使用该样式或系统默认的样式新建表格。

创建表格的方式如下：

菜单栏：选择“绘图”/“表格”命令。

工具栏：单击“绘图”工具栏中的“表格”按钮。

执行上述命令后，系统将弹出“插入表格”对话框，如图5-26所示。

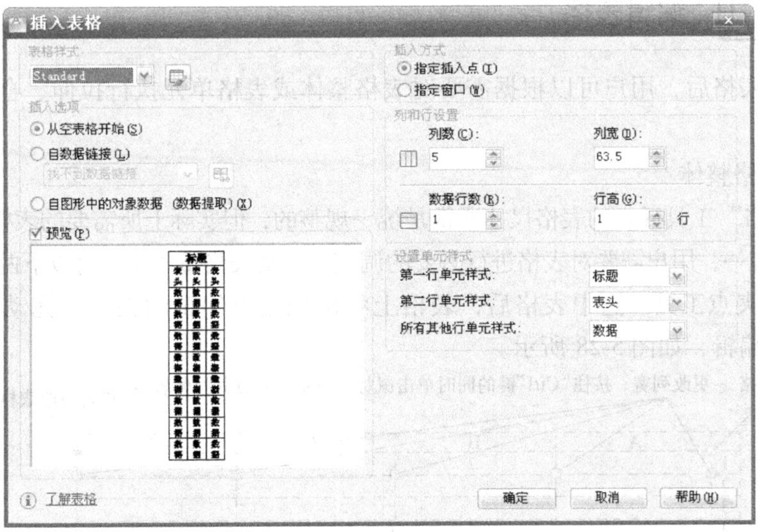

图5-26　“插入表格”对话框

该对话框包含多个选项组，各选项的含义如下：

（1）“表格样式”选项组　用于选择表格样式，也可以单击右侧的按钮，新建或修改表格样式。

（2）“插入选项”选项组　用于指定插入表格的方式。该选项组包含三个单选按钮。

1）从空表格开始：创建可以手动填充数据的空表格。

2）自数据链接：根据外部电子表格中的数据创建表格。

3）自图形中的对象数据（数据提取）：从外部图形中提取数据来创建表格。

（3）“插入方式”选项组　用于指定插入表格的方式，其中包含两个单选按钮。

1）指定插入点：可以在绘图区中的某点处插入固定大小的表格。

2）指定窗口：可以在绘图区中通过指定表格两对角点的方式来创建任意大小的表格。

（4）“列和行设置”选项组　可以通过改变“列”、“列宽”、“数据行”、“行高”文本框中的数值来调整表格外观的大小。

（5）“设置单元样式”选项组　对于不包含起始表格的表格样式，可以通过设置“第一行单元样式”、“第二行单元样式”和“所有其他行单元样式”选项来指定新表格中行的单元格式。

设置好各项数据后，单击“确定”按钮，并在绘图区指定插入点，即可插入一个表格，然后在此表格中添加相应的文本信息即可完成表格的创建，如图 5-27 所示。

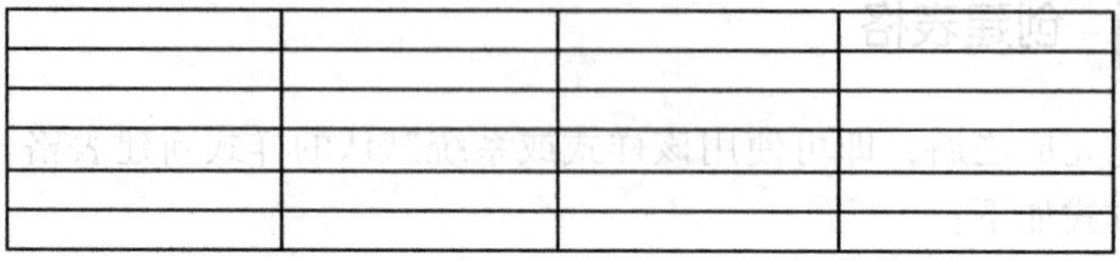

图 5-27　插入表格效果

知识点 3　编辑表格

在添加完表格后，用户可以根据需要对表格整体或表格单元执行拉伸、合并或添加等编辑操作。

1. 编辑表格整体

通过“表格”工具插入的表格尺寸通常是统一规整的，但实际上所需要的表格在文字内容和其他方面并不统一，用户需要对表格进行必要的调整。编辑表格整体主要有以下两种方法。

（1）表格夹点工具　选中表格后，表格上将出现用以编辑的夹点，拖动相应的夹点即可对表格进行编辑，如图 5-28 所示。

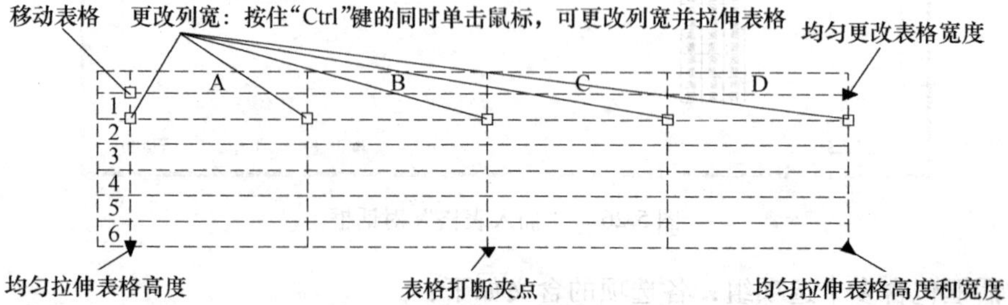

图 5-28　使用夹点编辑表格

（2）表格右键菜单 选中整个表格时，单击鼠标右键将弹出表格对象的快捷菜单。利用弹出的菜单可以对表格进行复制、移动、合并单元、缩放、添加行列等操作，如图 5-29 所示。

图 5-29 快捷菜单

2. 编辑表格单元

在任意一个表格单元内单击鼠标右键，可打开如图 5-30 所示的“表格”工具栏。使用该工具栏可以进行如下操作：编辑行和列，合并和取消合并单元，改变单元边框的外观，编辑数据格式和对齐，锁定和解锁编辑单元，插入块、字段和公式，创建和编辑单元样式，将表格链接至外部数据。

图 5-30 “表格”工具栏

进行合并单元的操作时，需要选择要合并的多个单元。如果要选择多个单元，可以在单击选中第一个单元后，按住“Shift”键并在另一个单元内单击右键，则可以同时选中这两个单元格及他们之间的所有单元格。

3. 添加表格内容

完成表格的创建后，需要在表格中添加相应的数据。表格中的内容都是通过表格单元来完成的，表格单元除了可以包含常见的文本信息之外，在有些情况下为了更好地表达设计者的意图而需要添加一些图片时，还可以包含不同的块。

（1）添加数据 创建表格完成后，系统会自动加亮第一个表格单元，此时可以开始输入文字，单元的行高会随着文字的高度而改变。按“Tab”键进入下一个单元或使用方向键向上、向下、向左和向右移动选择单元，选中单元后按“F2”键或双击鼠标可以编辑文字内容。

技巧 要编辑单元格的内容，只需双击要修改的文字即可。

（2）添加块 选中表格单元后，在展开的“表格”工具栏中单击“插入块”按钮，将弹出“在表格单元中插入块”对话框，如图 5-31 所示，用户可在此进行块的插入操作。在表格单元中插入块时，可以通过特性对其进行控制，使块可以自动使用表格单元的大小，也可以调整单元以适应块的大小，还可以将多个块插入同一个表格单元中。

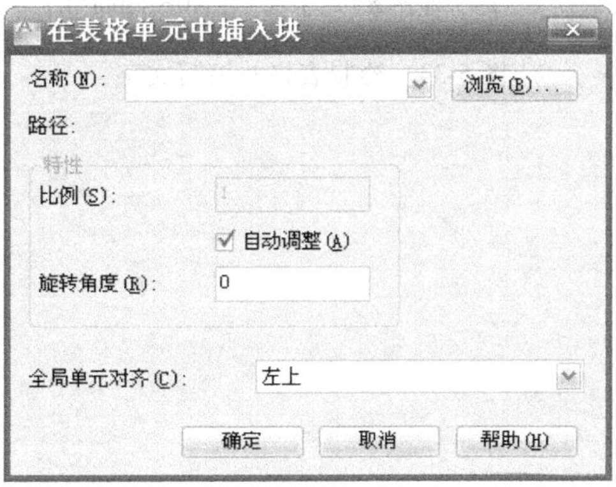

图 5-31 “在表格单元中插入块”对话框

【综合训练】

1. 简答题

（1）在 AutoCAD 2012 中，如何创建文字样式？

（2）如何在 AutoCAD 2012 中输入 α、β、γ、δ 和 ε 等特殊字符？

（3）在 AutoCAD 2012 中，如何创建多行文字？

（4）如何在 AutoCAD 2012 中输入“m^2”？

（5）在 AutoCAD 2012 中，如何创建表格样式？

2. 操作题

（1）使用多行文字书写如下技术要求。

技术要求

1. 调质处理 230 ~ 280HBW。
2. 未注圆角 $R2 \sim R3$。

（2）创建如图 5-32 所示的标题栏。

						HT150	端盖
标记	处数	分区	更改文件号	签名	年月日		
设计	(签名)	(年月日)	标准化	(签名)	(年月日)	阶段标记 重量 比例	
						1:1	
审核							
工艺			校准			共 张 第 张	

图 5-32 绘制标题栏

（3）绘制如图 5-33 所示的表格并填写文字，字体为“仿宋体”，字高为 5 和 3。

技术性能	物料堆积密度	γ	2400kg/m^3
	物料最大块度	α	580mm
	许可环境温度		−30～+45°C
	许可牵引力	F_X	45000N
	调速范围	υ	≤120r/min
	生产率	ξ	110～180m^3/h

图 5-33 绘制表格并填写文字

第六单元　尺 寸 标 注

学习目标：掌握在 AutoCAD 2012 中创建与设置标注样式的方法；掌握创建尺寸标注的方法，包括公称尺寸的标注、公差的标注和特殊尺寸的标注等；掌握编辑标注的方法，包括标注的样式、标注的文字位置及标注更新等。

知识模块一　尺寸标注的组成和规定

尺寸标注是一项极为重要、严肃的工作，必须严格遵守相关国家标准和规范，了解尺寸标注的组成、规则及尺寸的标注方法。

知识点 1　尺寸标注的组成

一个完整的尺寸标注由尺寸界线、尺寸线、标注文字、箭头等部分组成，如图 6-1 所示。

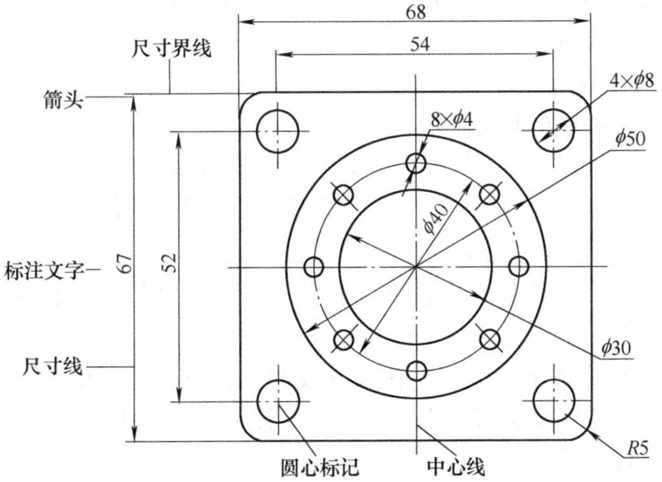

图 6-1　尺寸标注的组成

尺寸标注中各选项的含义如下：

（1）标注文字　表明图形的实际测量值。文字还可以包含前缀、后缀和公差。

（2）尺寸线　用于指示标注的方向和范围。对于角度标注，尺寸线是一段圆弧。

（3）箭头　在尺寸线两端，用以表明尺寸线的起始位置。

（4）尺寸界线　从图形的轮廓线、轴线或对称中心线引出，有时也可以用轮廓线代替，用以表示尺寸的起始位置。一般情况下，尺寸界线应与尺寸线垂直。

（5）引线　用多重线段（折线或曲线）、箭头和注释文本对一些特殊结构，或者不清楚的内容进行补充说明的一种标注方式。

（6）圆心标记　标注圆或圆弧的中心位置。

（7）中心线　标记圆或圆弧的圆心的点画线。

在 AutoCAD 2012 中，标注通常独立设置为标注图层，所有标注线统一设置在一个层里面。

知识点 2　尺寸标注的规定

机械制图国家标准，对尺寸标注的基本规则，尺寸线、尺寸界线、标注尺寸的符号等都有详细的规定。

1. 尺寸标注的规定

1）机件的真实大小应以图样上所注的尺寸数值为依据，与图形的大小及绘图的准确度无关。

2）当图样中（包括技术要求和其他说明）的尺寸以 mm 为单位时，不需标注计量单位的代号或名称；如果采用其他单位，则必须注明相应计量单位的代号或名称。

3）图样中所标注的尺寸为该图样所示机件的最后完工尺寸，否则应另加说明。

4）机件的每一尺寸一般只标注一次，并应标注在反映该结构最清晰的图形上。

5）尺寸的配置要合理，功能尺寸应该直接标注；同一要素的尺寸应尽可能集中标注，如槽的深度和宽度等；尽量避免在不可见的轮廓线上标注尺寸。

2. 尺寸标注要素的规定

（1）尺寸线和尺寸界线

1）尺寸线和尺寸界线均以细实线画出。

2）线性尺寸的尺寸线应平行于表示其长度或距离的线段。

3）图形中的轮廓线、中心线或延长线可以用作尺寸界线，但是不能用作尺寸线。

4）尺寸界线一般应与尺寸线垂直。

（2）尺寸线终端　尺寸线终端有箭头、斜线、点等多种形式，机械制图中使用较多的是箭头和斜线。一个图形中只能采用一种尺寸终端形式。

（3）标注文字　标注文字一般标注在尺寸线的上方或尺寸线中断处。一个图形中的尺寸数字的字号应一致，位置不够可引出标注。尺寸数字不可被任何线穿过，当尺寸数字不可避免被图线穿过时，此图线应断开。

标注文字的前缀用来表示不同类型的尺寸或含义，见表 6-1。

表 6-1　尺寸符号的意义

符　号	意　义	举　例	符　号	意　义	举　例
ϕ	表示直径	$\phi20$	×	参数分隔符	$3\times\phi12$
R	表示半径	$R10$	±	表示正负偏差	±0.18

（续）

符　号	意　义	举　例	符　号	意　义	举　例
SR	表示球半径	*SR*10	□	表示正方形	□15×15
M	表示螺纹	M16	⌴	沉孔或锪平	⌴ϕ26
t	薄板件厚度	*t*2	⌵	埋头孔	⌵ϕ13×90°
C	45°倒角	*C*1.5	↧	深度	↧5

知识模块二　尺寸标注样式

在 AutoCAD 2012 中，使用标注样式可以控制标注的格式和外观，建立强制执行的绘图标准，有利于对标注格式及用途进行修改。

知识点 1　创建尺寸标注样式

选择“格式”/“标注样式”命令，或者单击“标注”工具栏中的“标注样式”按钮 ，打开“标注样式管理器”对话框，如图 6-2 所示。

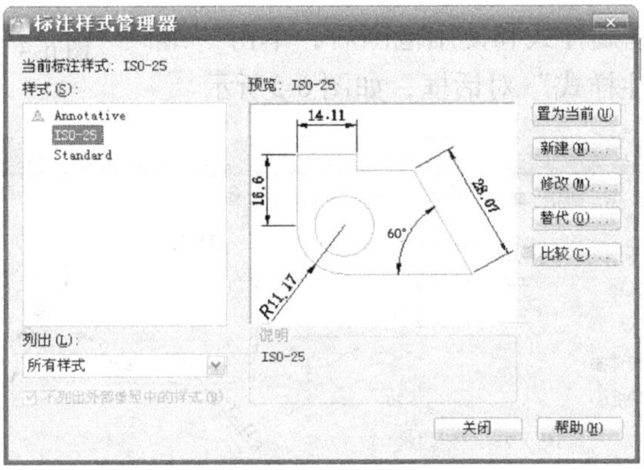

图 6-2　“标注样式管理器”对话框

该对话框中各选项的含义如下：

（1）当前标注样式　显示当前标注样式的名称，默认标注样式为“ISO-25”。

（2）“样式”列表　列出图形中的标注样式。在列表中选择样式单击右键可弹出快捷菜单，可进行置为当前、重命名和删除样式等操作，但是不能删除当前样式或当前图形使用的样式。

（3）“列出”下拉列表框　在列表中控制样式的显示。

（4）“不列出外部参照中的样式”复选框　如果选择此选项，在“样式”列表中将不显示外部参照图形的标注样式。

（5）“置为当前”按钮　将在“样式”下选定的标注样式设置为当前样式，当前样式将被应用于所创建的标注。

（6）“新建”按钮　显示“创建新标注样式”对话框，从中可以定义新的标注样式。

（7）“修改”按钮　显示“修改标注样式”对话框，从中可以修改标注样式。

（8）“替代”按钮　显示“替代当前样式”对话框，从中可以设置标注样式的临时替代值。

（9）“比较”按钮　显示“比较标注样式”对话框，从中可以比较两个标注样式或列出一个标注样式的所有特性。

在“标注样式管理器”中单击“新建”按钮，可在打开的“创建新标注样式”对话框中创建新标注样式，如图6-3所示。

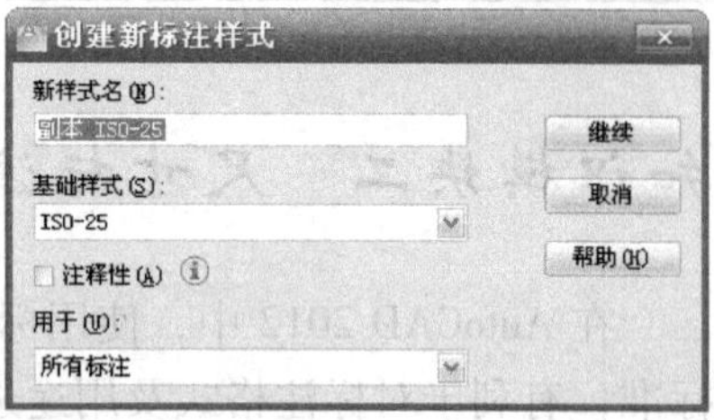

图6-3　“创建新标注样式”对话框

该对话框中各选项的含义如下：

（1）“新样式名”文本框　用于输入所要创建的新尺寸标注样式的名称。

（2）“基础样式”下拉列表框　用于选择一种基础样式，新样式将在该样式的基础上进行修改。

（3）“注释性”复选框　用于设置是否创建注释行标注。

（4）“用于”下拉列表框　用于指定该新建尺寸样式的使用范围，默认为“所有标注”，该下拉列表框中列出了当前尺寸标注样式的适用范围，如图6-4所示。

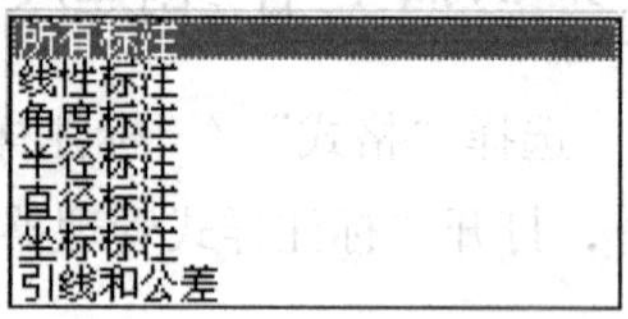

图6-4　尺寸标注样式的适用范围

设置好新样式名、基础样式和使用范围后，单击“继续”按钮，将弹出“新建标注样式”对话框，如图6-5所示。

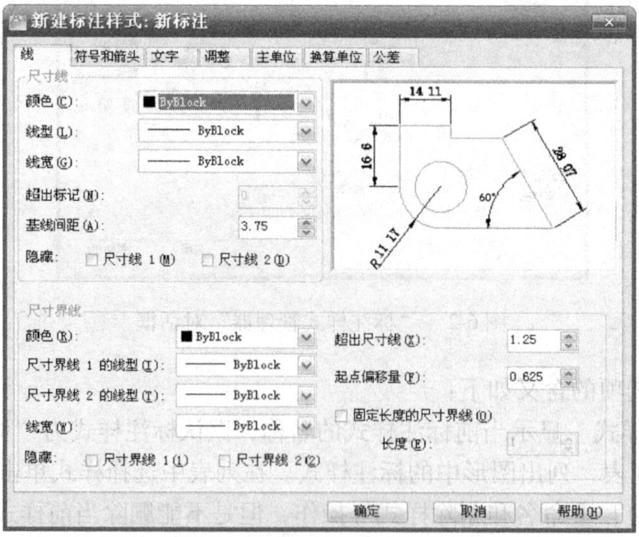

图6-5　“新建标注样式”对话框

利用该对话框，用户可以对新建的标注样式进行具体的设置。

知识点2　设置线

在“新建标注样式”对话框中，使用“线”选项卡，可以设置尺寸标注的尺寸线和尺寸界线的特性，如图 6-5 所示。

1. 设置尺寸线

在“尺寸线”选项组中，可以设置尺寸线的颜色、线型、线宽、超出标记及基线间距等属性。

（1）颜色　用于显示并设置尺寸线的颜色。用户可以通过下拉列表选择颜色，在默认情况下，尺寸线的颜色随块。

（2）线型　用于设置尺寸线的线型，默认情况下为随块。

（3）线宽　用于设置尺寸线的宽度，默认情况下为随块。

（4）超出标记　用于指定当箭头使用倾斜、建筑标记、积分和无标记时，尺寸线超过尺寸界线的距离，如图 6-6 所示。

图 6-6　尺寸超出标记

a）超出标记设定为 0 时　b）超出标记设定为 5 时

（5）基线间距　当进行基线标注时，用于设置上、下两个尺寸标注的尺寸线间的距离，如图 6-7 所示。

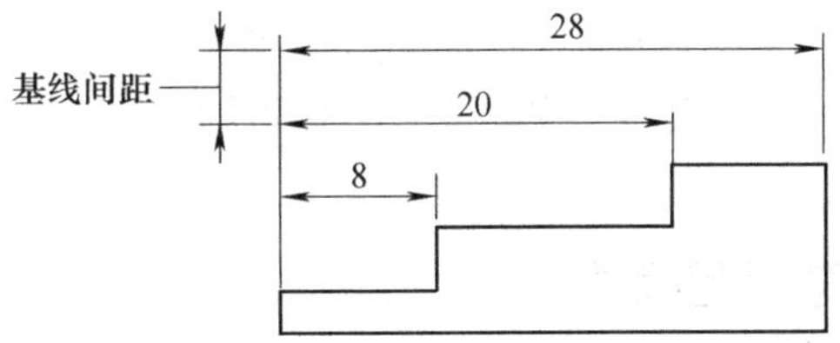

图 6-7　基线间距

（6）隐藏　用于控制是否显示第一条和第二条尺寸线，如图 6-8 所示。

图 6-8　尺寸线的隐藏

a）隐藏尺寸线 1　b）隐藏尺寸线 2

2. 设置尺寸界线

在“尺寸界线”选项组中，可以设置尺寸界线的颜色、线宽、超出尺寸线的长度和起点偏移量，以及隐藏控制等属性。

（1）颜色　用于显示并设置尺寸界线的颜色。用户可以通过下拉列表选择颜色，在默认情况下，尺寸线的颜色随块。

（2）尺寸界线 1 的线型/尺寸界线 2 的线型　用于设置尺寸界线 1、2 的线型。

（3）超出尺寸线　用于设置尺寸界限超出尺寸线的距离，如图 6-9 所示。

（4）起点偏移　用于设置尺寸界限的起点与标注图形之间的距离，如图 6-9 所示。

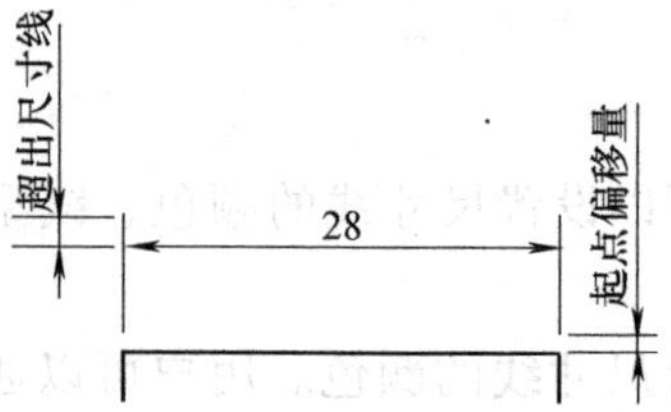

图 6-9　超出尺寸线和起点偏移量

（5）线宽　用于设置尺寸界线的线宽。

（6）隐藏　用于控制是否显示标注线两侧的尺寸界线，如图 6-10 所示。

图 6-10　尺寸界线的隐藏

a）隐藏尺寸界线 1　b）隐藏尺寸界线 2

（7）固定长度的尺寸界线　用于设置一个数值来固定尺寸界线的长度，如图 6-11 所示。

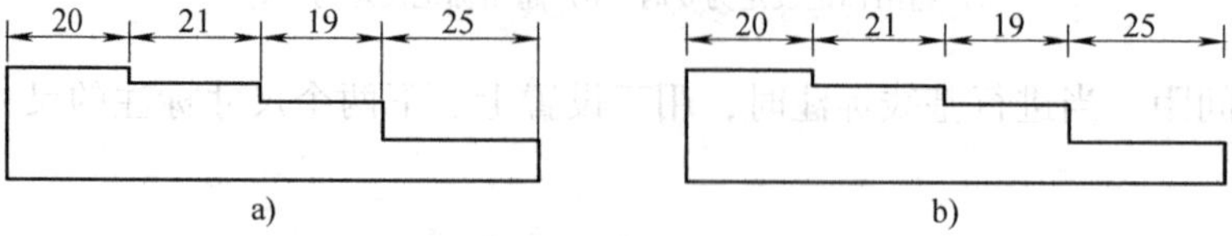

图 6-11　固定尺寸界线的长度

a）不固定尺寸界线的长度　b）固定尺寸界线的长度

知识点 3　设置符号和箭头

单击“符号和箭头”，切换到“符号和箭头”选项卡，如图 6-12 所示。

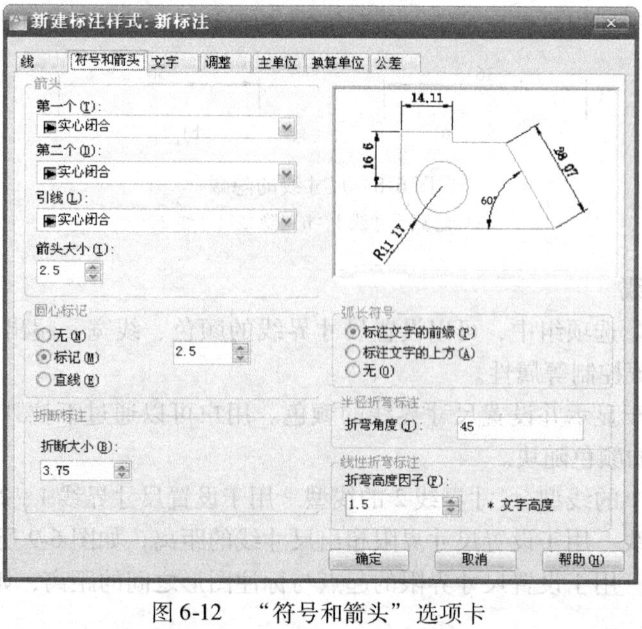

图 6-12　“符号和箭头”选项卡

1. 设置箭头

（1）“第一个”下拉列表框　用于设置第一条尺寸线的箭头。为了满足不同类型图形标注的需要，AutoCAD 2012 设置了 20 多种箭头样式，用户可以从下拉列表中选取。改变第一个箭头的类型时，第二个箭头将自动改变，以同第一个箭头匹配。

（2）“第二个”下拉列表框　用于设置第二条尺寸线的箭头。

（3）“引线”下拉列表框　用于设置引线箭头的类型。

（4）“箭头大小”下拉列表框　用于显示和设置箭头的大小。

2. 设置圆心标记

（1）“无”单选按钮　用于不创建圆心标记或中心线，如图 6-13a 所示。

（2）“标记”单选按钮　用于创建圆心标记，如图 6-13b 所示。

（3）“直线”单选按钮　用于创建中心线，如图 6-13c 所示。

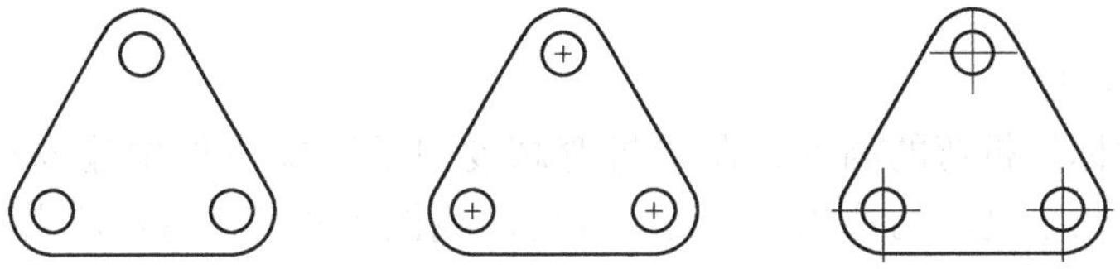

a)　　b)　　c)

图 6-13　设置圆心标记

a）无　b）标记效果　c）直线效果

（4）数值　用于显示和设置圆心标记或中心线的大小。

3. 折断标注

“折断标注”选项区用于控制折断标注的间距宽度，“折断大小”下拉列表用于显示和设置折断标注的大小。

4. 弧长符号

“弧长符号”选项区用于控制弧长标注中圆弧符号的显示。

（1）“标注文字的前缀”单选按钮　用于将弧长符号放在标注文字的前面，如图 6-14a 所示。

（2）“标注文字的上方”单选按钮　用于将弧长符号放在标注文字的上面，如图 6-14b 所示。

（3）“无”单选按钮　用于不显示弧长符号，如图 6-14c 所示。

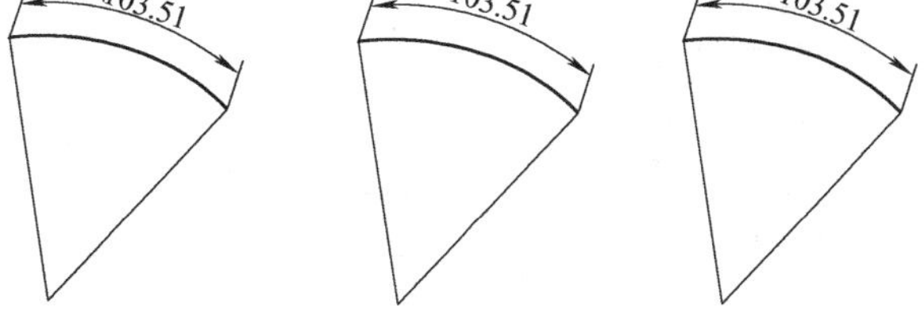

a)　　b)　　c)

图 6-14　设置弧长符号

a）标注文字的前缀　b）标注文字的上方　c）无

5. 半径折弯标注

“折弯角度”文本框用于设置折弯角度值，即折弯（“Z”字形）半径标注中连接尺寸界线和尺寸线的横向直线的角度值，如图 6-15 所示。

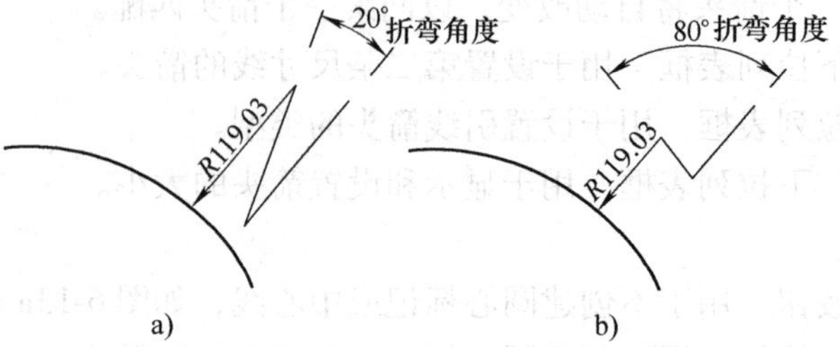

图 6-15　设置折弯角度

a）折弯角度为 20°　b）折弯角度为 80°

6. 线型折弯标注

用于设置线性标注折弯的高度，在“折弯高度因子”文本框中输入折弯符号的高度因子，则该值与尺寸数字高度的乘积即为折弯高度。线性尺寸的折弯标注表示图形中的实际测量值与标注的实际尺寸不同，如图 6-16 所示。

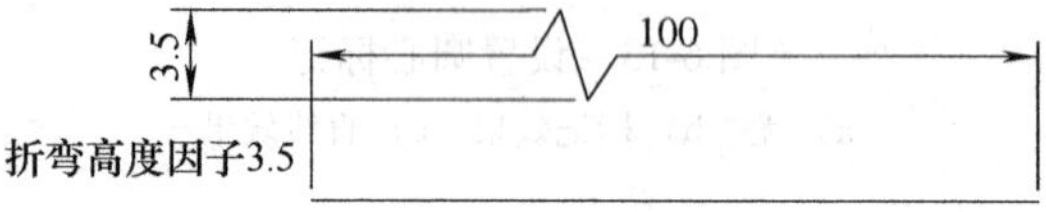

图 6-16　设置折弯角度

知识点 4　设置文字

在“新建标注样式”对话框中选择“文字”选项卡，用户可以在此设置标注文字的外观、位置和对齐方式，如图 6-17 所示。

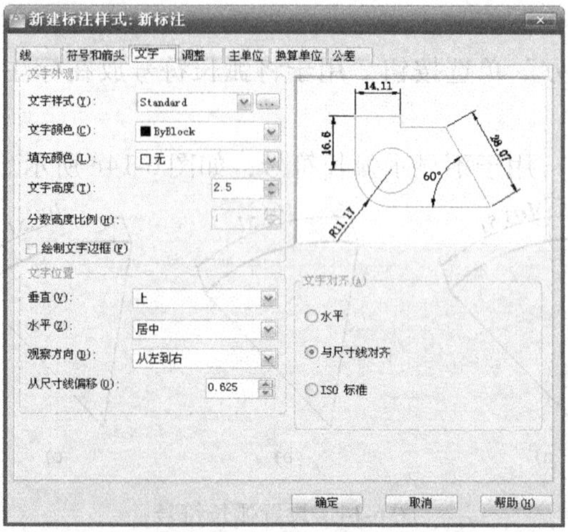

图 6-17　“文字”选项卡

1. 文字外观

（1）“文字样式”下拉列表框　用于显示和设置当前文字样式。用户可以从下拉列表中选择一种样式；若要创建和修改标注文字的样式，可以单击列表旁边的[...]按钮，打开“文字样式”对话框进行选择。

（2）“文字颜色”下拉列表框　用于设置标注文字的颜色。

（3）“填充颜色”下拉列表框　用于设置标注文字背景的颜色。

（4）“文字高度”文本框　在文本框中输入值，可设置当前标注文字样式的高度。如果在“文字样式”中将文字高度设置为固定值，且文字样式高度大于0，则该高度将替代此处设置的文字高度。如果要使用在“文字”选项卡中设置的高度，应将“文字样式”中的文字高度设置为0。

（5）“分数高度比例”文本框　用于设置相对于标注文字的分数比例。仅当在“主单位”选项卡上选择“分数”作为“单位格式”时，此选项才可用。在此处输入的值乘以文字高度，可确定标注分数相对于标注文字的高度。

（6）“绘制文字边框”复选框　如果选择此选项，将在标注文字周围绘制一个边框。

2. 文字位置

（1）“垂直”下拉列表框　用于控制标注文字相对尺寸线的垂直位置，包括“居中”、“上”、“外部”、“JIS”和“下”选项，如图6-18所示。

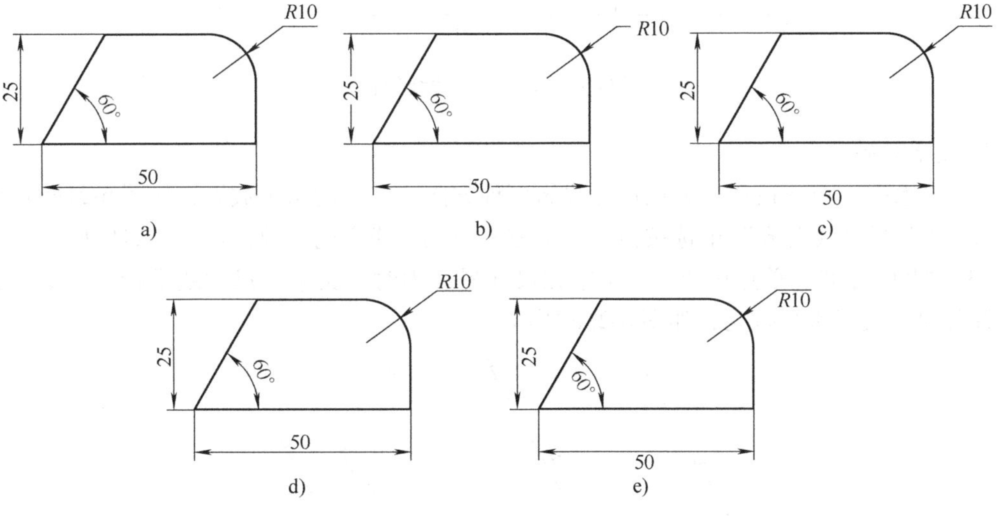

图6-18　文字垂直位置的形式

a）上　b）居中　c）外部　d）JIS　e）下

（2）“水平”下拉列表框　用于控制标注文字在尺寸线上相对于尺寸界线的水平位置，包括“居中”、“第一条尺寸界线”、“第二条尺寸界线”、“第一条尺寸界线上方”和“第二条尺寸界线上方”选项，如图6-19所示。

小知识

“JIS”表示参照JIS（日本工业标准）放置文字，即总是把文字水平放于尺寸线上方，不考虑标注文字是否与尺寸线平行。

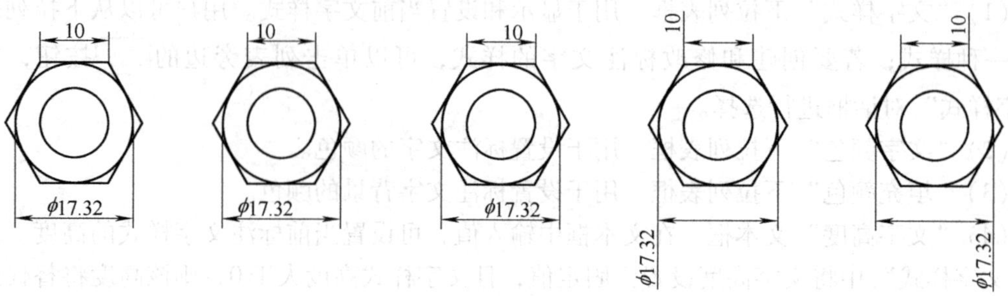

a) b) c) d) e)

图 6-19 文字水平位置的形式

a）居中 b）第一条尺寸界线 c）第二条尺寸界线 d）第一条尺寸界线上方 e）第二条尺寸界线上方

（3）“观察方向”下拉列表框 用于控制标注文字的观察方向。

（4）“从尺寸线偏移”文本框 用于设置标注文字与尺寸线之间的距离。若标注文字位于尺寸线的中间，则表示尺寸线断开处的端点与标注文字间的距离，如图 6-20 所示。

图 6-20 文字从尺寸线偏移

3. 文字对齐

（1）“水平”单选按钮 无论尺寸线为何种方向，文字均水平放置，如图 6-21a 所示。

（2）“与尺寸线对齐”单选按钮 文字方向与尺寸线方向一致，如图 6-21b 所示。

（3）“ISO 标准”单选按钮 当文字在尺寸界线内时，文字与尺寸线平行。当文字在尺寸界线外时，文了水平排列，如图 6-21c 所示。

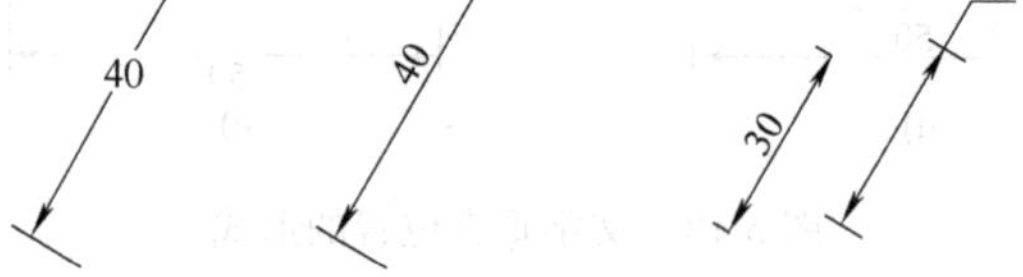

a) b) c)

图 6-21 文字对齐方式

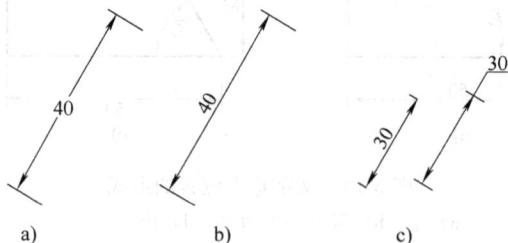

a）水平 b）与尺寸线一致 c）ISO 标准

知识点 5 设置调整

使用“调整”选项卡，用户可以设置标注文字、尺寸线和箭头的位置，如图 6-22 所示。

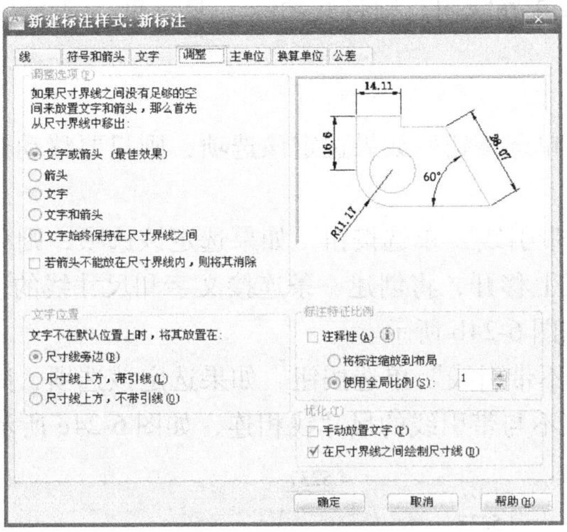

图 6-22　“调整”选项卡

1. 调整选项

（1）“文字或箭头（最佳效果）”单选按钮　按最佳布局将文字或箭头移动到尺寸界线的外部。当尺寸界线间的距离足够放置文字和箭头时，文字和箭头都放在尺寸界线之内。否则，将按照最佳效果移出文字或箭头，如图 6-23a 所示。

（2）“箭头”单选按钮　当尺寸界线间的空间不足时，首先将箭头移动到尺寸界线外部，然后移动文字，如图 6-23b 所示。

（3）“文字”单选按钮　当尺寸界线间的空间不足时，首先将文字移动到尺寸界线外部，然后移动箭头，如图 6-23c 所示。

（4）“文字和箭头”单选按钮　当尺寸界线间的距离不足以放下文字和箭头时，文字和箭头都将移动到尺寸界线以外，如图 6-23d 所示。

（5）“文字始终保持在尺寸界线之间”单选按钮　始终将文字放在尺寸界线之间，如图 6-23e所示。

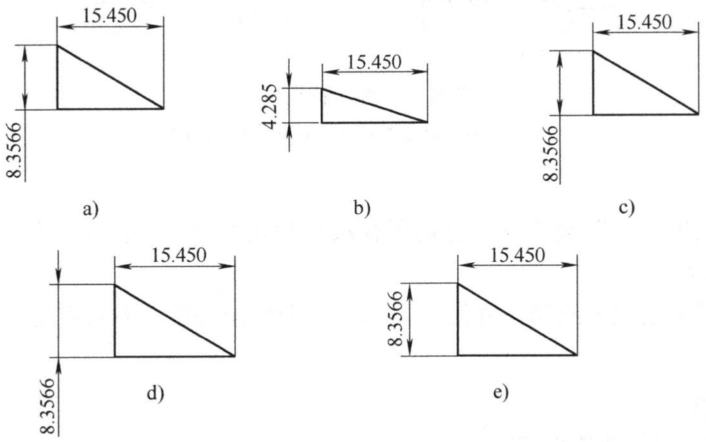

图 6-23　放置文字和箭头

a）文字或箭头（最佳效果）　b）箭头　c）文字　d）文字和箭头　e）文字始终保持在尺寸界线之间

(6) “若不能放在尺寸界线内，则将其消除”复选框　如果尺寸界线内没有足够的空间，则隐藏箭头。

2. 文字位置

(1) “尺寸线旁边”单选按钮　如果选定该选项，则只要移动标注文字，尺寸线就会随之移动，如图 6-24a 所示。

(2) “尺寸线上方，带引线”单选按钮　如果选定该选项，则移动文字时尺寸线不会移动；如果将文字从尺寸线上移开，将创建一条连接文字和尺寸线的引线；当文字非常靠近尺寸线时，将省略引线，如图 6-24b 所示。

(3) “尺寸线上方，不带引线”单选按钮　如果选定该选项，则移动文字时尺寸线不会移动，远离尺寸线的文字不与带引线的尺寸线相连，如图 6-24c 所示。

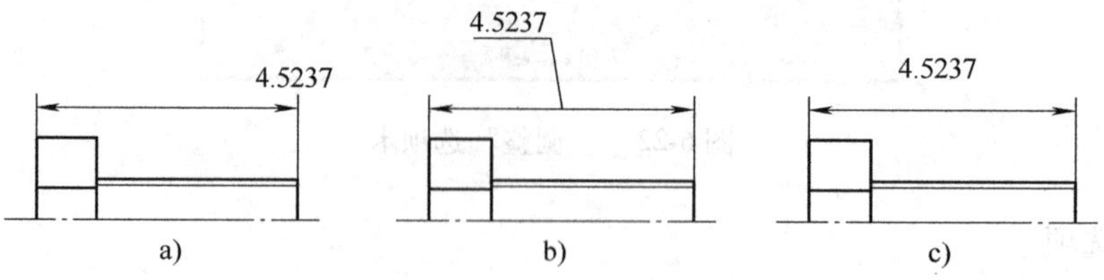

图 6-24　文字位置调整

a) 尺寸线旁边　b) 尺寸线上方，带引线　c) 尺寸线上方，不带引线

3. 标注特性比例

(1) “注释性”复选框　可以将该标注定义成可注释对象。

(2) “将标注缩放到布局”单选按钮　根据当前的模型空间视口和图纸空间之间的比例确定比例因子。

(3) “使用全局比例”单选按钮　为所有标注样式设置设定一个比例，这些设置指定了大小或间距，包括文字和箭头的大小，如图 6-25 所示。该缩放比例并不改变标注的测量值。

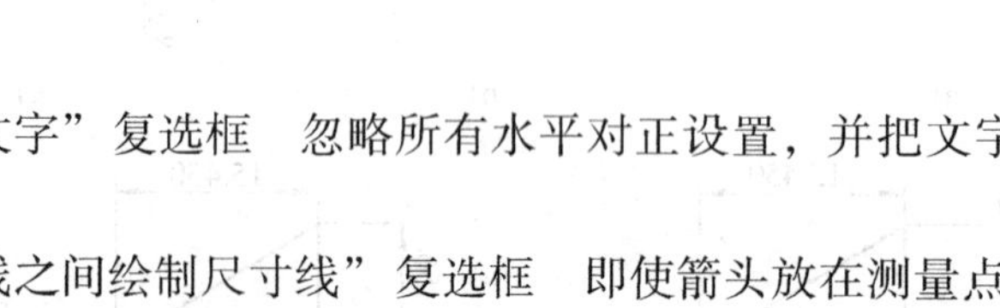

图 6-25　标注特征比例

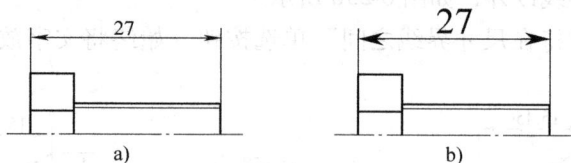

a) 使用全局比例 1　b) 使用全局比例 2

4. 优化

(1) “手动放置文字”复选框　忽略所有水平对正设置，并把文字放在“尺寸线位置”提示下指定的位置。

(2) “在尺寸界线之间绘制尺寸线”复选框　即使箭头放在测量点之外，也在测量点之间绘制尺寸线。

知识点 6　设置主单位

使用“主单位”选项卡，用户可以设置主单位的格式与精度等属性，如图 6-26 所示。

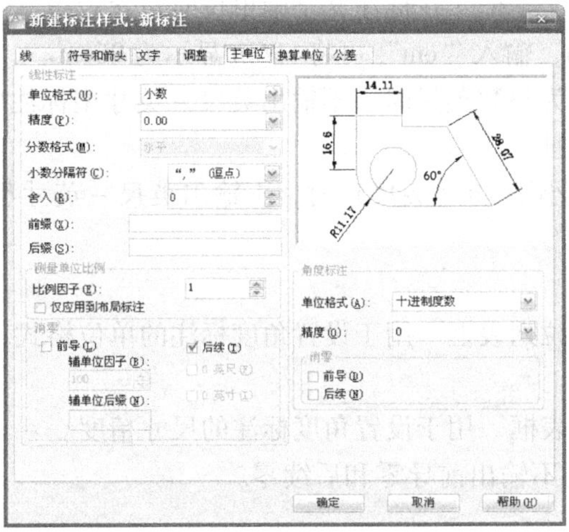

图 6-26 “主单位”选项卡

1. 线性标注

（1）“单位格式”下拉列表框 用于选择线性标注所采用的单位格式，包括“科学”、“小数”、“工程”、“建筑”、“分数”和“Windows 桌面”等选项。

（2）“精度”下拉列表框 用于选择线性标注的精度。

（3）“分数格式”下拉列表框 用于设置分数单位的格式，包括“水平”、“对角”、“非堆叠”三种方式。

（4）“小数分隔符”下拉列表框 用于设置小数的分隔符，包括“句点”、“逗点”、“空格”三种方式。

（5）“舍入”文本框 用于将标注测量值舍入到指定的值，角度标注除外。

（6）“前缀”、“后缀”文本框 用于设置标注文字的前缀或后缀，在相应的文本框中输入字符即可。

2. 测量单位比例

（1）“比例因子”文本框 用于设置线性标注测量值的比例因子，AutoCAD 2012 将标注测量值与此处输入的值相乘。例如，如果输入“2”，系统将把 1mm 的测量值显示为 2mm。该值不应用到角度标注中。

（2）“仅应用到布局标注”复选框 仅将线性比例因子应用于在布局视口中创建的标注。除特殊情形外，此设置应保持关闭状态。

3. 消零

“消零”选项区用于控制是否禁止输出前导零和后续零。

（1）“前导”复选框 用于禁止输出所有十进制标注中的前导零。例如，0.5000 变成 .5000。

（2）“后续”复选框 用于禁止输出所有十进制标注中的后续零。例如，0.5000 变成 0.5。

（3）“辅单位因子”文本框 用于将辅单位的数量设置为一个单位，用于在距离小于一个单位时，以辅助单位为单位计算标注距离。

（4）“辅单位后缀”文本框　在标注文字辅单位时包含后缀，可以输入文字或使用控制代码显示特殊符号。例如，输入“cm”可将.96m 显示为96cm。

（5）0 英尺　当距离为整数英尺时，不输出英尺－英寸型标注中的英寸部分。例如，1′－0″变为1′。

（6）0 英寸　当距离小于1ft（英尺）时，不输出英尺－英寸型标注中的英尺部分。例如，0′－6 1/2″变为6 1/2″。

4. 角度标注

（1）“单位格式”下拉列表框　用于设置角度标注的单位格式，如十进制角度、度/分/秒、弧度等。

（2）“精度”下拉列表框　用于设置角度标注的尺寸精度。

（3）消零　用于控制不输出前导零和后续零。

知识点 7　设置换算单位

在“新建标注样式”对话框中，使用“换算单位”选项卡可以设置换算单位的格式，如图6-27 所示。

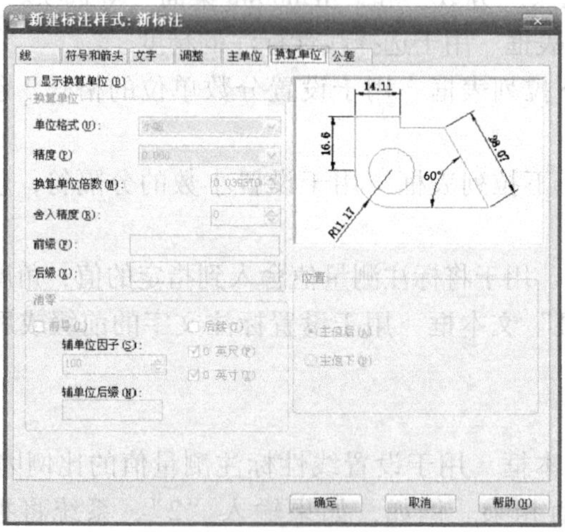

图6-27　“换算单位”选项卡

在 AutoCAD 2012 中，通过换算标注单位，可以转换使用不同测量单位制的标注，通常是显示米制标注的等效寸制标注或寸制标注的等效米制标注。在标注文字中，换算标注单位显示在主单位旁边的方括号“[　]”中，如图6-28 所示。

a)　　　　b)

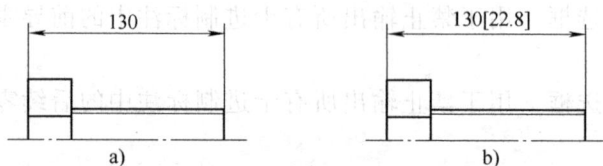

图6-28　显示尺寸标注文字的换算单位

a）不带换算标注单位　b）带换算标注单位

设置换算单位的格式、精度、舍入、前缀、后缀和消零的方法与设置主单位的方法相同。换算单位的位置可以在主单位的后面或下方。

知识点 8　设置公差

在“新建标注样式”对话框中，使用“公差”选项卡可以设置是否在尺寸标注中标注公差，如图 6-29 所示。

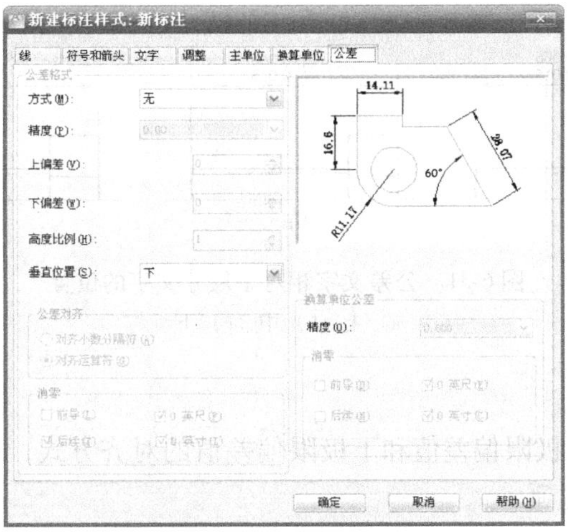

图 6-29　“公差”选项卡

1. 公差格式

（1）“方式”下拉列表框　用于设置标注公差的类型。“无”方式将关闭公差显示；当公差的上、下极限偏差值相同时，使用“对称”方式；当公差的上、下极限偏差值不同时，使用“极限偏差”方式；“极限尺寸”方式将显示上极限尺寸和下极限尺寸；使用“基本尺寸”方式时，在标注文字周围绘制一个框，这种方式常用于理论上的精确尺寸，如图 6-30 所示。

注：GB/T 1800. 1—2009 将“基本尺寸”一词改为“公称尺寸”。

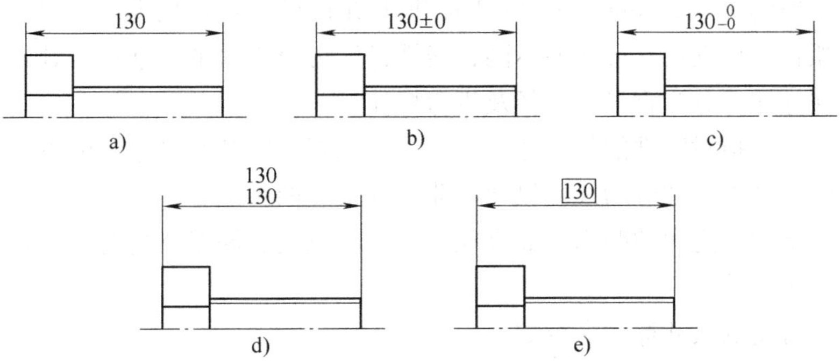

图 6-30　公差标注方式

a）无　b）对称　c）极限偏差　d）极限尺寸　e）基本尺寸

(2)“精度”下拉列表框　用于设置公差值的小数位数。

(3)“上极限偏差”文本框　用于设置尺寸的上极限尺寸或上极限偏差。

(4)“下偏差”文本框　用于设置尺寸下极限尺寸或下极限偏差。

(5)“高度比例”文本框　用于设置公差文字的当前高度。

(6)“垂直位置”下拉列表框　用于控制公差文字相对于尺寸文字的位置，包括“上”、“中”和“下”三种方式。“上”方式将公差文字与主标注文字的顶部对齐；“中”方式将公差文字与主标注文字的中间对齐；“下”方式将公差文字与主标注的底部对齐，如图 6-31 所示。

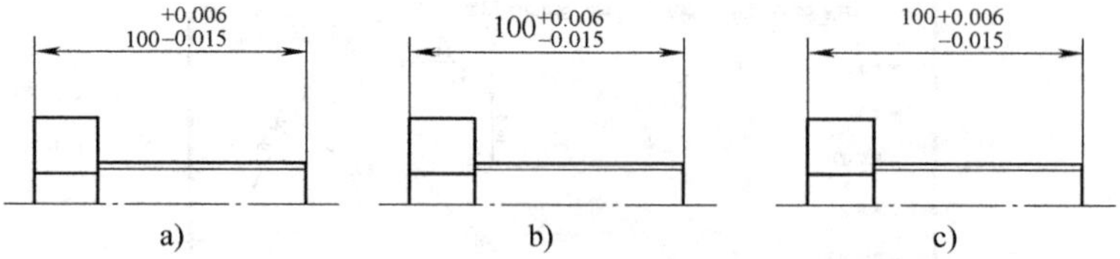

图 6-31　公差文字相对于尺寸文字的位置

a) 上　b) 中　c) 下

2. 公差对齐

堆叠时，用来控制上极限偏差值和下极限偏差值的对齐方式，包括“对齐小数分隔符”和“对齐运算符”两个选项。

知识模块三　尺寸标注的创建

根据工程实际情况，AutoCAD 2012 为用户提供了多种类型的尺寸标注方法，主要包括基本尺寸标注、尺寸公差标注、几何公差标注和表面粗糙度标注。本模块主要讲解前三种尺寸标注方法，表面粗糙度的标注将在本书后面的单元中介绍。

知识点 1　基本尺寸标注概述

根据标注对象的不同，AutoCAD 2012 提供了五种尺寸标注的基本类型：线性、径向、角度、坐标和弧长。根据尺寸形式的不同，线性标注可分为水平、垂直、对齐、旋转、基线和连续等；径向标注可分为直径、半径及折弯标注。

基本尺寸标注是指对零件的长、宽、高、半径和直径等基本尺寸的标注，它是最常见也是最简单的标注。基本尺寸分为线性尺寸和非线性尺寸两种。

线性尺寸是指两点之间的距离，如直径、半径、宽度、深度、高度、中心距等。非线性尺寸是指倒角、角度等。

尺寸标准中常用的尺寸标注命令如下。

(1) 单个的长度、宽度等尺寸　可以使用线性标注或对齐标注。在若干尺寸标注原点相同的情况下，可以使用基线标注；对于有若干尺寸是连续相邻放置的情况，可以使用连续标注。

(2) 圆弧和圆　可以使用半径标注或直径标注，弧长可以使用弧长标注。如果需要，也可以使用折弯标注。

（3）角度　可以使用角度标注；在某些特殊情况下，也可以使用圆弧标注和半径标注来代替圆心角的标注。

为了方便操作，标注尺寸前应创建尺寸标注的图层，并将其设置为当前图层，且打开自动捕捉功能，还应显示“标注”工具栏。“标注”工具栏提供了 17 种形式的尺寸标注命令，如图 6-32 所示。

图 6-32　“标注”工具栏

知识点 2　基本尺寸标注命令

1. 线性标注

线性标注用于对图形对象的水平、垂直或旋转尺寸进行标注。

创建线性标注的方式如下：

菜单栏：选择“标注”菜单中的“线性”命令。

工具栏：单击“标注”工具栏中的“线性”按钮。

创建线性标注时，命令行的提示信息如下：

命令：DIMLINEAR

指定一条尺寸界线原点或 <选择对象>：

指定第二条尺寸界限原点：

指定尺寸线位置 [多行文字（M）/文字（T）/角度（A）/水平（H）/垂直（V）/旋转（R）]：

下面对命令中的提示选项作简单介绍：

（1）指定尺寸线位置　用于确定尺寸线的标注位置。

（2）多行文字（M）　将显示“在位文字编辑器”，用户可输入文字更改系统测定的尺寸数值。

（3）文字（T）　用于以单行文字的形式直接输入标注文字。

（4）角度（A）　用于设置标注文字的旋转角度。

（5）水平（H）　用于创建水平线性标注。

（6）垂直（V）　用于创建垂直线性标注

（7）旋转（R）　用于指定尺寸线的旋转角度。

线性标注的效果如图 6-33 所示。

2. 对齐标注

对齐标注用于测量和标记两点之间的实际距离，两点之间的连线可以为任意方向。

创建对齐标注的方式如下：

菜单栏：选择“标注”菜单中的“对齐”命令。

工具栏：单击“标注”工具栏中的“对齐”按钮。

创建对齐标注时，命令行的提示信息如下：

命令：DIMALIGNED

指定第一条尺寸界限原点或 <选择对象>：

指定第二尺寸界限原点：

指定尺寸界限位置或［多行文字（M）/文字（T）/角度（A）］：标注文字 = 36

对齐标注命令中各选项的含义和线性标注类似，这里不再重复。

对齐标注的效果，如图 6-34 所示。

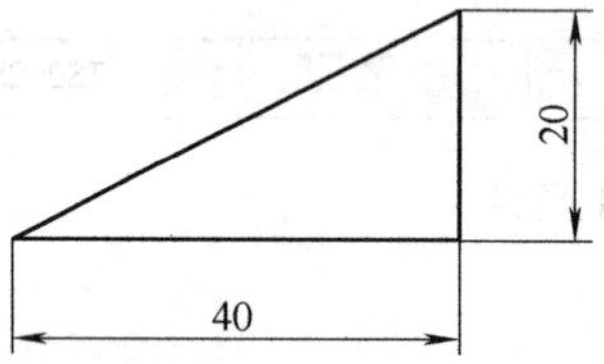

图 6-33　线性标注

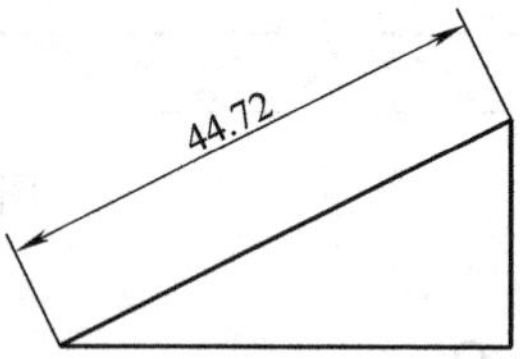

图 6-34　对齐标注

3. 弧长标注

弧长标注可以标注圆弧线段或多段线圆弧线段部分的弧长。

创建弧长标注的方式如下：

菜单栏：选择“标注”菜单中的“弧长”命令。

工具栏：单击“标注”工具栏中的“弧长”按钮。

创建弧长标注时，命令行的提示信息如下：

命令：DIMARC

选择弧线段或多段线弧线段：

指定弧长标注位置或［多行文字（M）/文字（T）/角度（A）/部分（P）/］：

在指定了尺寸线的位置后，系统将按实际测量值标注出圆弧的长度。用户也可以利用“多行文字（M）”、“文字（T）”、“角度（A）”选项，确定尺寸文字及其旋转角度。另外，如果选择“部分（P）”选项，则可以标注选定圆弧某一部分的弧长。

图 6-35 所示为分别选择不同标注选项的效果。

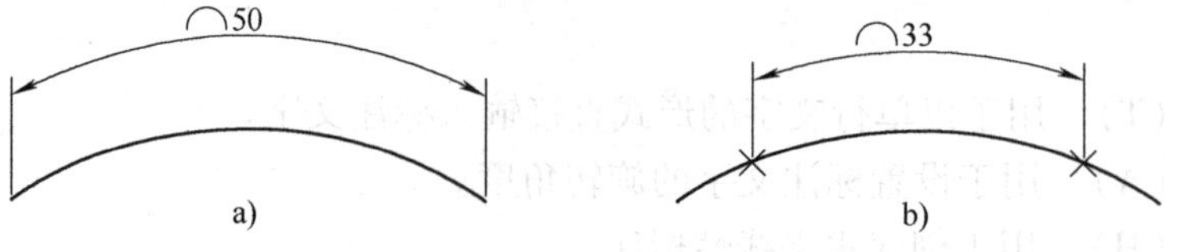

图 6-35　弧长标注

a）标注整段弧长　b）标注部分弧长

4. 坐标标注

坐标标注是一类特殊的引注，用于标注某些点相对于 UCS 坐标原点的 *X* 或 *Y* 坐标。坐标标注命令需要确定的参数包括需要标注的点对象和注释文字的位置。常用拖动引线的方法动态确定是标注 *X* 坐标，还是标注 *Y* 坐标。若沿垂直方向拖动引线，则标注 *X* 坐标；如果沿水平方向拖动引线，则标注 *Y* 坐标。

创建坐标标注的方式如下：

菜单栏：选择“标注”菜单中的“坐标”命令。

工具栏：单击“标注”工具栏中的“坐标”按钮。

创建坐标标注时，命令行的提示信息如下：

命令：DIMORDINATE

指定点坐标：

指定引线端点或［X 基准（X）/Y 基准（Y）/多行文字（M）/文字（T）/角度（A）］：

标注文字 = xx

5. 半径标注

创建半径标注的方式如下：

菜单栏：选择“标注”菜单中的“半径”命令。

工具栏：单击“标注”工具栏中的“半径”按钮。

创建半径标注时，命令行的提示信息如下：

命令：DIMRADIUS

选择圆弧或圆：

标注文字 =10

指定尺寸线位置［多行文字（M）/文字（T）/角度（A）］：

若直接单击标注线的位置，系统将按照实际测量值标注出圆弧的半径。用户也可以使用括号中的选项进行标注，各选项的含义及使用前面已经讲述。需要指出的是，当通过“多行文字（M）”和“文字（T）”选项重新确定尺寸文字时，只有在输入的尺寸文字前加上前缀“*R*”，才能标注出半径符号“*R*”，否则将没有该符号，如图 6-36 所示。

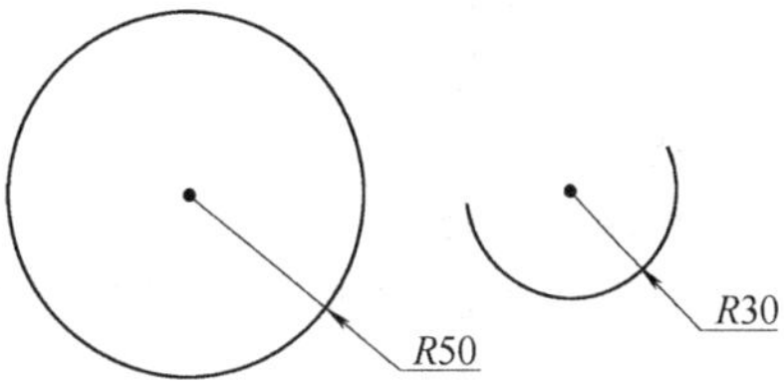

图 6-36　半径尺寸的标注

6. 直径标注

创建直径标注的方式如下：

菜单栏：选择“标注”菜单中的“直径”命令。

工具栏：单击“标注”工具栏中的“直径”按钮。

创建直径标注时，命令行的提示信息如下：

命令：DIMDIAMETER

选择圆或圆弧：

标注文字 =20

指定尺寸线位置或［多行文字（M）/文字（T）/角度（A）］：

若直接单击标注线的位置，系统将按照实际测量值标注出圆弧的半径。用户也可以使用括号中的选项进行标注，各选项的含义及使用前面已经讲述。需要指出的是，当通过“多行文字（M）”和“文字（T）”选项重新确定尺寸文字时，只有在输入的尺寸文字前加上前缀“%%C”，才能标注出半径符号“ϕ”，否则将没有该符号，如图 6-37 所示。

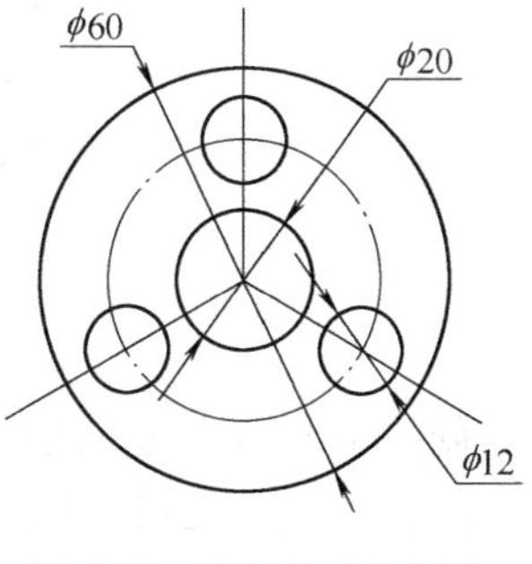

图 6-37　直径尺寸的标注

7. 折弯标注

当圆弧或圆的圆心位于布局以外，并且无法在其实际位置显示时，可以创建折弯标注，也称为“缩放的半径标注”。用户可以在更方便的位置指定标注的原点，称为中心位置替代，如图 6-38 所示。

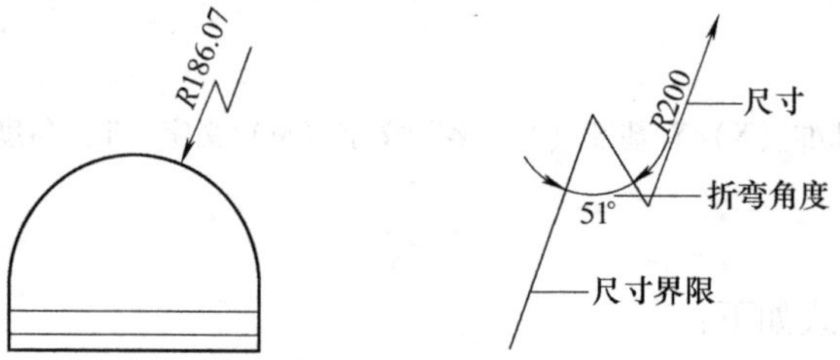

图 6-38　折弯标注

用户可以在“新建标注样式”对话框的“符号和箭头”选项卡中控制折弯的默认角度。

创建折弯标注的方式如下：

菜单栏：选择“标注”菜单中的“折弯”命令。

工具栏：单击“标注”工具栏中的“折弯”按钮。

创建折弯标注时，命令行的提示信息如下：

```
命令：DIMJOGGED
选择圆弧或圆：                       //选择一个圆弧、圆或多段线弧线段
指定图示中心位置：                   //指定折弯半径标注的新中心点，以替代弧或圆的实际中心点
标注文字 =50
指定尺寸线位置或［多行文字（M）/文字（T）/角度（A）]：
指定折弯位置                         //指定标注折弯位置的另一个点
```

创建折弯标注后，若要修改折弯和中心位置替代，可以通过以下三种方式实现：使用夹点移动部件、使用“特性”选项板修改部件的位置、使用拉伸命令“Stretch”。

8. 角度标注

角度标注用于测量两条直线间的角度、圆和圆弧的角度或三个点之间的角度。在绘制图形的过程中，经常会遇到角度的标注，如图 6-39 所示。值得注意的是，角度标注文字与尺寸弧线是平行的（图 6-39a），这与机械制图中的国家标准有所不同，机械制图国家标准规定角度标注的文字必须水平书写（图 6-39b）。

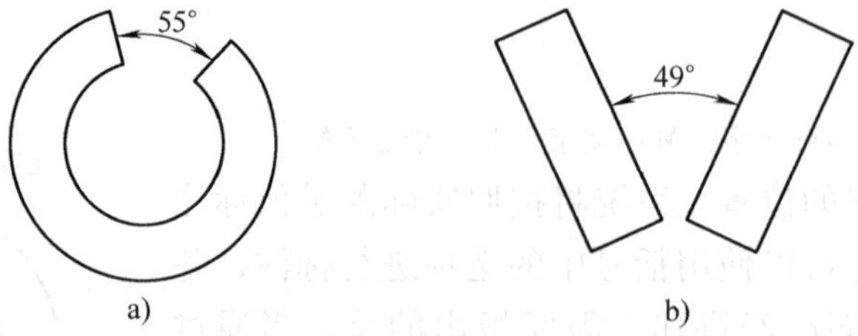

图 6-39　角度标注

创建角度标注的方式如下：

菜单栏：选择“标注”菜单中的“角度”命令。

工具栏：单击“标注”工具栏中的“角度”按钮。

创建角度标注时，命令行的提示信息如下：

命令：DIMANGULAR

选择圆弧、圆、直线或 <指定顶点>：

在该提示下，用户可以选择需要标注的对象。其中各选项的功能如下：

（1）选择圆弧　选择圆弧时，系统将提示：

指定标弧线位置或［多行文字（M）/文字（T）/角度（A）］：

此时可直接指定标注线的位置，系统将按照实际测量值标注出圆弧的角度。若有足够的空间放置角度值，则会将其放于选定圆弧的两端点间；否则，将要求指定文本放置位置。用户可使用括号中的选项设置尺寸文字及其旋转角度。

（2）选择圆　选择圆时，可以标注圆的两条半径之间的角度。此时系统提示：

指定角的第二个端点：

指定点可以在圆上　也可以不在圆上，然后再确定标注弧线的位置。

（3）选择直线　选择两条直线后，再指定尺寸线的位置。若有足够的空间放置角度值，则会将其放于选定两直线间；否则，将要求指定文本旋转位置。

（4）根据三点标注角度　按“Enter”键，然后指定角的顶点、角起始线的一个端点、角终止线的一个端点，最后指定标注弧线的位置。

9. 基线标注

创建基线标注的方式如下：

菜单栏：选择“标注”菜单中的“基线”命令。

工具栏：单击“标注”工具栏中的“基线”按钮。

创建基线标注时，命令行的提示信息如下：

命令：DIMBASELINE

指定第二条尺寸界线原点或［放弃（U）/选择（S）］<选择>：

系统默认将上次尺寸标注的第一条尺寸界线作为这次标注的第一条尺寸界线，通过选项“选择（S）”可以选择基线标注的起点。基线标注的样式如图 6-40 所示。

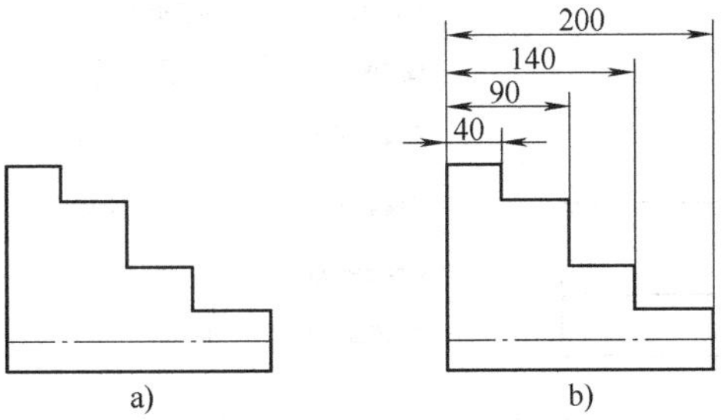

图 6-40　基线标注

a）原图形　b）标注后的图形

10. 连续标注

创建连续标注的方式如下：

菜单栏：选择“标注”菜单中的“连续”命令。

工具栏：单击“标注”工具栏中的“连续”按钮。

创建连续标注时，命令行的提示信息如下：

命令：DIMCONTINUE

选择连续标注：

指定第二条尺寸界限原点或［放弃（U）/选择（S）］＜选择＞：

系统默认将上次尺寸标注的第二条尺寸界线作为这次标注的第一条尺寸界线，通过选项“选择（S）”可以选择连续标注的起点。连续标注的样式如图6-41所示。

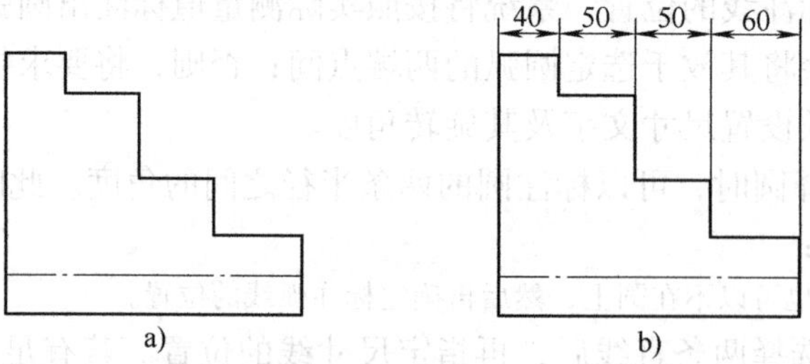

图6-41 连续标注

a）原图形 b）标注后的图形

知识点3 公差标注

1. 尺寸公差

尺寸公差是指实际生产中尺寸可以上下浮动的数值。在机械制图中，尺寸公差可以通过标注文字附加公差的形式表示出来。

1）通过“标注样式”对话框中的“公差”选项卡设置公差的类型和公差值，包括对称公差、极限偏差、极限尺寸和基本尺寸，如图6-42所示。

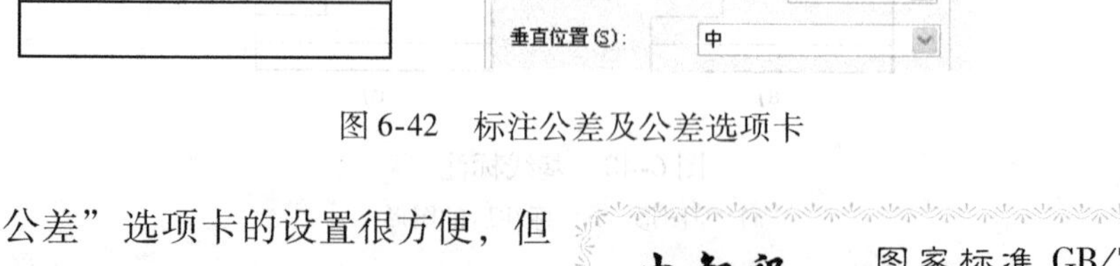

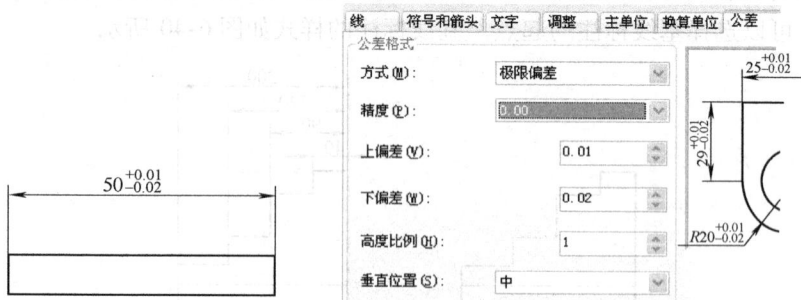

图6-42 标注公差及公差选项卡

虽然“公差”选项卡的设置很方便，但是每种样式只能设置一种公差和一组数值。如果图形中的公差数目很多，就需要设置很多样式。

2）通过文字控制符和多行文字编辑器创建公差。在标注的过程中，可以通过“多

小知识

图家标准 GB/T 1800.1—2009 将上偏差、下偏差、基本尺寸分别更改为上极限偏差、下极限偏差、公称尺寸，但 AutoCAD 2012 仍显示为旧的名称。

行文字（M）”/“文字（T）”更改标注文字。对称公差设置可以使用“%%P”表示“±”，极限公差和极限尺寸的标注可以使用多行文字中的堆叠命令来实现。

【课堂实训】　创建如图 6-43 所示的尺寸公差。

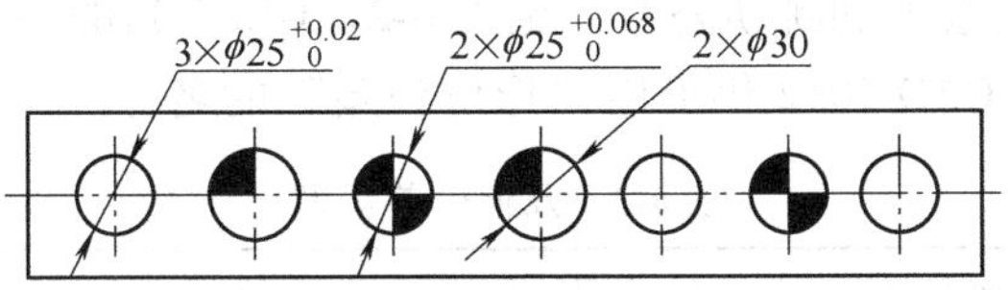

图 6-43　标注尺寸

主要操作步骤如下：

1）标注直径尺寸 3×ϕ25 及其公差。单击“标注”工具栏中的“直径”按钮，AutoCAD 2012 命令行提示：

命令：DIMDIAMETER

选择圆弧或圆：　　　　　　　　//指定位于最左边的圆

标注文字 =25

指定尺寸线位置或［多行文字（M）/文字（T）/角度（A）］：m↙

2）执行上述命令后，系统弹出“文字格式”工具栏，如图 6-44 所示。

图 6-44　“文字格式”工具栏

在“文字格式”工具栏中输入“3×ϕ25+0.02^0”，如图 6-45 所示。

3）选中“+0.02^0”，单击“文字格式”工具栏中的按钮，所输入的公差文字将以堆叠形式显示，如图 6-46 所示。

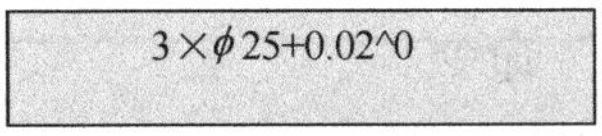

图 6-45　输入文字

$3\times\phi25^{+0.02}_{\ 0}$

图 6-46　堆叠结果

4）单击“文字格式”工具栏中的“确定”按钮。在提示下确定尺寸线的位置，即可标注出对应的尺寸，标注结果如图 6-47 所示。

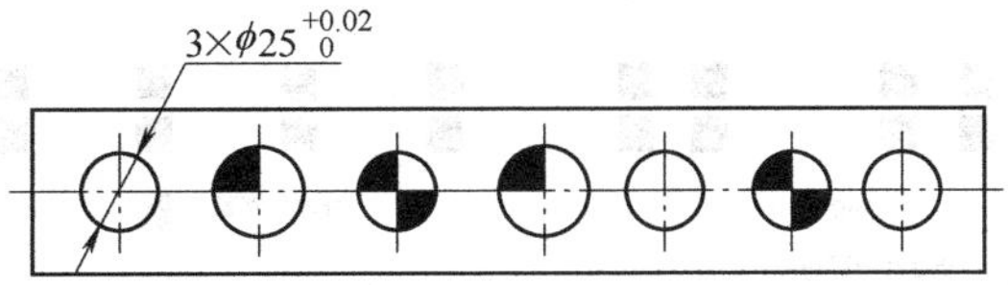

图 6-47　标注结果

5）用类似的方法标注其他直径尺寸及其公差。

2. 几何公差

经机械加工后的零件，除了会产生尺寸误差外，还会产生单一要素的形状误差和不同要素之间的相对位置误差。几何公差就是对这些误差的最大允许范围的说明。几何公差分为形状公差、方向公差、位置公差和跳动公差，见表 6-2。GB/T 1182—2008 将“形位公差”改为“几何公差”，但 AutoCAD 2012 仍沿用“形位公差”的名称。

表 6-2　几何公差类型

公差类型	几何特征	符　号
形状公差	直线度	—
	平面度	▱
	圆度	○
	圆柱度	⌭
	线轮廓度	⌒
	面轮廓度	⌓
方向公差	平行度	//
	垂直度	⊥
	倾斜度	∠
	线轮廓度	⌒
	面轮廓度	⌓

公差类型	几何特征	符　号
位置公差	位置度	⌖
	同心度（限于中心点）	◎
	同轴度（限于轴线）	◎
	对称度	⌯
	线轮廓度	⌒
	面轮廓度	⌓
跳动公差	圆跳动	↗
	全跳动	⌰

几何公差标注的组成如图 6-48 所示 。

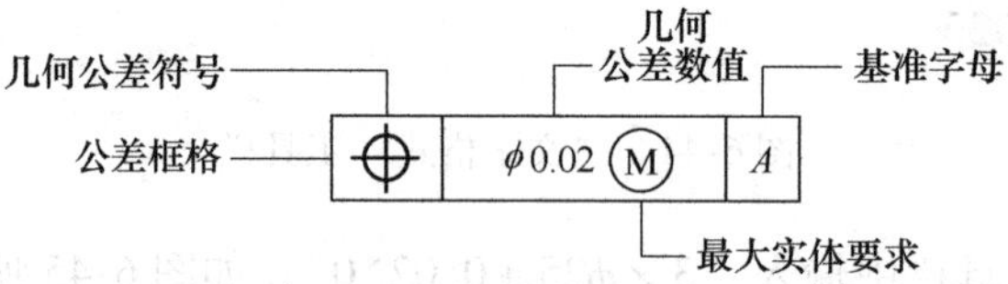

图 6-48　几何公差标注的组成

创建几何公差的方式如下：

菜单栏：选择“标注”菜单中的“形位公差”命令。

工具栏：单击“标注”工具栏中的“形位公差”按钮

创建几何公差标注时，命令行的提示信息如下：

执行此命令后，将打开“形位公差”对话框，如图 6-49 所示。

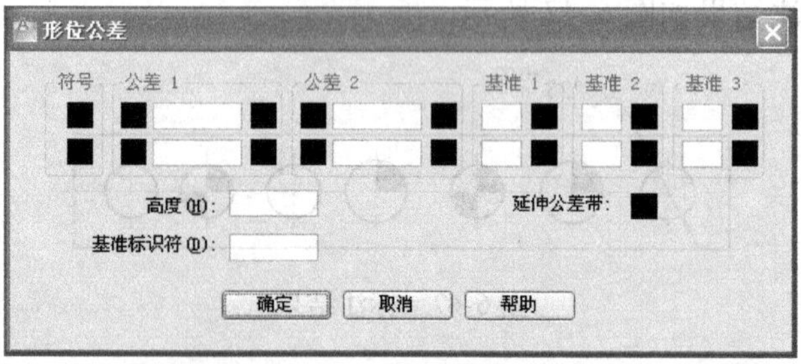

图 6-49　“形位公差”对话框

“形位公差”对话框中主要选项的功能如下：

（1）符号　单击符号下面的黑框，出现“特征符号”对话框，如图6-50所示。

（2）公差1、公差2　分别包括三个选项，第一个黑方框表示是否需要在公差值前面加“ϕ”符号；第二个方框为几何公差的值。第三个黑方框表示包容条件，单击该黑方框，将弹出“附加符号”对话框，如图6-51所示。

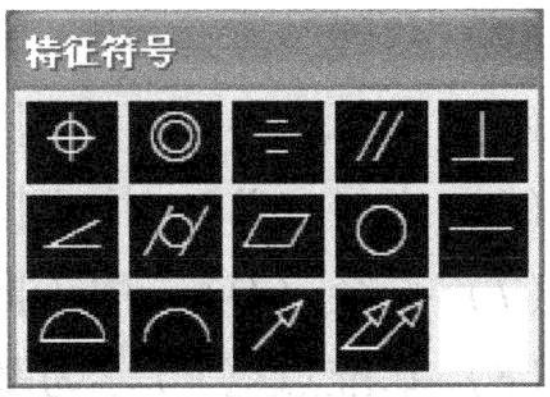

图6-50　“特征符号”对话框

（3）基准1、基准2、基准3　各包括两个选项，用于确定公差的基准和包容条件。

图6-51　“附加符号”对话框

（4）高度　用于输入公差带的高度。

（5）投影公差　用于在投影公差带值的后面插入投影公差带符号。

（6）基准标识符　用于创建由参照字母组成的基准标识符。

技巧　快速引线命令“QLEADER”可用于标注带有引线和箭头的几何公差。启动该命令后，选择“设置”选项，在“引线设置”对话框中设置“注释分类”为“公差”。

知识点4　特殊尺寸标注

除了上述已经介绍的标注形式之外，还有一些特殊的标注形式，如快速标注、圆心标记和多重引线标注等。

1. 快速标注

快速标注主要用于快速创建或编辑一系列标注，以及创建一系列基线或连续标注，或者为一系列圆或圆弧创建标注。

创建快速标注的方式如下：

菜单栏：选择“标注”菜单中的“快速标注”命令。

工具栏：单击“标注”工具栏中的“快速标注”按钮。

创建快速标注时，命令行的提示信息如下：

命令：QDIM
关联标注优先级 = 端点
选择要标注的几何图形：
指定尺寸线位置或［连续（C）/并列（S）/基线（B）/坐标（O）/半径（R）/直径（D）/基准点（P）/编辑（E）/设置（T）］<连续>：

下面就提示选项作简单的介绍：

（1）指定尺寸线位置　用于指定快速标注尺寸线的放置位置。

（2）连续（C）　用于同时创建多个连续标注。

（3）并列（S）　用于创建层叠型的尺寸标注。

（4）基线（B） 用于同时创建多个基线标注。

（5）坐标（O） 用于同时创建多个坐标标注。

（6）半径（R） 用于同时创建多个半径标注。

（7）直径（D） 用于同时创建多个直径标注。

（8）基准点（P） 为基线和坐标标注设置新的基准点。

（9）编辑（E） 用于从现有标注中添加或删除点。

（10）设置（T） 用于设置关联标注优先作快速标注。

2. 圆心标记

圆心标记用于标记圆或椭圆的中心点，其调用方式如下：

菜单栏：选择“标注”菜单中的“圆心标记”命令。

工具栏：单击“标注”工具栏中的“圆心标记”按钮。

创建圆心标记时，命令行的提示信息如下：

命令：DIMCENTER

选择圆弧或圆：

在该提示下指定需要标注的圆或圆弧即可，如图 6-52 所示。

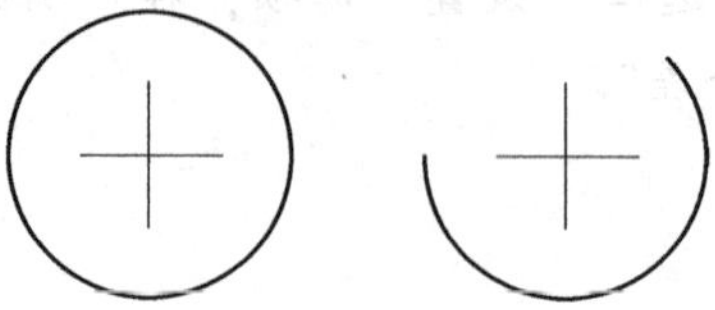

图 6-52 标记圆或圆弧

用户可以在“新建标注样式”对话框的“符号和箭头”选项卡中设置圆心标记的格式。

3. 多重引线标注

多重引线标注是在快速引线标注的基础上改进而来的一种标注工具，其功能更加强大，常用于标注材料说明、加工工艺、几何公差等注释性内容。

AutoCAD 2012 提供了“多重引线”工具栏，如图 6-53 所示。

图 6-53 “多重引线”工具栏

（1）新建多重引线标注样式 与尺寸标注相似，在进行多重引线标注前，需要创建多重引线样式。用户可以通过“多重引线样式管理器”对话框新建多重引线标注样式，其打开方式如下：

菜单栏：选择“格式”菜单中的“多重引线样式”命令。

工具栏：单击“多重引线”工具栏中的“多重引线样式”按钮。

执行上述命令，都可以打开如图 6-54 所示的“多重引线样式管理器”对话框。该对话框与“标注样式管理器”对话框相似，其“样式”列表中列出了当前图形文件中所有已创建的多重引线样式，并显示了当前样式名及其预览图，默认样式为“Standard”。

单击“新建”按钮，用户可以在打开的“创建新多重引线样式”对话框中创建多重引线样式，如图 6-55 所示。

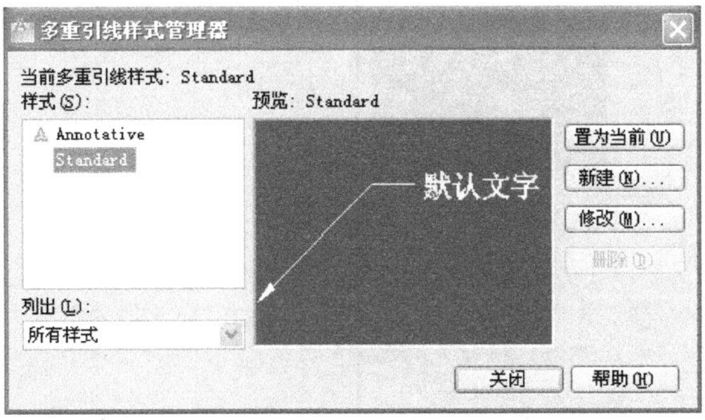

图 6-54 “多重引线样式管理器”对话框

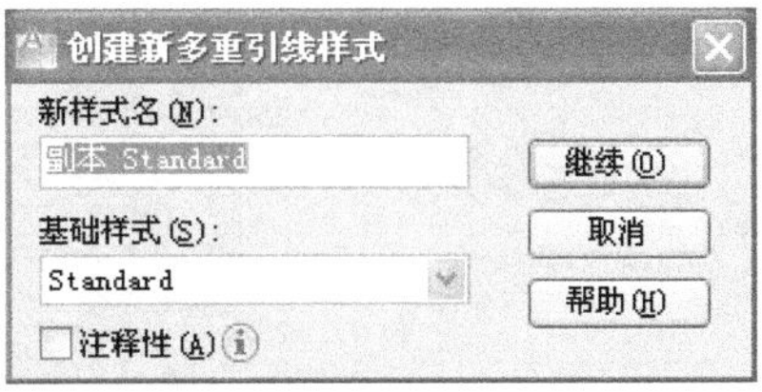

图 6-55 “创建新多重引线样式”对话框

（2）设置多重引线样式　单击“创建新多重引线样式”对话框中的“继续”按钮，在打开的“修改多重引线样式”对话框中可以设置多重引线的格式、结构、内容。多重引线设置完成后，单击“确定”按钮，然后在“多重引线样式管理器”对话框中将新样式置为当前即可。

1）“引线格式”选项卡：此选项卡可以设置引线的类型及箭头的符号和大小等参数，如图 6-56 所示。“常规”选项组用于设置多重引线的类型、颜色、线型及线宽；“箭头”选项组用于设置多重引线箭头的符号及大小；“引线打断”选项组用于设置多重引线的打断大小。

2）“引线结构”选项卡：此选项卡可以对多重引线的最引线点数、弯折角度、基线及比例等进行设置，如图 6-57 所示。

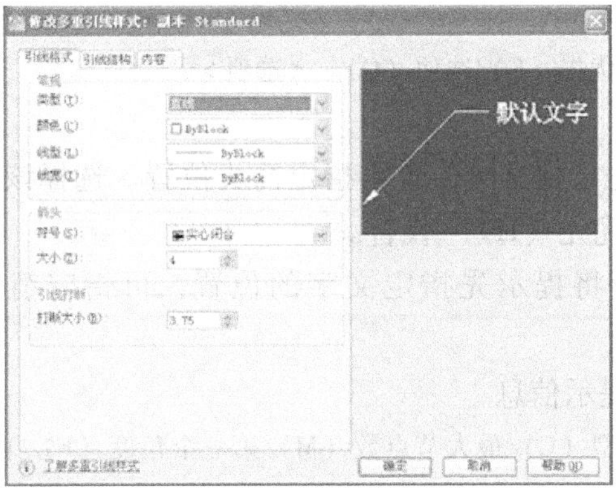

图 6-56 “引线格式”选项卡

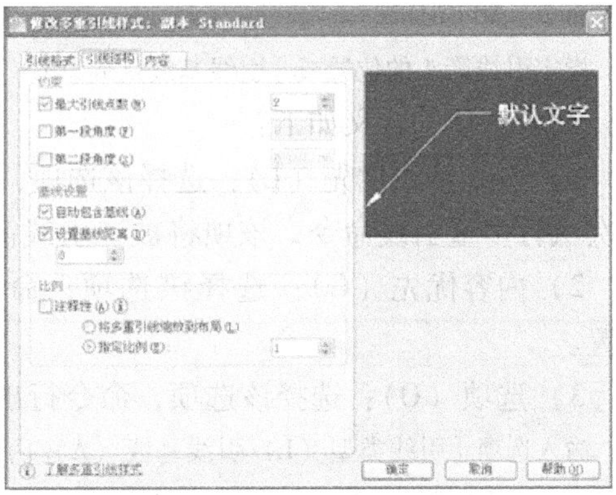

图 6-57 “引线结构”选项卡

3）“内容”选项卡：此选项卡可以设置多重引线标注的内容及引线的位置，如图 6-58 所示。

其中的“多重引线类型”下拉列表框用于设置多重引线的标注内容，如多行文字、块等，如图 6-59 所示。选择不同的引线类型，选项卡内将对应出现不同的设置选项。

（3）标注多重引线　对多重引线设置完成后，即可进行多重引线标注。

多重引线标注命令有以下几种调用方法：

菜单栏：选择“标注”菜单中的“多重引线”命令。

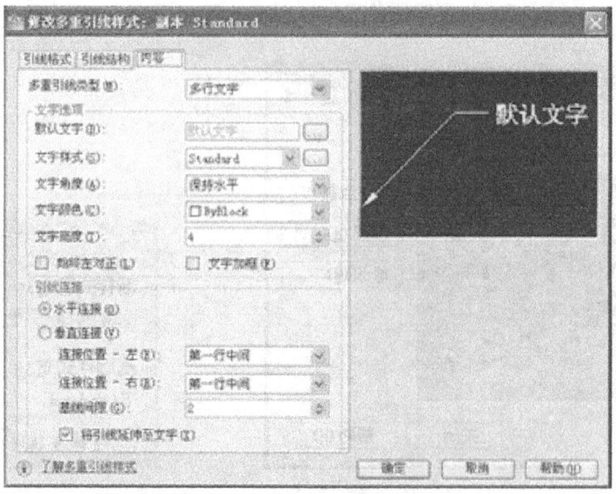

图 6-58 “内容”选项卡

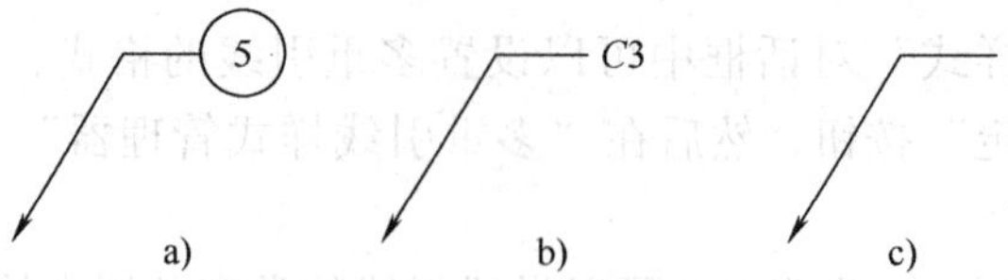

a) b) c)

图 6-59 多重引线的注释内容

a）注释块 b）注释文字 c）无注释

命令行：输入“MLEADER”或“MLD”。

执行该命令后，命令行出现如下提示信息：

命令：MLEADER

指定引线箭头的位置或［引线基线优先（L）/内容优先（C）/选项（O）］＜选项＞：

其各选项的含义如下：

1）引线基线优先（L）：选择该选项，将先指定基线位置再指定箭头位置。选择该项后再次执行多重引线命令，该项将被“引线箭头优先（H）”代替。

2）内容优先（C）：选择该选项，命令行将提示先指定文字的位置，再指定箭头的位置。

3）选项（O）：选择该选项，命令行出现提示信息

输入选项［引线类型（L）/引线基线（A）/内容类型（C）/最大节点数（M）/第一个角度（F）/第二个角度（S）/退出选项（X）］＜退出选项＞：”

选择相应的选项，可以重新对引线样式进行临时更改。

如果需要将引线添加至现有的多重引线对象中，可以单击“多重引线”工具栏中的“添加引线”按钮，然后依次选取需要添加引线的多重引线和需要引出标注的图形对象，接着按“Enter”键即可完成多重引线的添加。

知识模块四 编辑标注对象

编辑尺寸标注是指对尺寸标注进行修改，使它们满足有关规定。

知识点1 编辑标注

单击“标注”工具栏中的“编辑标注”按钮，命令行的提示信息如下：

命令：DIMEDIT

输入标注编辑类型［默认（H）/新建（N）/旋转（R）/倾斜（O）］〈默认〉：

下面就该提示选项作简单介绍：

（1）默认（H） 可以按默认位置和方向放置尺寸文字。

（2）新建（N） 可以修改尺寸文字，此时系统将显示“文字格式”工具栏和文字输入窗口。修改或输入尺寸文字后，选择需要修改的尺寸对象即可。

（3）旋转（R） 可以将尺寸文字旋转一定的角度，先设置角度值，然后选择尺寸对象。

（4）倾斜（O） 用于指定尺寸界线的倾斜角度。

知识点2 编辑标注文字

单击“标注”工具栏中的“编辑标注文字”按钮，命令行提示如下：

命令：DIMTEDIT

选择标注：

为标注文字指定新位置或［左对齐（L）/右对齐（R）/居中（C）/默认（H）/角度（A）］：

下面就提示选项作简单介绍：

（1）为标注文字指定新位置 用于指定标注文字的新位置。

（2）左对齐（L） 沿尺寸线左移标注文字，本选项只适用于线性、直径和半径标注。

（3）右对齐（R） 沿尺寸线右移标注文字，本选项只适用于线性、直径和半径标注。

（4）居中（C） 把标注文字放在尺寸线的中心。

（5）默认（H） 将标注文字移回默认位置。

（6）角度（A） 指定标注文字的角度。输入零度角将使标注文字以默认方向放置。

知识点3 标注更新

标注更新命令用于将当前的标注样式保存起来，以供随时调用；也可以使用一种新的标注样式更换当前的标注样式。

单击“标注”工具栏中的“标注更新”按钮，命令行提示如下：

命令：DIMSTYLE

当前标注样式：ISO-25 注释性：否

输入标注样式选项

［注释性（AN）/保存（S）/恢复（R）/状态（ST）/变量（V）/应用（A）/?］<恢复>：_apply

选择对象： //选择要更新的标注

知识点 4　调整标注间距

在 AutoCAD 2012 中，利用“标注间距”功能可根据指定的间距数值调整尺寸线中互相平行的线性尺寸或角度尺寸之间的距离，使其处于平行等距或对齐状态。

单击“标注”工具栏中的“等距标注”按钮，在图中选取第一个标注尺寸作为基准标注，然后依次选取要产生间距的标注，最后输入标注线的间距数值并按“Enter”键，即可完成标注间距的设置，如图 6-60 所示。

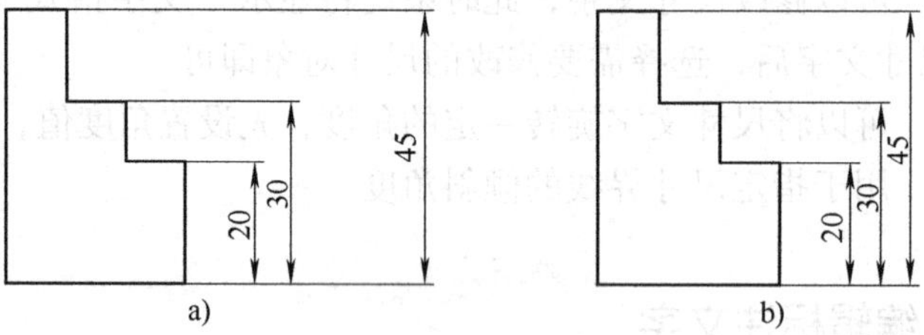

图 6-60　调整间距

a）调整前　b）调整后

知识点 5　打断标注

使用“打断标注”工具可以在尺寸标注的尺寸线、尺寸界限及引线与其他尺寸标注或图形中线段的交点处形成隔断，可以提高尺寸标注的清晰度和准确性。

单击“标注”工具栏中的“折断标注”按钮，按照命令行提示，首先在图形中选取要打断的标注线，然后选取要打断标注的对象，即可完成该尺寸标注的打断操作，如图 6-61 所示。

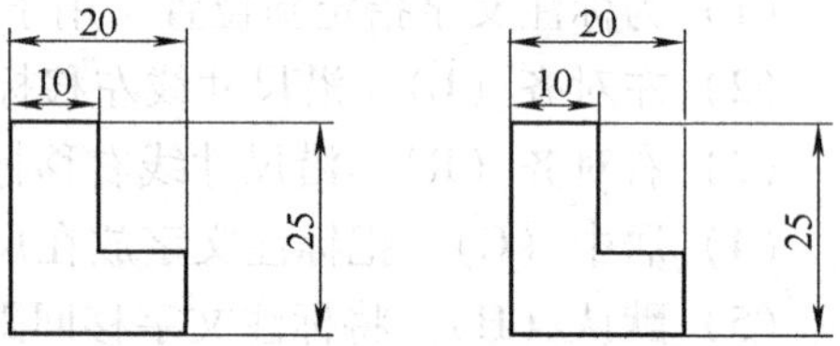

图 6-61　打断标注的效果

知识点 6　利用“特性”选项板编辑标注

用户可以利用“特性”选项板查看所选标注的所有特性，并对其进行全方位的修改。

首先选择要修改的尺寸标注对象，然后按“Ctrl + 1”快捷键，打开“特性”选项板。该选项板列出了选定标注对象的所有特性和内容，包括常规（线型、颜色、图层等）、其他（标注样式等），以及由标注样式定义的其他特性（直线和箭头、文字、调整、主单位、换算单位和公差等）。用户可以根据需要打开某一项，便可快捷地对其进行修改，如图 6-62 所示。

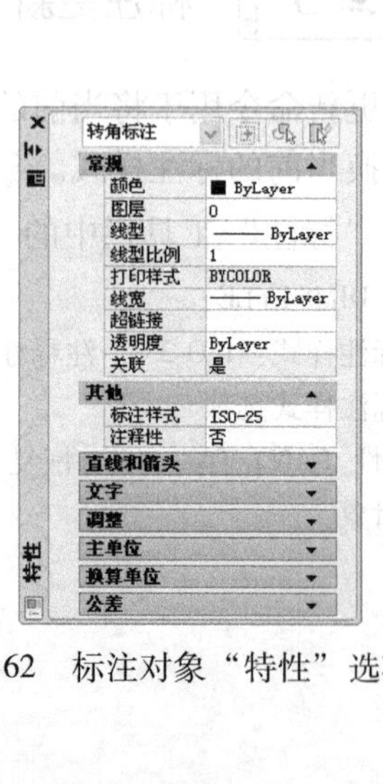

图 6-62　标注对象“特性”选项板

【综合训练】

1. 简答题

（1）在 AutoCAD 2012 中，尺寸标注类型有哪些？它们各有什么特点？

（2）在 AutoCAD 2012 中，创建尺寸公差标注的方法有哪些？

2. 操作题

（1）在 AutoCAD 2012 中定义符合机械制图要求的尺寸标注样式。具体要求如下：标注样式名称是“尺寸 35”；将“基线间距”设为 5.5，“超出尺寸线”设为 2，“起点偏移量”设置为 0，“箭头大小”设为 3.5，“圆心标记”大小设为 2.5；尺寸文字样式名为“宋体 35”，字体采用宋体，字高为 3.5，其余采用默认设置。

（2）绘制如图 6-63 所示的图形并标注尺寸。

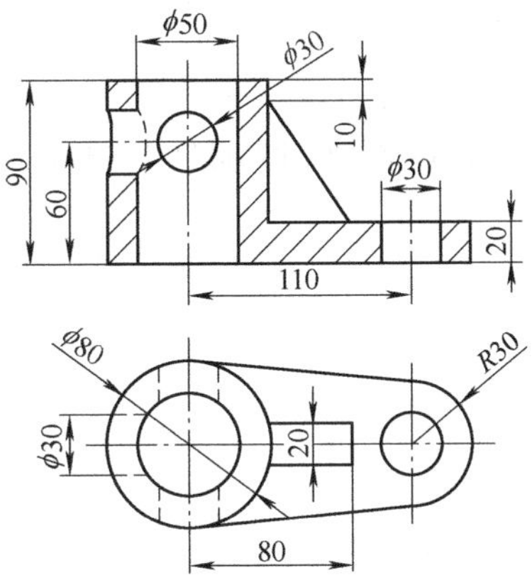

图 6-63　标注图形尺寸（1）

（3）绘制如图 6-64 所示的图形并标注尺寸。

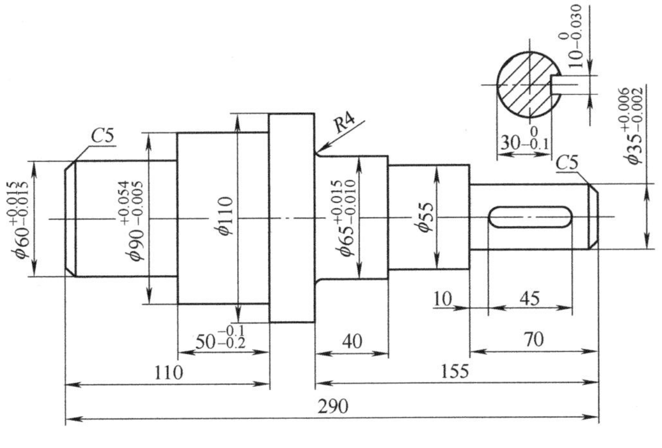

图 6-64　标注图形尺寸（2）

（4）绘制如图 6-65 所示的图形并标注尺寸。

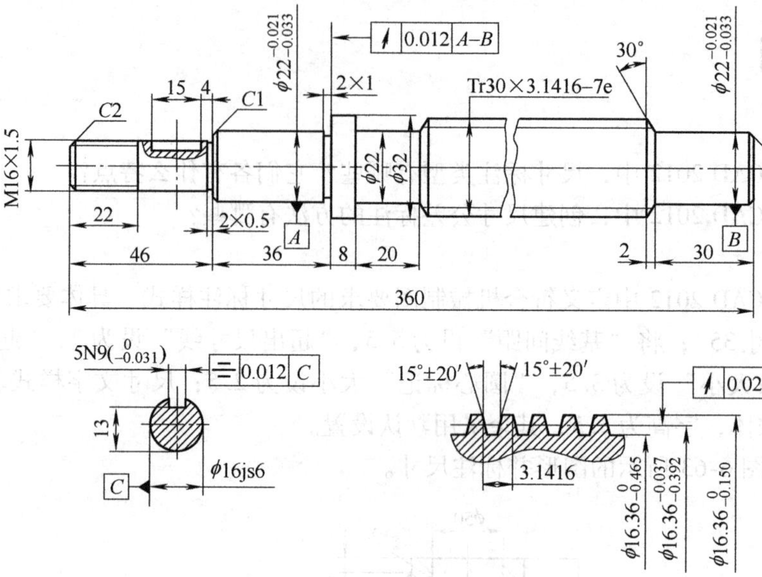

图 6-65　标注图形尺寸（3）

第七单元　块与设计中心

学习目标： 掌握在 AutoCAD 2012 中创建块、插入块、存储块的方法，掌握块属性的特点，掌握创建与编辑块属性的方法，掌握创建动态块的方法；掌握 AutoCAD 2012 中设计中心的启动方法、组成和使用。

知识模块一　创建与编辑块

块是由一个或多个对象组成的对象集合，常用于绘制复杂、重复的图形。创建块后，可以将其作为单一的对象插入零件图或装配图中，而且可以按不同的比例和旋转角度插入。块是系统提供给用户的重要工具之一，具有以下作用：提高绘图速度，节省存储空间，便于修改图形，并且能够添加属性。

知识点 1　创建内部块

将一个或多个对象定义为新的单一对象，定义的新的单一对象即为块。块保存在图形文件中，故称内部块。

创建内部块的方式如下：

菜单栏：选择“绘图”/“块”/“创建”命令。

工具栏：单击“绘图”工具栏中的“创建块”按钮。

执行上述命令后，将打开“块定义”对话框，如图 7-1 所示。用户可以利用该对话框将

图 7-1　“块定义”对话框

已经绘制的图形定义成块，并可以为其命名。

“块定义”对话框中各选项的功能如下：

（1）“名称”文本框　用于输入块的名称，最多可输入 255 个字符。

（2）“基点”选项组　用于设置块的插入基点位置，该基点也是图形插入过程中进行旋转或调整比例的基准点。用户可以直接在“X”、“Y”、“Z”文本框中输入数值，也可以单击“拾取点”按钮，切换到绘图窗口中选择基点。从理论上讲，用户可以选择块上的任意一点作为插入基点，但为了作图方便，应根据图形的结构选择基点。一般基点选在块的对称中心、左下角或其他有特征的位置。

（3）“对象”选项组　用于设置组成块的对象，包括以下按钮和选项。

1）“选择对象”按钮：可以切换到绘图窗口选择组成块的各对象。

2）“快速选择”按钮：可以使用弹出的“快速选择”对话框设置所选择对象的过滤条件。

3）“保留”单选按钮：用于确定创建块后是否仍在绘图窗口上保留组成块的各对象。

4）“转换为块”单选按钮：用于确定创建块后是否将组成块的各对象保留并把它们转换为块。

5）“删除”单选按钮：用于确定创建块后是否删除绘图窗口中组成块的源对象。

（4）“方式”选项组　用于设置组成块的对象显示方式。

1）“注释性”复选框：将对象设置成注释性对象。

2）“按统一比例缩放”复选框：设置对象是否按统一的比例进行缩放。

3）“允许分解”复选框：设置对象是否允许被分解。

（5）“块单位”下拉列表框　用于设置从 AutoCAD 设计中心拖动块时的缩放单位。

（6）“说明”文本框　用于输入当前块的说明部分。

（7）“超链接”按钮　单击该按钮，可打开“超链接”对话框，在该对话框中可以插入超链接文档，如图 7-2 所示。

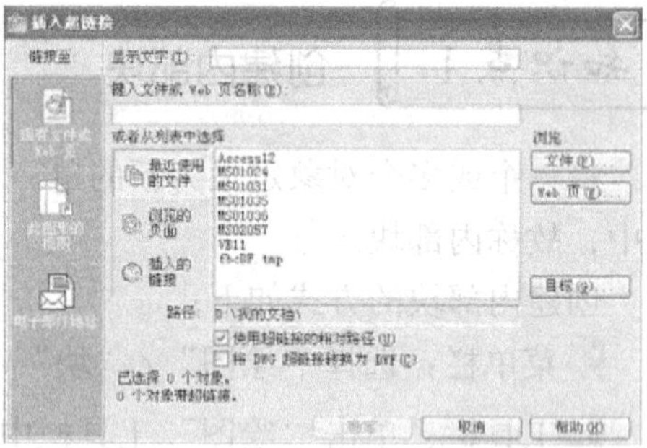

图 7-2　“插入超链接”对话框

【课堂实训一】　将如图 7-3 所示的表面粗糙度符号创建为块，以 *O* 点作为基点。

具体操作步骤如下：

1）按照如图 7-3 所示尺寸绘制表面粗糙度符号图形。

2）调用“创建块”命令，系统弹出“定义块”对话框。

3）在“名称”文本框中输入块的名称，如“表面粗糙度”。

4）在“基点”选项组中单击“拾取点”按钮，然后单击图形中的 *O* 点，确定基点位置。

5）在“对象”选项组中选中“保留”单选按钮，再单击“选择对象”按钮，切换到绘图窗口，选择要创建块的表面粗糙度符

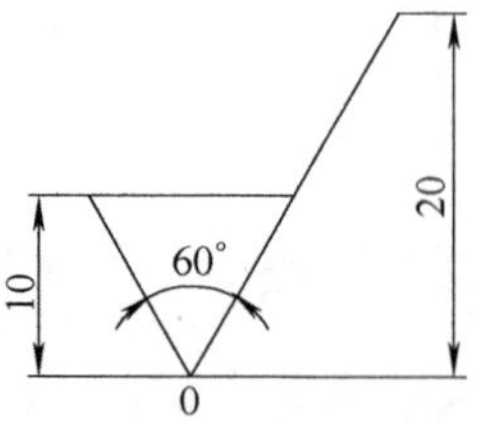

图 7-3　表面粗糙度符号

号，然后按“Enter”键，返回“定义块”对话框。

6）在“块单位”下拉列表中选择“毫米”选项，设置单位为毫米。

7）设置完毕，单击“确定”按钮保存设置。

小知识

“创建块”命令所创建的块保存在当前的图形文件中，可以随时调用并插入当前图形文件中。当其他图形文件需要使用该块时，可以通过设计中心或剪切板调用。

知识点2　插入块

用户可将需要重复绘制的图形创建成块，并在需要时通过“插入块”命令直接调用，插入到图形中的块称为块参照。

插入块的方式如下：

菜单栏　选择“插入”/“块”命令。

工具栏　单击“绘图”工具栏中的“插入块”按钮。

执行上述命令后，将打开“插入”对话框，如图7-4所示。用户可以使用该对话框在图形中插入块，还可以改变所插入块的比例与旋转角度。

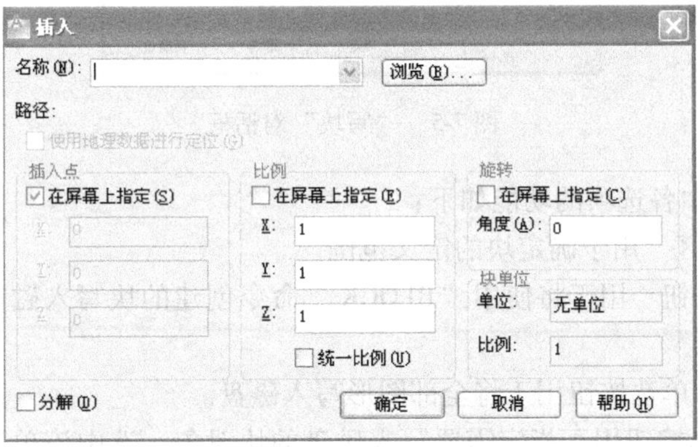

图7-4　“插入”对话框

“插入”对话框中各选项的功能如下：

（1）“名称”下拉列表框　用于选择块或图形的名称。用户可以单击后面的浏览(B)...按钮，打开“选择图形文件”对话框，选择已保存的块和外部图形。

（2）“插入点”选项区　用于设置块的插入点位置。用户可以直接在“X”、“Y”、“Z”文本框中输入点的坐标，也可以选中“在屏幕上指定”复选框，在屏幕上指定插入点的位置。

（3）“比例”选项区　用于设置块的插入比例。用户可以直接在“X”、“Y”、“Z”文本框中输入块在三个方向的比例，也可以选中“在屏幕上指定”复选框，在屏幕上指定比例。此外，该选项组中的“统一比例”复选项用于确定所插入块在 X、Y、Z 方向上的插入比例是否相同。选中时表示比例将相同，用户只需在“X”文本框中输入比例值即可。

（4）“旋转”选项区　用于设置块插入时的旋转角度。用户可以直接在“角度”文本框中输入角度值，也可以选中“在屏幕上指定”复选框，在屏幕上指定旋转角度。

（5）“分解”复选框　选中该复选框，可以将插入的块分解成组成该块的各基本对象。

知识点 3　存储块

存储块是指以类似于块操作的方法组合对象，然后将对象文件输出成一个文件。在命令行中执行“wblock”命令，将打开“写块”对话框，如图 7-5 所示。

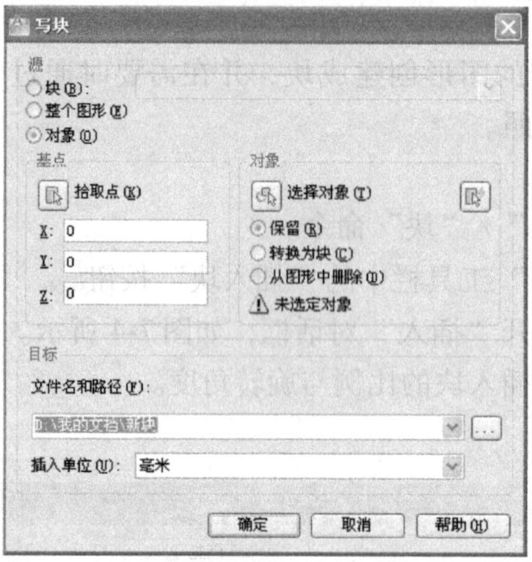

图 7-5　“写块”对话框

“写块”对话框中各选项的功能如下：

（1）“源”选项区　用于确定块的定义范围。

1）“块”单选按钮　用于将使用“BLOCK”命令创建的块写入磁盘，可在其后的下拉列表框中选择块名称。

2）“整个图形”单选按钮用于将全部图形写入磁盘。

3）“对象”单选按钮用于指定需要写入磁盘的块对象。选中该单选按钮时，用户可以根据需要使用“基点”选项组设置块的插入基点的位置，使用“对象”选项组设置组成块的对象。

（2）“目标”选项区　用于确定被定义块的名称和路径。用户可以直接输入路径，也可以在“浏览图形文件”对话框中设置文件的保存位置。

（3）“插入单位”下拉列表框　用于选择从 AutoCAD 2012 设计中心拖动块时的单位。

知识点 4　创建与编辑块属性

块属性是属于块的非图形信息，是块的组成部分。块属性中描述块的特性包括标记、提示、值的信息、文字格式、位置等。插入块时，其属性也一起插入图形中；对块进行编辑时，其属性也将改变。

1. 块属性的特点

在 AutoCAD 2012 中，用户可以使用“attext”命令将块属性数据从图形中提取出来，并将这些数据写入一个文件中，这样就可以从图形数据库文件中获取块数据信息。块属性具有以下特点：

1）块属性由属性标记名和属性值两部分组成。例如，可以把“名称”定义为属性标记名，而具体的名称就是属性值，即属性。

2）定义块前应先定义该块的每个属性，即规定每个属性的标记名、属性提示、属性默认值、属性的显示格式（可见的或不可见的）及属性在图中的位置等。一旦定义了属性，该属性将以其标记名在图中显示出来，并保存有关信息。

3）定义块时，应用图形对象和表示属性定义的属性标记名一起定义块的形象。

4）插入有属性的块时，系统将会提示用户输入需要的属性值。插入块后，属性将用其属性值表示。因此，同一个块在不同点插入时，可以有不同的属性值。如果属性值在属性定义时规定为常量，则系统将不再询问它的属性值。

5）插入块后，用户可以改变属性显示的可见性，对属性作修改及把属性单独提出来写入文件，以供统计、制表使用；还可以与其他高级语言或数据库进行数据通信。

2. 创建块属性

选择“绘图”/“块”/“定义属性”命令，可以使用打开的“属性定义”对话框创建块属性，如图 7-6 所示。

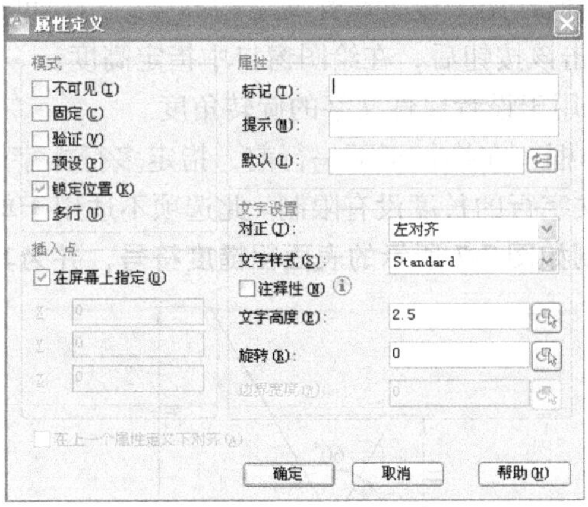

图 7-6　“属性定义”对话框

“属性定义”对话框中各选项的功能如下：

（1）“模式”选项组　用户可以在此设置属性的模式，它包括以下选项：

1）“不可见”复选框：指定插入块时不显示或打印属性值。

2）“固定”复选框：在插入块时赋予属性固定值。

3）“验证”复选框：在插入块时提示验证属性值是否正确。

4）“预设”复选框：插入包含预设属性值的块时，将属性设定为默认值。

5）“锁定位置”复选框：锁定块参照中属性的位置。解锁后，属性可以相对于使用夹点编辑的块的其他部分移动，并且可以调整多行文字属性的大小。

注意 在动态块中，由于属性的位置包含在动作的选择集中，因此必须将其锁定。

6）“多行”复选框：指定属性值可以包含多行文字。选定此选项后，可以指定属性的边界宽度。

（2）“属性”选项组　用于定义块的属性，它包括以下选项：

1）“标记”文本框：用于设置属性标记符，以区别于其他属性，输入的标记将出现在图形中。

2）“提示”文本框：用于设置属性的提示信息。插入该属性块时，系统将显示此信息以引导用户正确输入属性值。

3）“默认”文本框：用户可在此框中输入属性的默认值。

（3）“插入点”选项组　用于设置属性值的插入点，即属性文字排列的参照点。用户可以直接在文本框中输入点的坐标，也可以在屏幕上用鼠标拾取。

（4）“文字设置“选项组　用户在此可以设置属性的格式，它包括如下选项：

1）“对正”下拉列表框：用于设置属性文字相对于参照点的排列形式。

2）“文字样式”下拉列表框：用于设置属性文字的样式。

3）“注释性”复选框：指定属性为注释性。如果块是注释性的，则属性将与块的方向相匹配。单击信息图标可以了解有关注释性对象的详细信息。

4）“文字高度”文本框：用于设置属性文字的高度。用户可以直接在对应的文本框中输入高度值；也可以在单击该按钮后，在绘图窗口中指定高度。

5）“旋转”文本框：用于设置属性文字的旋转角度。

6）“边界宽度”文本框：在换行至下一行前，指定多行文字属性中一行文字的最大长度。值“0.000”表示对文字行的长度没有限制。此选项不适用于单行文字属性。

【课堂实训二】　绘制如图 7-7 所示的表面粗糙度符号，并为其定义属性。

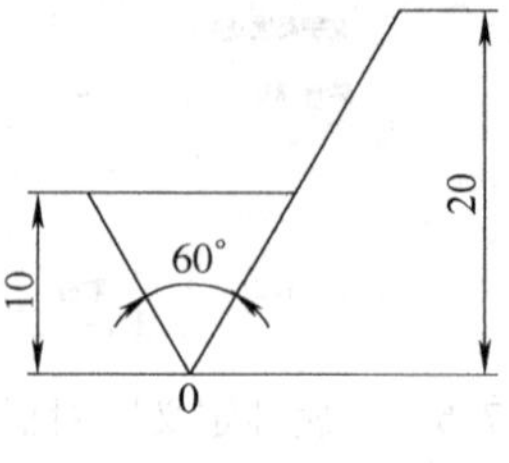

图 7-7　表面粗糙度符号

1）选择“绘图”/“块”/“定义属性”命令，弹出“属性定义”对话框，参照表 7-1 定义属性值，结果如图 7-8 所示。

表 7-1　属性包含内容

项　目	标　记	提　示	值　1	值　2
属性	RA	表面粗糙度值	*Ra*6.3	*Ra*3.2

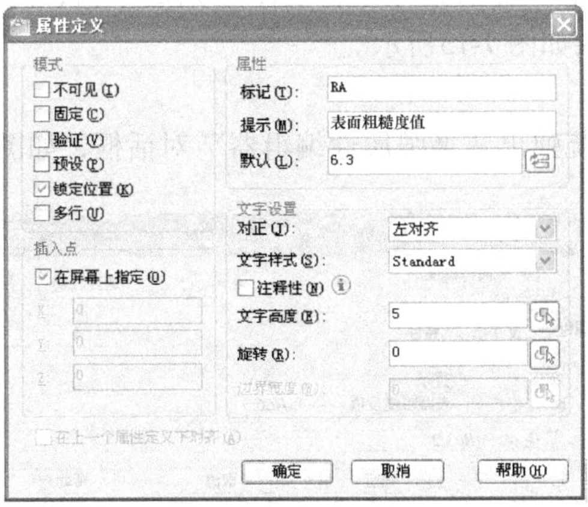

图 7-8　“属性定义”对话框

单击对话框中的“确定”按钮，系统将切换到绘图屏幕，提示用户指定起始点。操作结果如图 7-9 所示。

图 7-9　属性定义结果

2）要修改创建的属性，只需要在定义的属性上双击右键即可弹出“编辑属性定义”对话框，如图 7-10 所示。

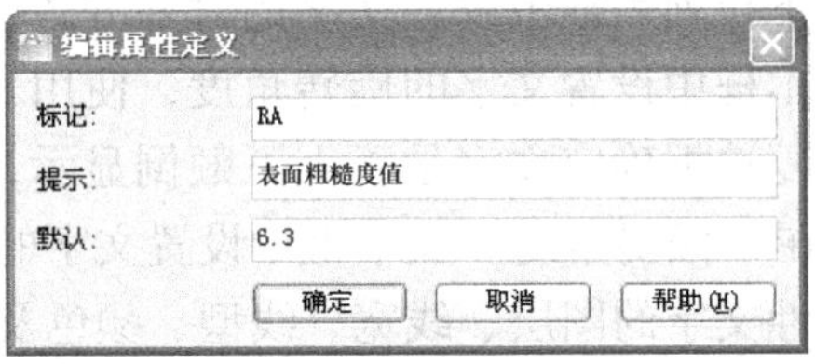

图 7-10　“编辑属性定义”对话框

3）将表面粗糙度符号与属性“RA”一起生成图块“表面粗糙度”，将插入点设置在底顶点，如图 7-11 所示。

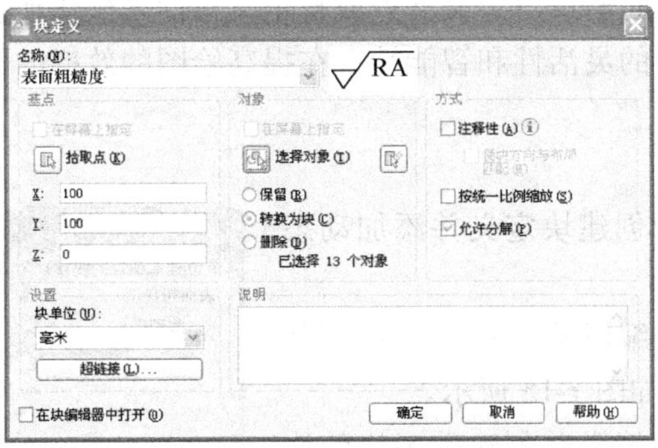

图 7-11　“块定义”对话框

单击“确定”即可完成操作，结果如图 7-12 所示。

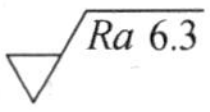

图 7-12　编辑结果

4）单击“插入块”按钮，选择名称为“表面粗糙度”的块，

单击 确定 按钮。指定插入点后，命令行要求输入属性值，此时输入属性值 3. 2。编辑结果如图 7-13所示。

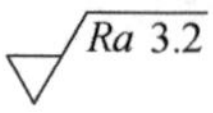

图 7-13　编辑结果

3. 编辑块属性

直接双击块属性，系统弹出“增强属性编辑器”对话框，如图 7-14 所示。

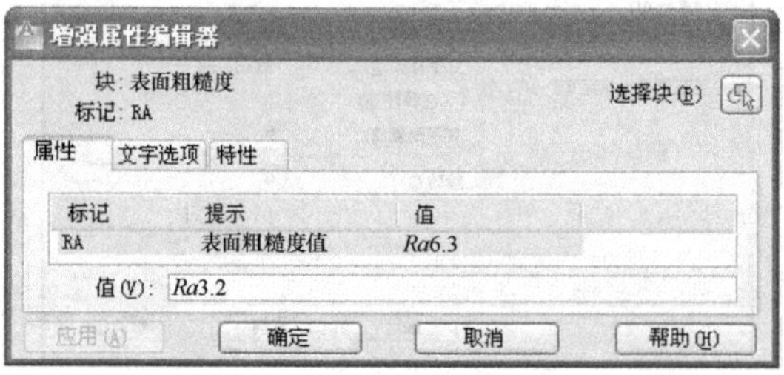

图 7-14　“增强属性编辑器”对话框

“增强属性编辑器”对话框中各选项卡的含义如下：

（1）属性　用于显示块中每个属性的标记、提示和值。在列表框中选择了某一属性后，“值”文本框中将显示该属性对应的属性值，用户可以通过它来修改属性值。

（2）文字选项　用于修改属性文字的格式。用户可以在“文字样式”下拉列表框中设置文字的样式，在“对正”下拉列表框中设置文字的对齐方式，在“高度”文本框中设置文字的高度，在“旋转”文本框中设置文字的旋转角度，使用“反向”复选框确定文字是否反向显示，使用“颠倒”复选框确定文字是否上下颠倒显示，以及在“宽度因子”文本框中设置文字的宽度系数，在“倾斜角度”文本框中设置文字的倾斜角度等。

（3）特性　用于修改属性文字的图层、线宽、线型、颜色及打印样式等。

知识点 5　创建动态图块

动态图块是指将一系列内容相同或相近的图形通过块编辑创建为块，并设置该块具有参数化的动态特性，在操作时通过自定义夹点或自定义特性来操作动态块。设置该类图块相对于常规图块来说具有极大的灵活性和智能性，在提高绘图的效率的同时，减少了图块库中块的数量。

1. 块编辑器

块编辑器是专门用于创建块定义并添加动态行为的编写区域。

选择“工具”/“块编辑器”命令，将打开“编辑块定义”对话框，如图 7-15 所示。

该对话框提供了多种编辑并创建动态块的块定义，选择一种块类型，则可在右侧预览块效果。单击“确定”按钮，系统将进入块编辑窗口，如图 7-16 所示。

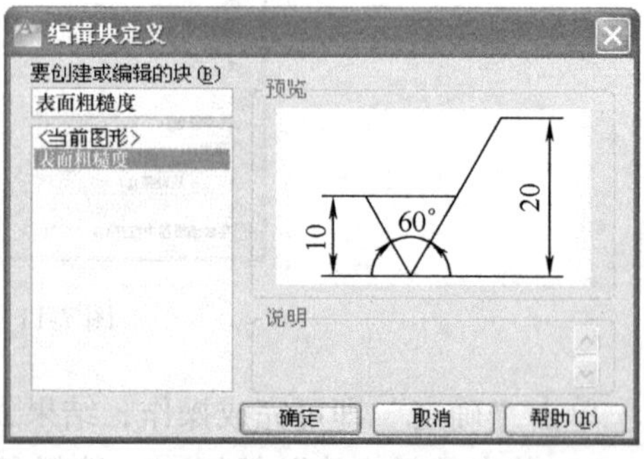

图 7-15　“编辑块定义”对话框

块编辑器窗口右侧将自动弹出“块编辑”选

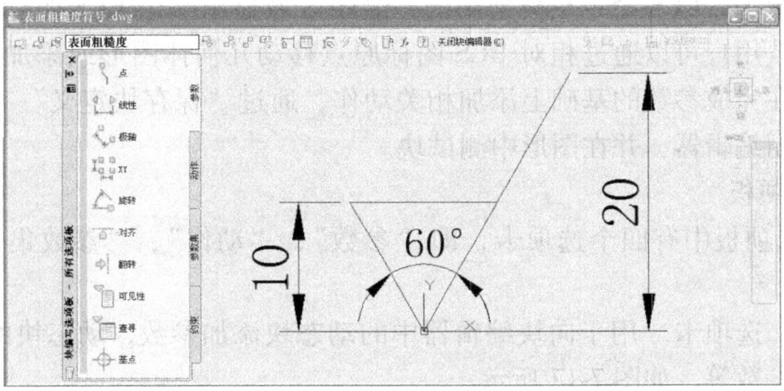

图 7-16 块编辑窗口

项板，其中包括“参数”、“动作”、“参数集”和“约束”四个选项卡，用户可以在此创建动态块的所有特征。其上方显示一个工具栏，该工具栏是创建动态块并设置其可见性的工具。

“块编辑”工具栏位于整个编辑器的上方，其中各选项的功能见表 7-2。

表 7-2 “块编辑”工具栏中各选项的功能

图 标	名 称	功 能
	编辑或创建块定义	单击该按钮，系统弹出“编辑块定义”对话框，用户可重新选择需要创建的动态块
	保存块定义	单击该按钮，保存当前块定义
	将块另存为	单击该按钮，系统弹出“将块另存为”对话框，用户可以重新输入块名称后保存此块
	测试块	测试此块能否被加载到图形中
	自动约束对象	对选择的块对象进行自动约束
	应用几何约束	对块对象进行几何约束
	显示/隐藏约束栏	显示或隐藏约束符号
	参数约束	对块对象进行参数约束
	块表	单击该按钮，系统弹出“块表特性”对话框，用户可通过此对话框对参数约束进行函数设置
	参数	单击该按钮，向动态块定义中添加参数
	动作	单击该按钮，向动态块定义中添加动作
	属性	单击该按钮，系统弹出“属性定义”对话框，从中可定义模式、属性标记、提示、值等的选项
	编写选项板	显示或隐藏编写选项板
	参数管理器	打开或关闭参数管理器

在该绘图区域中，UCS 命令是被禁用的，绘图区域显示一个 UCS 图标，该图标的原点定义了块的基点。用户可以通过相对 UCS 图标原点移动几何体图形或添加基点参数来改变块的基点，然后在完成参数的基础上添加相关动作，通过“保存块定义”工具保存块定义。此时可以立即关闭编辑器，并在图形中测试块。

2. 块编辑选项板

“块编辑”选项板中有四个选项卡，即“参数”、“动作”、“参数集”和“约束”选项卡。

（1）“参数”选项卡　用于向块编辑器中的动态块添加参数，动态块的参数包括参数、线型参数、极轴参数等，如图 7-17 所示。

（2）“动作”选项卡　用于向块编辑器中的动态块添加动作，包括移动动作、缩放动作、拉伸动作等，如图 7-18 所示。

（3）“参数集”选项卡　用于在块编辑器中向动态块定义中添加一个参数或至少一个动作的工具，如图 7-19 所示。

（4）“约束”选项卡　用于在块编辑器中向动态块进行几何或参数约束，如图 7-20 所示。

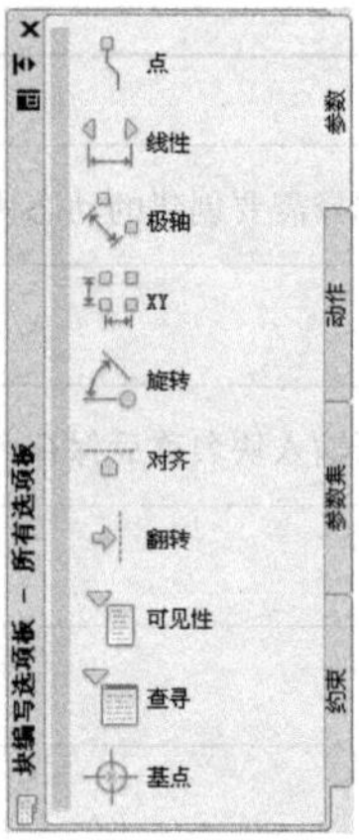

图 7-17　“参数”选项卡

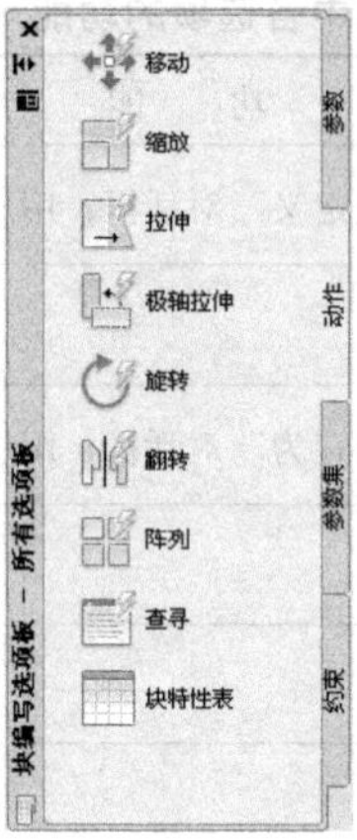

图 7-18　“动作”选项卡

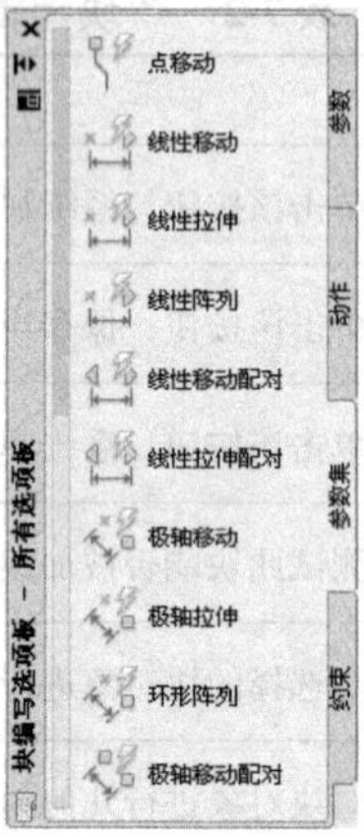

图 7-19　“参数集”选项卡

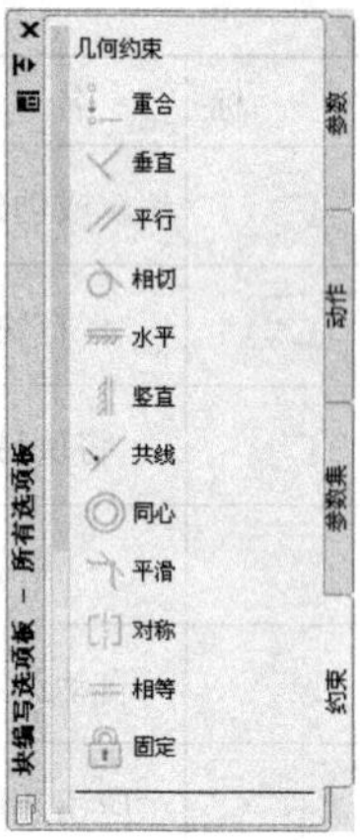

图 7-20　“约束”选项卡

知识模块二　设计中心

AutoCAD 设计中心为用户提供了一个与 Windows 资源管理器类似的直观且高效的工具。用户可以通过设计中心浏览、查找、预览、管理、利用和共享 AutoCAD 图形，还可以使用其他图形文件中的图层定义、块、文字样式、尺寸标注样式、布局信息等内容，从而提高了图形管理和图形设计的效率。

知识点 1　设计中心的启动和组成

1. AutoCAD 设计中心的启动

启动 AutoCAD 设计中心的方式如下：

🖱菜单栏：选择“工具”/“选项板”/“设计中心”命令。

🖱工具栏：单击“标准”工具栏中的“设计中心”按钮。

执行上述命令后，均可进入 AutoCAD 设计中心，如图 7-21 所示。

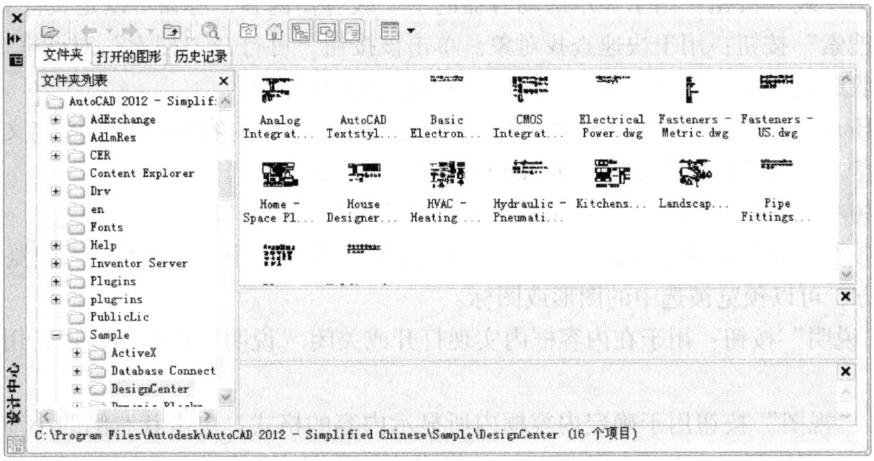

图 7-21　“设计中心”窗口

2. AutoCAD 设计中心的组成

“设计中心”窗口由工具栏和左、右两个框组成。其中，左边区域为树状视图图框，右边区域为内容框。

（1）树状视图框　树状视图框用于显示系统内的所有资源，包括磁盘及所有文件夹、文件及层次关系，树状视图框的操作与 Windows 资源管理器的操作方法类似。

（2）内容框　内容框又称控制板，当在树状视图框中选中某一项时，系统会在内容框显示所选项的内容。根据在树状视图框中选项的不同，在内容框中显示的内容可以是图形文件、文件夹、图形文件中的命令对象（如块、图层、标注样式、文字样式等）、填充图案、Web 等。

（3）工具栏　工具栏位于窗口的上边，其主要选项的功能如下：

1）“打开”按钮：用于在内容框显示指定图形文件的相关内容。单击该按钮，可打开“加载”对话框，如图 7-22 所示。通过该对话框选择图形文件后，单击“打开”按钮，树状视

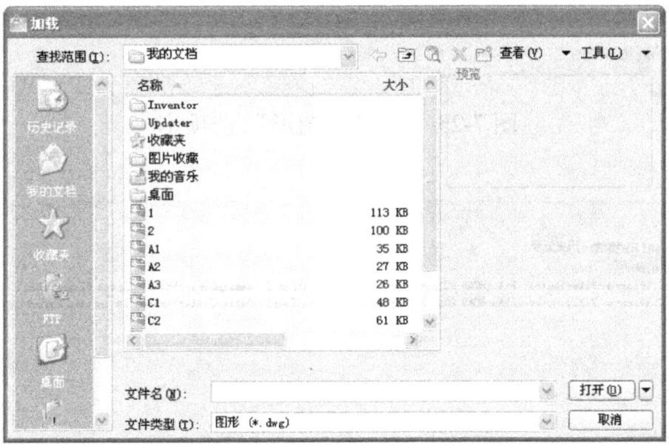

图 7-22　“加载”对话框

图框中将显示出该文件的名称并选中该文件，内容框中将显示出该图形文件的对应内容。

2）“后退”按钮：用于向后返回一次所显示的内容。

3）“向前”按钮：用于向前返回一次所显示的内容。

4）“上一级”按钮：用于显示活动容器的上一级容器内容，容器可以是文件夹或图形。

5）“搜索”按钮：用于快速查找对象。单击该按钮，可打开“搜索”对话框。

6）“收藏夹”按钮：用于在内容框内显示收藏夹中的内容。

7）“Home”按钮：用于返回固定的文件夹或文件，即在内容框内显示固定文件夹或文件中的内容。默认固定文件夹为“Design Center”文件夹。

8）“树状视图框切换”按钮：用于显示或隐藏树状视图窗口。

9）“预览”按钮：用于在内容框中打开或关闭“预览”窗格的切换。“预览”位于内容框的下方，可以预览被选中的图形或图标。

10）“说明”按钮：用于在内容框内实现打开或关闭“说明”窗格的切换，用来显示说明内容。

另外，“视图”按钮用于确定内容框内所显示内容的格式。单击其右侧的小箭头，将打开下拉列表，用户可以在此选择不同的显示格式，包括“大图标”、“小图标”、“列表”和“详细信息”四种格式。

（4）选项卡　AutoCAD 设计中心有“文件夹”、“打开的图形”、“历史记录”三个选项卡，各选项卡的功能如下：

1）“文件夹”选项卡：用于显示文件夹，如图 7-21 所示。

2）“打开的图形”选项卡：用于显示当前已打开的图形及其相关内容，如图 7-23 所示。

3）“历史记录”选项卡：用于显示用户最近浏览过的 AutoCAD 图形，如图 7-24 所示。

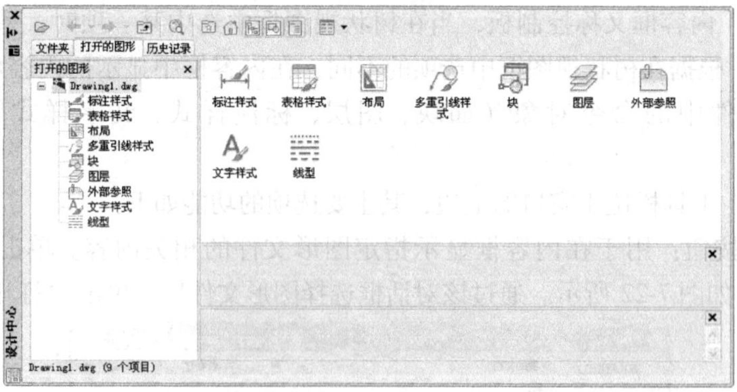

图 7-23　“打开图形”选项卡

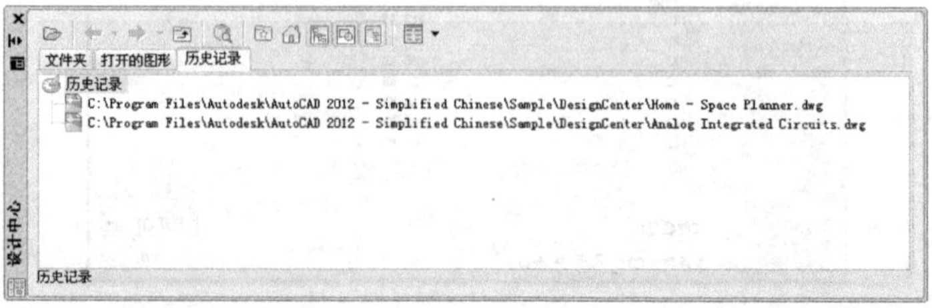

图 7-24　“历史记录”选项卡

知识点 2　设计中心的查找功能

利用设计中心的查找功能，用户可在弹出的“搜索”对话框中快速地查找图形、块特征、图层特征和尺寸样式等内容，并可将这些资源插入当前图形，辅助当前设计。

单击“设计中心”工具栏中的“搜索”按钮，打开“搜索”对话框，如图 7-25 所示。

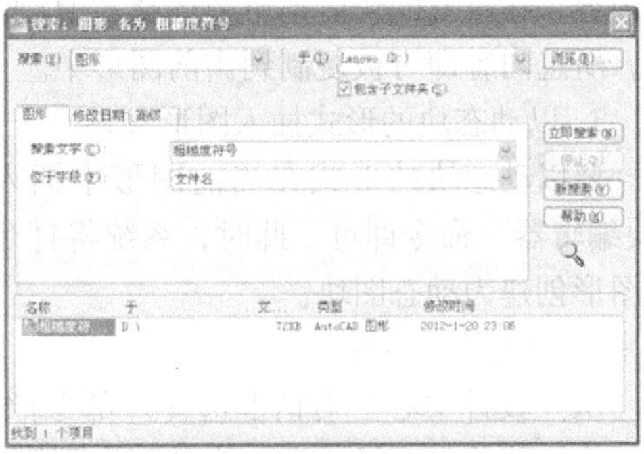

图 7-25　“搜索”对话框

“搜索”对话框中各选项的含义如下：

1）“搜索”下拉列表框：用于确定查找对象的类型。用户可以通过下拉列表在标注样式、布局块、填充图案文件、图层、图形、图形和块、外部参照、文字样式、线型等类型中进行选择。

2）“于”下拉列表框：用于确定搜索路径。也可以单击“预览”按钮来选择路径。

3）“包含子文件夹”复选框：用于确定搜索时是否包含子文件夹，并将在下方显示结果。

4）“停止”按钮：用于停止查找。

5）“新搜索”按钮：用于重新搜索。

6）“图形”选项卡：用于设置搜索图形的文字及其所在的字段（文件名、标题、主题、作者、关键字）。

7）“修改日期”选项卡：用于设置查找的时间条件。

8）“高级”选项卡：用于设置是否包含块、图形说明、属性标记、属性值等，并可以设置图形的大小。

知识点 3　设计中心的资源管理

使用 AutoCAD 设计中心的最终目的是在当前图形中调入块、引入图像或外部参照，并且在图形之间复制块、图层、线型、文字样式、标注样式及用户定义的内容等。也就是说，根据插入内容类型的不同，对应将其插入设计中心图形的方法也不同。

1. 插入块

通常情况下，执行插入块操作可根据设计需要确定插入方式。

（1）自动换算比例插入块　选择该方法插入块时，可从设计中心窗口中选择要插入的块，并将其拖动到绘图窗口；移动到插入位置时释放鼠标，即可实现块的插入操作。

（2）常规插入块　采用插入时确定插入点、插入比例和旋转角度的方法插入块特征时，可在“设计中心”对话框中选择要插入的块，然后用鼠标右键将该块拖动到窗口后释放鼠标。此时将弹出一个快捷菜单，从中选择“插入块”选项，即可弹出“插入块”对话框，用户可按照插入块的方法确定插入点、插入比例和旋转角度，并将该块插入当前图形中。

2. 复制对象

利用 AutoCAD 设计中心，可以方便地将某一图形中的图层、线型、文字样式、尺寸样式及图块等通过鼠标拖动的方法放到当前图形中。

操作方法是：在内容框或通过“查询”对话框找到相应内容，将它们拖动到当前打开图形的绘图区后放开按键，即可将所选内容复制到当前图形中。

如果所选内容为图块文件，则将其拖动到指定位置后松开左键，即完成插入块的操作。也可以使用复制粘贴的方法，在设计中心的内容框中选择要复制的内容，用鼠标右键单击所选内容，在打开的快捷菜单中选择“复制”选项；然后单击主窗口工具栏中的“粘贴”按钮，所选内容即可被复制到当前图形中。

3. 以动态块的形式插入图形文件

要以动态块的形式在当前图形中插入外部图形文件，只需要通过右键快捷菜单执行“块编辑器”命令即可。此时，系统将打开“块编辑器”窗口，用户可以通过该窗口将选中的图形创建为动态图块。

4. 引入外部参照

从“设计中心”对话框选择外部参照，用鼠标右键将其拖动到绘图窗口后释放，在弹出的快捷菜单中选择“附加为外部参照”选项，此时将弹出“外部参照”对话框，用户可以在其中确定插入点、插入比例和旋转角度。

【综合训练】

1. 简答题

（1）在 AutoCAD 2012 中，块具有哪些特点？如何创建块？

（2）在 AutoCAD 2012 中，块属性具有哪些特点？如何创建带属性的块？

（3）简述 AutoCAD 2012 设计中心的功能和使用方法。

2. 操作题

（1）绘制如图 7-26 所示的图形，并将其转换为块保存起来。

（2）绘制如图 7-27 所示的图形，并将其转换为块保存起来。

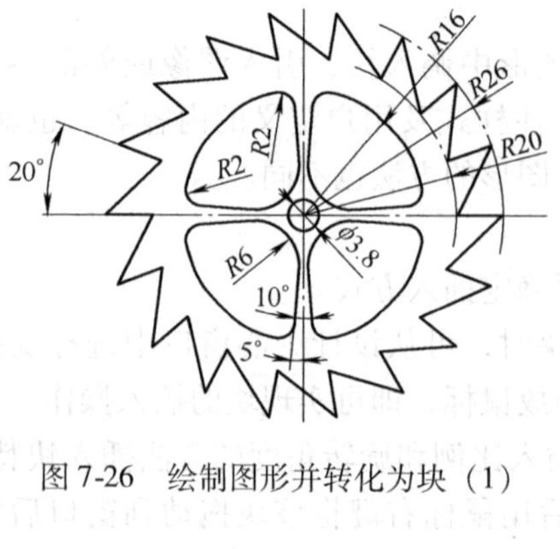

图 7-26　绘制图形并转化为块（1）

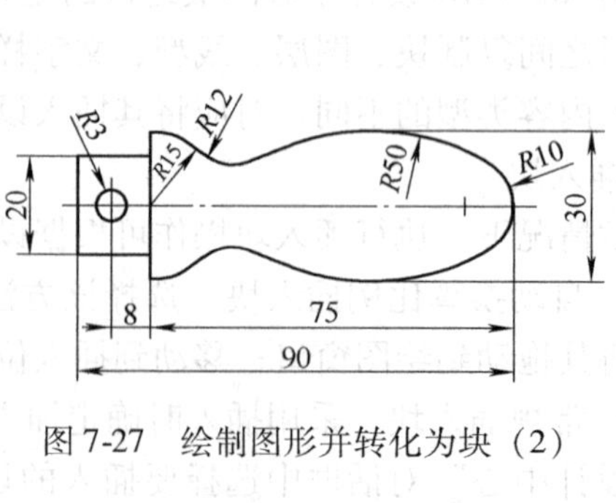

图 7-27　绘制图形并转化为块（2）

第八单元　绘制及编辑三维实体

学习目标： 了解三维绘图的基本知识，树立正确的空间观念，能够灵活地建立和使用三维坐标系，准确地在三维空间内设置视点；能够利用三维绘图功能创建三维实体模型，并使用实体编辑命令对三维实体进行编辑。

知识模块一　三维绘图基础

知识点 1　三维模型分类

AutoCAD 2012 支持三种类型的三维模型，即线框模型、表面模型和实体模型。每种模型都有自己的创建方法和编辑技术。

1. 线框模型

线框模型是一种轮廓模型，它是三维对象的轮廓描述，主要由描述对象的点、三维直线和曲面组成，没有面和体的特征。在 AutoCAD 2012 中，可以通过在三维空间绘制点、直线、曲线的方式得到线框模型。

线框模型的效果如图 8-1 所示。

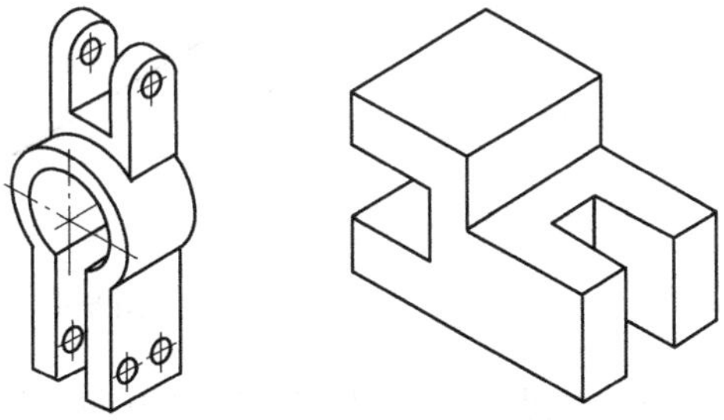

图 8-1　线框模型

2. 表面模型

表面模型是用由棱边围成的部分定义形体表面，再通过这些面的集合来定义形体。AutoCAD 2012 的曲面模型用由多边形网格构成的小平面来近似定义曲面。表面模型特别适合于构造复杂曲面，如模具、发动机叶片、汽车等复杂零件的表面，它一般使用多边形网格定义镶嵌面。由于网格面是平面的，因此网格只能近似于曲面。

表面模型的效果如图 8-2 所示。

注意　线框模型虽然结构简单，但构成模型的各条线需要分别绘制。此外，线框模型没有面和体的特征，既不能对其进行面积、体积、重心、转动惯量、惯性矩等计算，也不能进行隐藏、渲染等操作。

对于由网格构成的曲面，多边形网格越密，曲面的光滑程度越高。此外，由于表面模型具有面的特征，因此可以对它进行计算面积、隐藏、着色、渲染等操作。

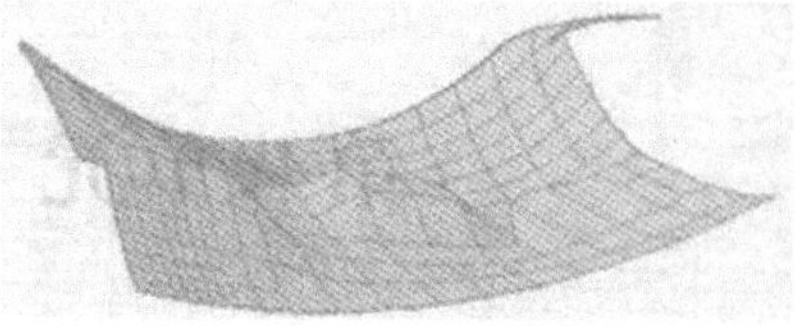

图 8-2　表面模型

3. 实体模型

实体模型是最容易使用的三维建模类型，它不仅具有线和面的特征，而且具有体的特征，各实体对象间可以进行各种布尔运算操作，从而可以创建复杂的三维实体模型。

对于实体模型，可以直接了解其特性，如体积、重心、转动惯量、惯性矩等，也可以对其进行隐藏、剖切、装配干涉检查等操作，还可以对具有基本形状的实体进行并、交、差等布尔运算，以构造复杂的模型。

实体模型的效果如图 8-3 所示。

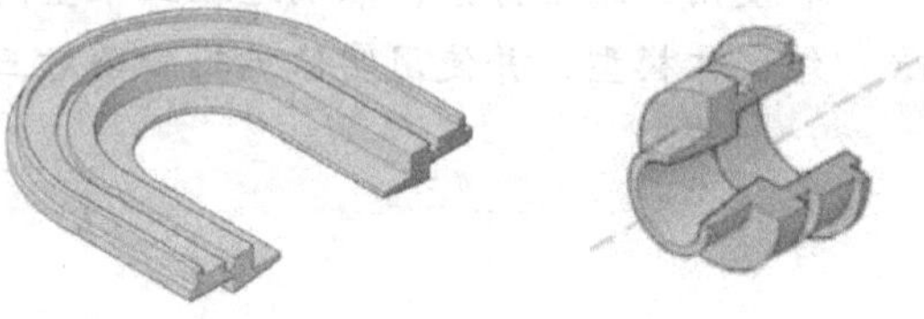

图 8-3　实体模型

知识点 2　三维空间的基本术语

在创建三维对象之前，首先应了解三维建模方面的一些基本术语，如图 8-4 所示。

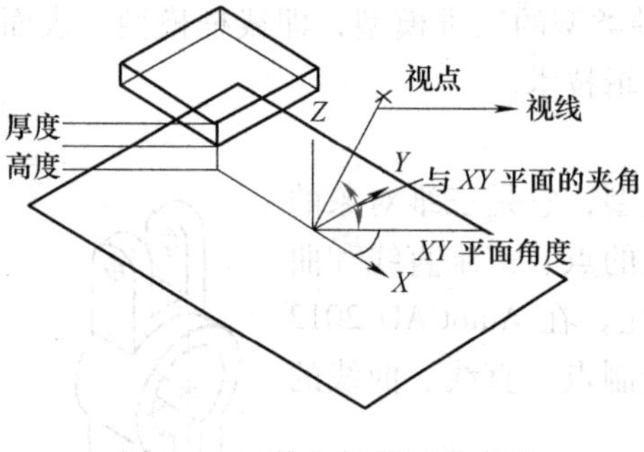

图 8-4　三维空间的基本术语

（1）视点　用户观察图形的方向。假定用户观察一个正方体，如果当前位于平面坐标系，即 *Z* 轴垂直于屏幕，则此时仅能看到正方体在 *XY* 平面上的投影，如图 8-5a 所示；如果调整视点至当前坐标系的左上方，则可以看到一个立体的正方体，如图 8-5b 所示。

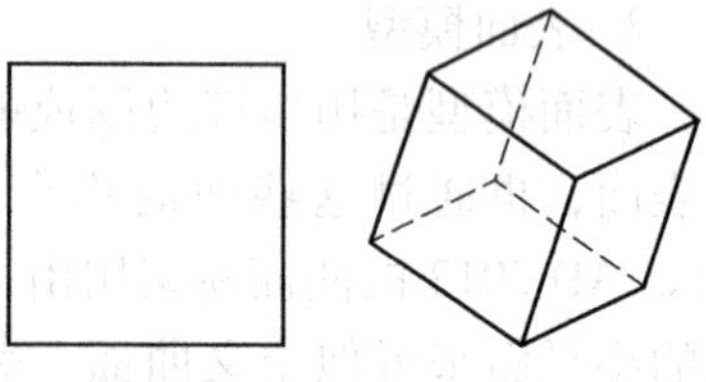

图 8-5　改变视点前后的观察效果

（2）*XY* 平面　它是 *X* 轴垂直于 *Y* 轴组成的一个平面，此时 *Z* 轴的坐标是 0。

（3）*Z* 轴　*Z* 轴是三维坐标系的第三个轴，它总是垂直于 *XY* 平面。

（4）高度　高度是 *Z* 轴上的坐标值。

（5）厚度　对象沿 *Z* 轴测得的相对长度。

（6）相机位置　如果用照相机作比喻，观察者通过照相机观察三维模型，则照相机的位置相当于视点。

（7）目标点　当用户通过照相机观察某物体时，聚焦在一个清晰的点上，该点就是目标点。在 AutoCAD 2012 中，坐标系原点即为目标点。

（8）视线　视线是假想的线，它是将视点和目标点连接起来的线。

（9）与 *XY* 平面的夹角　即视线与其在 *XY* 平面的投射线之间的夹角。

（10）*XY* 平面角度　即视线在 *XY* 平面的投射线与 *X* 轴正方向之间的夹角。

注意　实际上，视点和用户绘制的图形对象之间没有任何关系，即使用户绘制的是一幅平面图形，也可以进行视点设置，但这样做没有任何意义。

知识点3　三维坐标系统

在 AutoCAD 2012 中，坐标系包括世界坐标系（WCS）和用户坐标系（UCS）两种类型，如图 8-6 所示。世界坐标系是系统默认的，由系统自动建立，其原点位置和坐标轴方向固定不变，因此不能满足三维建模的需要。用户坐标系是通过变换世界坐标系原点及方向形成的，用户可根据需要更改坐标系原点及方向。

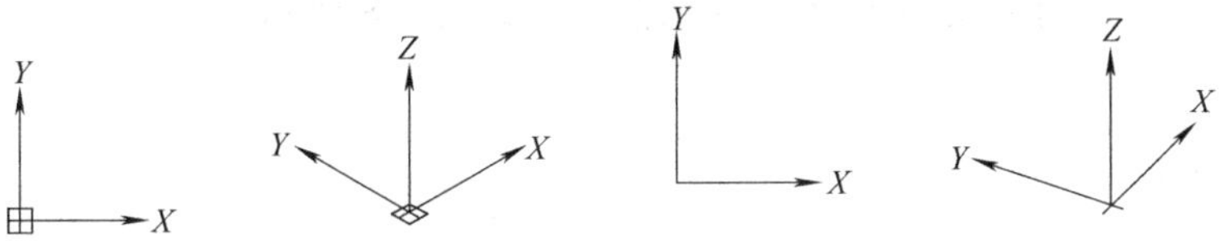

a)　　b)

图 8-6　坐标系

a）世界坐标系　b）用户坐标系

1. 新建 UCS

创建用户坐标系的方法如下：

工具栏：单击“UCS”工具栏中的“UCS”按钮。

命令行：输入“UCS”。

执行该命令后，命令行的提示如下：

命令：UCS

当前 UCS 名称：*世界*

指定 UCS 的原点或[面（F）/命名（NA）/对象（OB）/上一个（P）/视图（V）/世界（W）/X/Y/Z/Z 轴（ZA）]<世界>：

其中各选项的含义如下

（1）原点　该选项为默认选项，用于修改当前用户坐标系原点的位置，以定义一个新的用户坐标系。系统将提示指定一点作为新的原点，然后在视图中分别指定 *X*、*Y* 轴的方向，从而确定新的坐标系。

（2）面（F）　依靠选定面建立当前的 UCS 坐标系。此时，*XY* 平面被设置为与实体的面平行，且离选取点最近的角点被作为原点，*X* 轴指向选取点。

（3）命名（NA） 保存或恢复命名 UCS 定义。

（4）对象（OB） 将光标移到对象上，可以查看 UCS 对齐的预览，单击可放置 UCS。大多数情况下，UCS 的原点位于离指定点最近的端点，*X* 轴将与边对齐或与曲线相切，*Z* 轴垂直于对齐对象。

（5）上一个（P） 退回到前一个坐标系，可以在当前任务中逐步返回最后 10 个 UCS 设置。

（6）视图（V） 使新坐标系的 *XY* 面与当前视图的方向垂直，原点保持不变，但 *X* 轴和 *Y* 轴分别变为水平和垂直。

（7）世界（W） 将当前坐标恢复到世界坐标。

（8）X/Y/Z 通过绕 *X*、*Y*、*Z* 轴旋转当前的 UCS 建立新的 UCS。

（9）Z 轴（ZA） 在不改变原坐标系 *X* 轴和 *Y* 轴方向的前提下，通过确定新坐标系原点和 *Z* 轴正方向上的任意一点来创建新的 UCS。

2. 管理 UCS

“UCSMAN”命令用于管理 UCS，在命令行中输入“UCSMAN”并按“Enter”键，系统将弹出“UCS”对话框，其中包括“命名 UCS”、“正交 UCS”和“设置”三个选项卡。

（1）命名 UCS 该选项卡用于显示当前使用和已命名的 UCS。用户可以将世界坐标系、上一个使用的 UCS 或某一命名 UCS 置为当前坐标系，如图 8-7 所示。利用选项卡中的“详细信息”按钮，可以了解指定坐标系的详细信息，如图 8-8 所示。

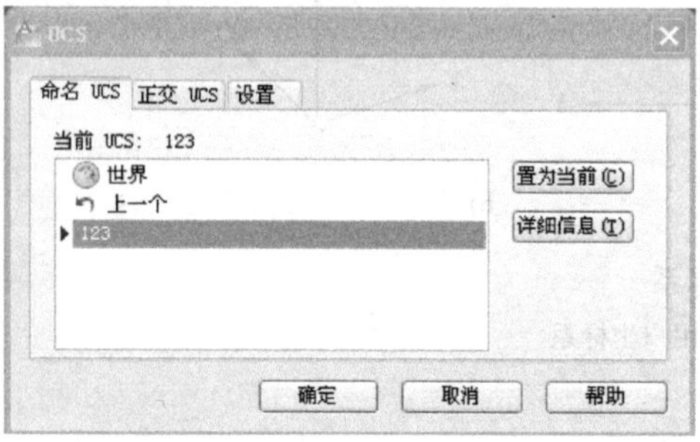

图 8-7 “命名 UCS”选项卡

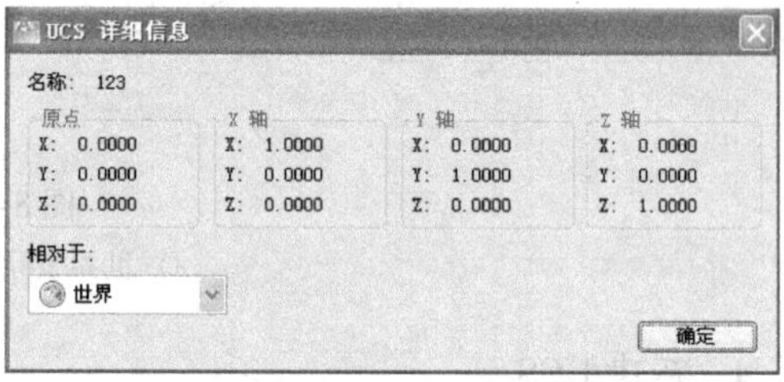

图 8-8 “UCS 详细信息”对话框

（2）正交 UCS 该选项卡用于将 UCS 设置成某一正交模式，如图 8-9 所示。

（3）设置 该选项卡用于设置 UCS 图标的显示形式、应用范围等，如图 8-10 所示。

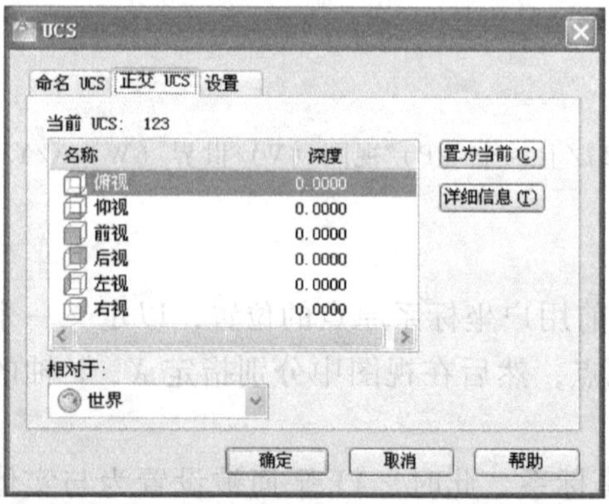

图 8-9 “正交 UCS”选项卡

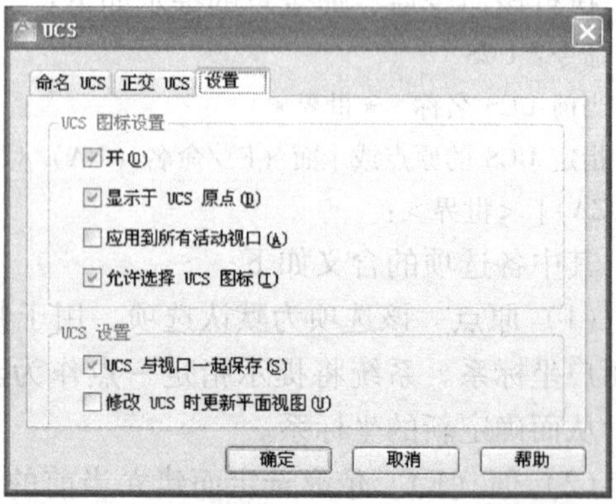

图 8-10 “设置”选项卡

知识点 4　观察三维模型

在三维建模环境中，为了创建和编辑三维图形各部分的结构特征，需要不断地调整显示方式和视图位置，以便更好地观察三维模型。

1. 视点

视点是指观察图形的方向。例如，绘制三维球体时，如果使用平面坐标，即 *Z* 轴垂直于屏幕，则仅能看到该球体在 *XY* 平面上的投影；如果调整视点至东南轴测视图，则看到的是三维球体，如图 8-11 所示。

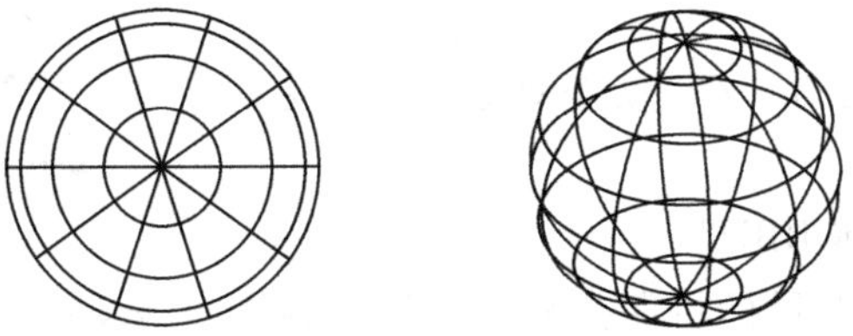

图 8-11　平面坐标系和三维视图中的球体

2. 预设视点

单击菜单栏中的“视图”/“三维视图”/“视点预设”命令，系统将弹出“视点预设”对话框，如图 8-12 所示。

在默认情况下，观察角度是相对于 WCS 坐标系而言的。选中“相对于 UCS”单选按钮，可设置相对于 UCS 坐标系的观察角度。

无论是相对于哪种坐标系，用户都可以直接单击对话框中的坐标图来获取观察角度，或者在“*X* 轴”、“*XY* 平面”文本框中输入角度值。其中，对话框中的左图用于设置原点和视点的连线在 *XY* 平面的投影与 *X* 轴正向之间的夹角，右面的半圆形图用于设置该连线与投影线之间的夹角。

此外，若单击“设置为平面视图”按钮，则可以将坐标设置为平面视图。

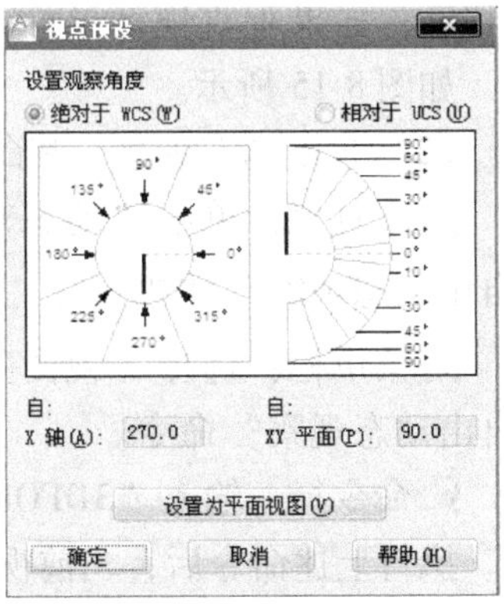

图 8-12　“视点预设”对话框

3. 控制盘的使用

在“三维建模”工作空间中，使用三维导航工具可以切换各种正交或轴测视图模式，即可切换六种正交视图、八种正等轴测视图和八种斜等轴测视图，以及其他视图方向，并可以根据需要快速调整模型的视点。

三维导航器控制盘非常直观地显示了 3D 导航立方体，选择该工具图标的不同位置，将显示不同的视图效果，如图 8-13 所示。

导航器图标的显示方式可根据设计进行必要的修改，右键单击立方体并选择“ViewCube 设置”选项，系统将弹出“ViewCube 设置”对话框，如图 8-14 所示。用户可在该

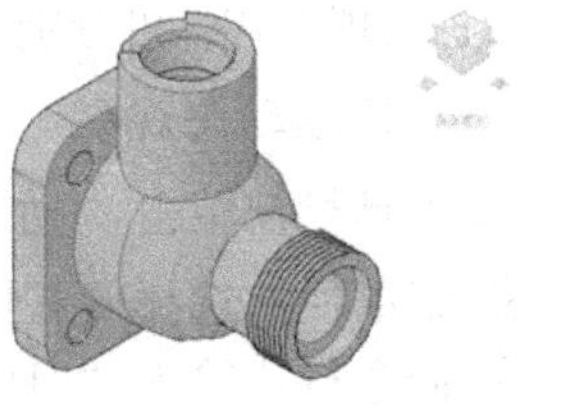

图 8-13　利用导航工具切换视图方向

对话框中设置参数值来控制立方体的显示和行为，并且可在该对话框中设置默认的位置、尺寸和立方体的透明度等。

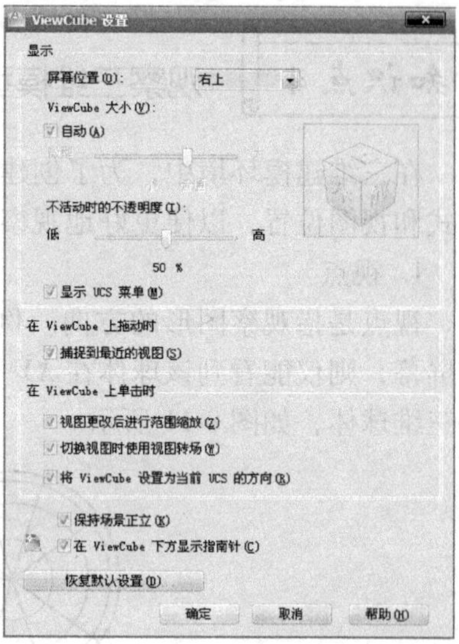

图 8-14　“ViewCube 设置”对话框

4. 三维动态观察

AutoCAD 2012 提供了具有交互控制功能的三维动态观察器，用户可利用三维动态观察器实时地控制和改变当前窗口中创建的三维视图，以得到期望的效果。

（1）受约束的动态观察　其命令执行方式如下：

工具栏：单击“动态观察”工具栏中的“受约束的动态观察”按钮。

菜单栏：选择“视图”/“动态观察”/“受约束的动态观察”命令。

命令行：输入“3DORBIT”。

执行上述命令后，视图目标将保持静止，视点将围绕目标移动。但是，从用户的视点来看，就像三维模型正随着光标的移动而旋转，用户可以以此方式指定模型的任意视图。

系统显示三维动态观察光标的图标，如果水平拖动鼠标，相机将平行于世界坐标系的 *XY* 面移动；如果垂直拖动鼠标，相机将沿 *Z* 轴移动，如图 8-15 所示。

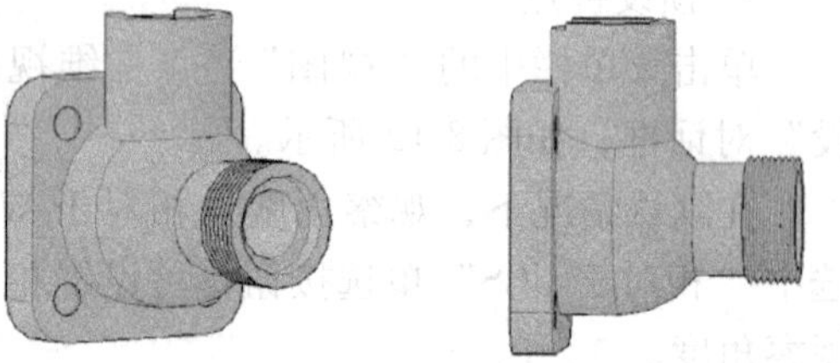

图 8-15　受约束的动态观察

（2）自由动态观察　其命令执行方式如下：

工具栏：单击“动态观察”工具栏中的“自由动态观察”按钮。

菜单栏：选择“视图”/“动态观察”/“自由动态观察”命令。

命令行：输入“3DFORBIT”。

执行上述命令后，当前视口将出现一个绿色的大圆，大圆上有四个小圆，如图 8-16 所示。此时，拖动鼠标就可以对三维视图进行旋转观察。

在三维动态观察器中，查看目标点被固定，用户可以利用鼠标控制相机位置绕观察对象得到动态的观察效果。在绿色大圆的不同位置拖动光标时，光标的表现形式是不同的，视图的旋转方向也不同。视图的旋转由光标的表现形式和其位置决定，光标在不同位置有、、、四种表现形式，可分别对三维对象进行不同形式的旋转。

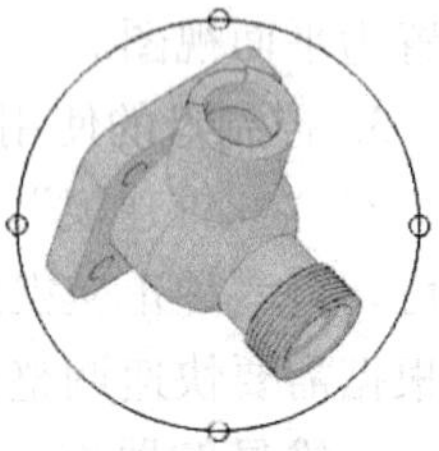

图 8-16　自由动态观察

（3）连续动态观察　其命令执行方式如下：

工具栏：单击“动态观察”工具栏中的“连续动态观察”按钮。

菜单栏：选择“视图”/“动态观察”/“连续动态观察”命令。

命令行：输入“3DCORBIT”。

执行上述命令后，绘图区将出现动态观察图标，按住鼠标左键拖动图标，图形将按鼠标的拖动方向旋转，旋转速度为鼠标的拖动速度。

知识点 5 视觉样式

在 AutoCAD 2012 中，为了观察模型的最佳效果，往往需要通过“视觉样式”功能来切换视觉样式。

1. 应用视觉样式

视觉样式是一组设置，用来控制视口中的边和着色的显示。一旦应用了视觉样式或更改了其设置，就可以在视口中查看效果。

“视觉样式”命令的执行方式如下：

- 菜单栏：选择“视图”/“视觉样式”命令。
- 命令行：输入“VSCURRENT”。

在 AutoCAD 2012 中，有以下 10 种默认的视觉样式。

（1）二维线框　通过使用直线和曲线表示边界的方式显示对象。光栅和 OLE 对象、线型和线宽均可见。

（2）线框　通过使用直线和曲线表示边界的方式显示对象。显示着色三维 UCS 图标。

（3）消隐　使用线框表示法显示对象，而隐藏表示背面的线。

（4）真实　使用平滑着色和材质显示对象。

（5）概念　着色多边形平面间的对象，并使对象的边平滑化。着色使用冷色和暖色之间的过渡，其效果缺乏真实感，但是可以更方便地查看模型的细节。

（6）着色　使用平滑着色显示对象。

（7）带边缘着色　使用平滑着色和可见边显示对象。

（8）灰度　使用平滑着色和单色灰度显示对象。

（9）勾画　使用线延伸和抖动边修改器显示手绘效果的对象。

（10）X 射线　以局部透明度显示对象。

2. 管理视觉样式

单击菜单栏中的“视图”/“视觉样式”/“视觉样式管理器”命令，系统将弹出“视觉样式管理器”选项卡，如图 8-17所示。

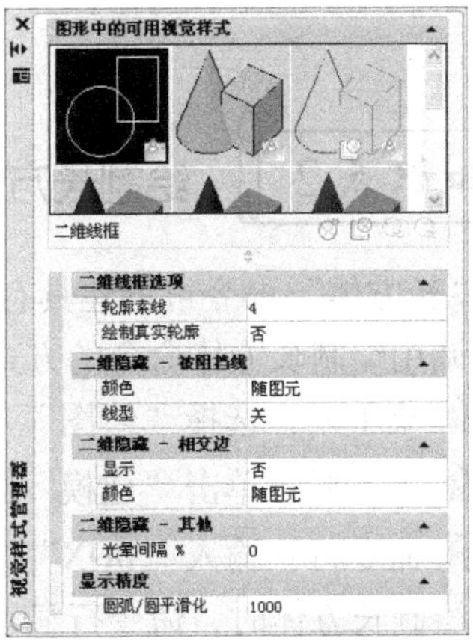

图 8-17　“视觉样式管理器”选项卡

“图形中的可用视觉样式”列表显示了图形中的可用视觉样式的样例图像。选定某一视觉样式时，该视觉样式显示黄色边框，选定的视觉样式的名称将显示在选项板的底部。在“视觉样式管理器”选项板的下部，将显示该视觉样式的面设置、环境设置和边设置。

在“视觉样式管理器”选项卡中，使用工具条中的“工具”按钮，可以创建新的视觉样式，还可以将选定的视觉样式应用于当前视口，将选定的视觉样式输出到工具选项板，以及删除选定的视觉样式。

在“图形中的可用视觉样式”列表中选择的视觉样式不同，设置区中的参数选项也不同，用户可以根据需要在面板中进行相关设置。

知识模块二　绘制基本实体

基本实体是构成三维实体模型的基本元素，如长方体、楔体、圆球等。在 AutoCAD 2012 中，用户可以通过多种方法来创建基本实体。

知识点 1　绘制多段体

与二维图形中的多段线相对应的是三维图形中的多段体，它能快速完成一个实体的创建，其绘图方法与绘制二维图形中的多段线相同。在默认情况下，多段体始终带有一个矩形轮廓，用户可以根据提示信息指定轮廓的高度和宽度。

调用绘制多段体命令的方式如下：

- 菜单栏：选择“绘图”/“建模”/“多段体”命令。
- 工具栏：单击“建模”工具栏中的“多段体”按钮。
- 命令行：输入“POLYSOLID”。

执行上述命令后，绘制多段体的效果如图 8-18 所示。

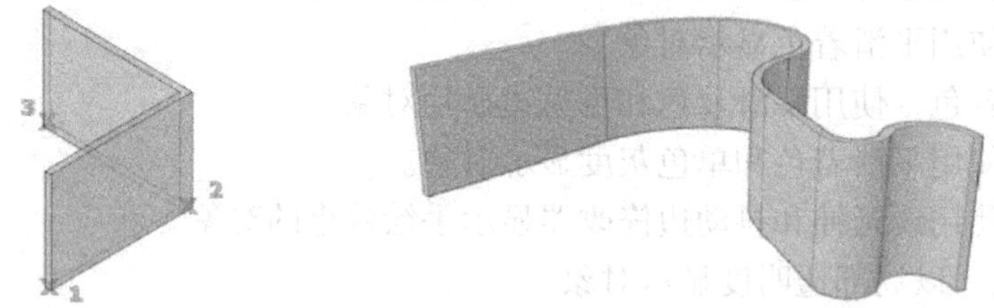

图 8-18　多段体

知识点 2　绘制长方体

“长方体”命令可创建具有规则实体模型形状的长方体或正方体等实体。

调用绘制长方体命令的方式如下：

- 菜单栏：选择“绘图”/“建模”/“长方体”命令。
- 工具栏：单击“建模”工具栏中的“长方体”按钮。
- 命令行：输入“BOX”。

绘制长方体时，命令行显示如下提示：

命令：BOX

指定第一个角点或［中心（C）］：

指定其他角点或[立方体（C）/长度（L）]：

指定高度或[两点（2P）]：

命令中各选项的功能如下：

（1）指定角点　依次指定长方体底面的两个对角点或指定一个角点和长、宽、高进行长方体的创建。

（2）中心（C）　先指定长方体的中心，再指定底面的一个角点或长度等参数，最后指定高度来创建长方体。

（3）立方体（C）　创建一个长、宽、高相等的长方体。

（4）长度（L）　以指定长、宽、高的方式创建长方体。如果输入值，长度与 *X* 轴对应，宽度与 *Y* 轴对应，高度与 *Z* 轴对应。如果拾取点以指定长度，则还要指定在 *XY* 平面上的旋转角度。

（5）两点（2P）　指定长方体的高度为两个指定点之间的距离。

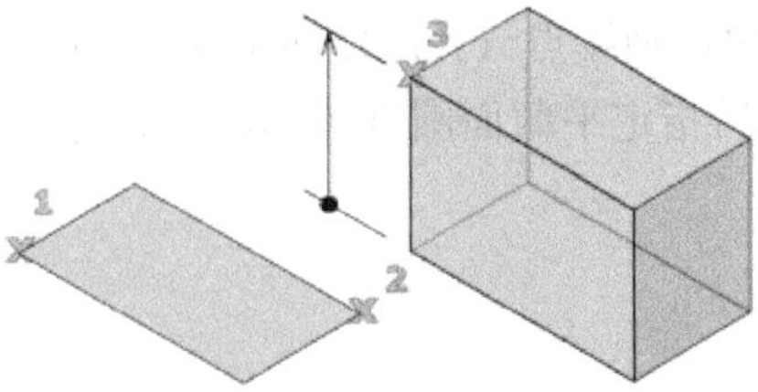

图 8-19　绘制长方体

长方体的绘制结果如图 8-19 所示。

小知识

在 AutoCAD 2012 中，所创建的长方体的各边应分别与当前的 UCS 的 *X* 轴、*Y* 轴和 *Z* 轴平行。根据长度、宽度和高度创建长方体时，长、宽、高的方向分别与当前 UCS 的 *X* 轴、*Y* 轴和 *Z* 轴平行。在系统提示中输入长度、宽度及高度时，输入的值可以是正值，也可以是负值。正值表示沿相应坐标轴的正方向创建长方体；反之，则沿坐标轴的负方向创建长方体。

知识点 3　绘制楔体

楔体可看作是以矩形为底面，其一边沿法线方向拉伸所形成的具有楔状特征的实体。

调用绘制楔体命令的方式如下：

菜单栏：选择“绘图”/“建模”/“楔体”命令。

工具栏：单击“建模”工具栏中的“楔体”按钮。

命令行：输入“WEDGE”。

绘制楔体的方法同绘制长方体的方法类似，如图 8-20所示。

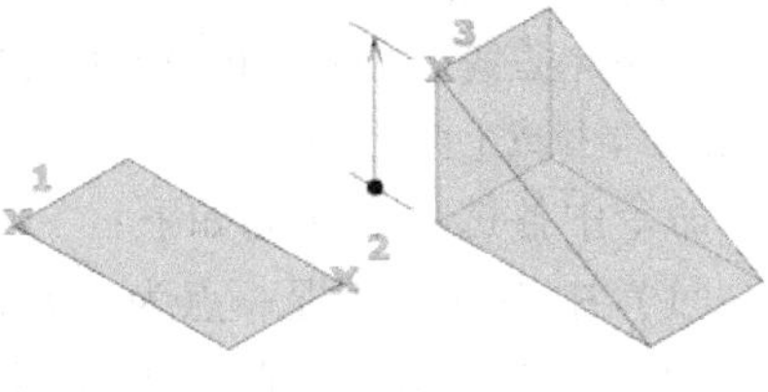

图 8-20　绘制楔体

知识点 4　绘制圆锥体

圆锥体是以圆或椭圆为底面形状，沿其法线方向并按照一定锥度向上或向下拉伸而成的实体。使用“圆锥体”命令可以创建常规圆锥和平截面圆锥两种类型的实体。

（1）创建常规圆锥体　调用绘制圆锥体命令的方式如下：

菜单栏：选择“绘图”/“建模”/“圆锥体”命令。

工具栏：单击“建模”工具栏中的“圆锥体”按钮。

命令行：输入“CONE”。

执行该命令后指定一点为底面圆心，并分别指定底面半径值或直径值，然后指定圆锥高度值，即可获得圆锥体效果，如图 8-21 所示。

（2）创建平截面圆锥体　平截面圆锥体即圆台，可看作是以平行于圆锥底面，且与底面的距离小于锥体高度的平面为截面，截取该圆锥而得到的实体。

启用“圆锥体”命令后，指定底面圆心及半径，命令提示为“指定高度或［两点(2P)/轴端点（A)/顶面半径（T)］<10>:”，选择“顶面半径”选项，输入顶面半径值，然后指定平截面圆锥体的高度，即可获得平截面圆锥体效果，如图 8-22 所示。

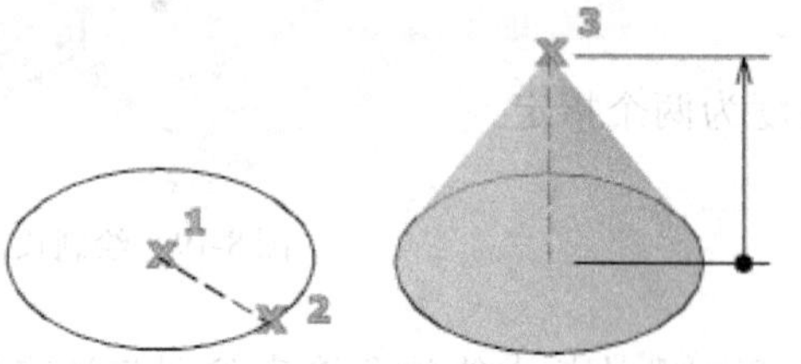

图 8-21　绘制圆锥体

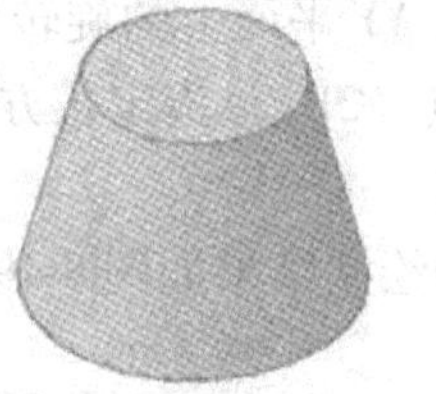
图 8-22　平截面圆锥体

知识点 5　绘制圆球

圆球是由三维空间中与一个点（即圆球）距离相等的所有点的集合形成的实体。

调用绘制球体命令的方式如下：

菜单栏：选择“绘图”/“建模”/“球体”命令。

工具栏：单击“建模”工具栏中的“球体”按钮。

命令行：输入“SPHERE”。

绘制球体时，命令行的提示如下：

命令：SPHERE
指定中心点或［三点（3P)/两点（2P)/切点、切点、半径（T)］:
指定半径或［直径（D)］:

命令中各选项的功能如下：

（1）中心点　捕捉一点为球心，然后指定圆球的半径值或直径值。

（2）三点（3P）　在三维空间的任意位置指定三个点来定义圆球的圆周。

（3）两点（2P）　在三维空间的任意位置指定两个点来定义圆球的圆周。

（4）切点、切点、半径（T）　通过指定半径来定义可与两个对象相切的圆球。

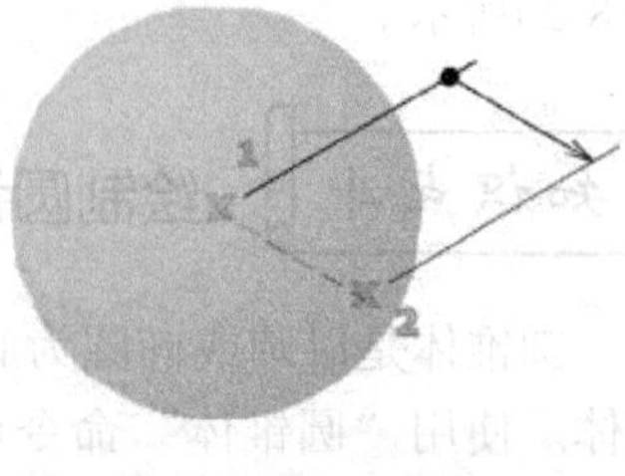

图 8-23　绘制球体

球体的绘制效果如图 8-23 所示。

绘制圆球时，可以通过改变“ISOLINES”变量，来确定每个面上的线框密度，如图 8-24所示。

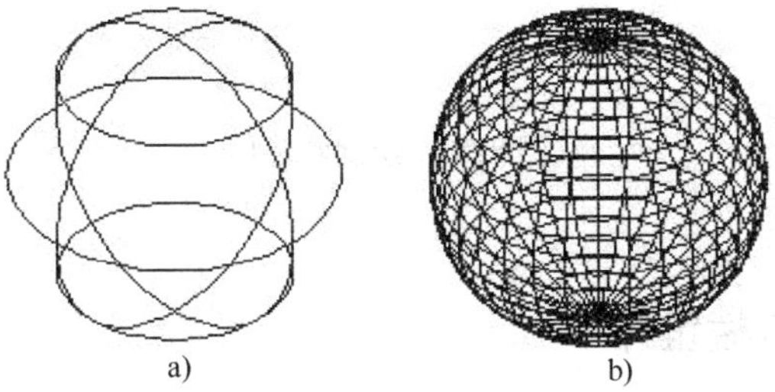

a)　　　　b)

图 8-24　球体实体示例图

a）ISOLIINES＝4　b）ISOLINES＝32

知识点 6　绘制圆柱体

圆柱体是以圆或椭圆为截面形状，沿该截面法线方向拉伸所形成的实体。

调用绘制圆柱体命令的方式如下：

菜单栏：选择“绘图”/“建模”/“圆柱体”命令。

工具栏：单击“建模”工具栏中的“圆柱体”按钮。

命令行：输入“CYLINDER”。

绘制球体时，命令行显示如下提示：

命令：CYLINDER

指定底面的中心点或［三点（3P）/两点（2P）/切点、切点、半径（T）/椭圆（E）］：

指定底面半径或［直径（D）］<20>：

指定高度或［两点（2P）/轴端点（A）］<100>：

根据命令行提示绘制的圆柱体如图 8-25 所示。

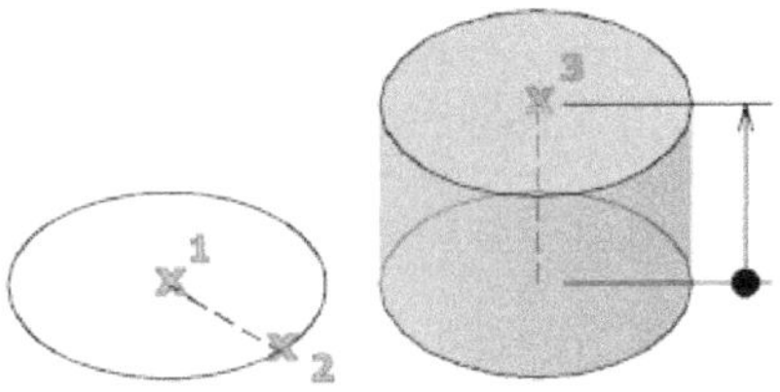

图 8-25　绘制圆柱体

知识点 7　绘制圆环体

圆环体可以看作是在三维空间内，圆轮廓线绕与其共面的直线旋转所形成的实体特征。该直线是圆环的中心线，直线与圆心的距离是圆环的半径，圆轮廓线的直径是圆环的直径。

调用绘制圆环体命令的方式如下：

菜单栏：选择“绘图”/“建模”/“圆环体”命令。

工具栏：单击“建模”工具栏中的“圆环体”按钮。

命令行：输入“TORUS”。

执行上述命令后，确定圆环的位置和半径，然后确定圆环圆管的半径即可完成圆环体的创建，如图 8-26 所示。

图 8-26　绘制圆环体

知识点 8　绘制棱锥体

棱锥体可以看作是以一个多边形面为底面，其余各面是由有一个公共顶点的具有三角特征的面所构成的实体。

调用绘制棱锥体命令的方式如下：

菜单栏：选择“绘图”/“建模”/“棱锥体”命令。

工具栏：单击“建模”工具栏中的“棱锥体”按钮。

命令行：输入“PYRAMID”。

使用“棱锥体”命令可以创建多种类型的常规棱锥体和平截面棱锥体。其绘制方法与绘制圆锥体的方法类似，如图 8-27 所示。

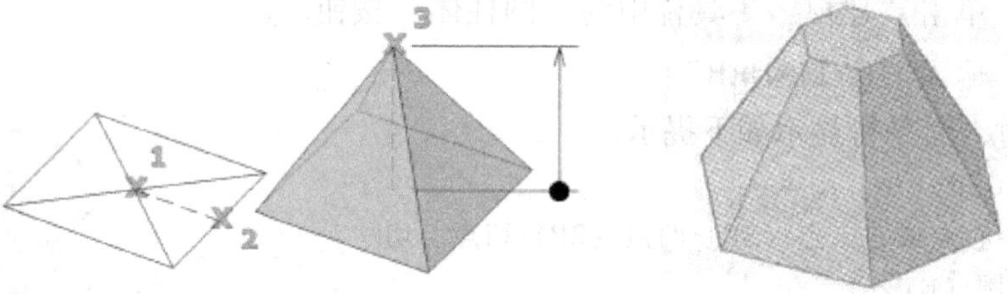

a)　　　　b)

图 8-27　绘制棱锥体

a）常规棱锥体　b）平截面棱锥体

小知识

在利用“棱锥体”工具进行棱锥体的创建时，所指定的边数必须是 3～32 之间的整数。

知识模块三　由二维对象生成三维实体

在 AutoCAD 2012 中，用户不仅可以利用各类基本实体工具进行简单实体模型的创建，还可以利用二维图形生成三维实体。

知识点 1　拉伸

“拉伸”命令可以将二维图形沿指定的高度和路径拉伸为三维实体。拉伸对象称为断面，可以是任何二维封闭多段线、圆、椭圆、封闭样条曲线和面域。

调用“拉伸”命令的方法如下：

菜单栏：选择“绘图”/“建模”/“拉伸”命令。

工具栏：单击“建模”工具栏中的“拉伸”按钮。

命令行：输入“EXTRUDE”。

该工具有两种将二维对象拉伸成实体的方法：一种是指定生成实体的倾斜角度和高度；另一种是指定拉伸路径，路径可以是闭合的，也可以不闭合。

其命令提示如下：

命令：EXTRUDE
当前线框密度：　ISOLINES = 4，闭合轮廓创建模式 = 实体
选择要拉伸的对象或［模式（MO）］：_MO 闭合轮廓创建模式［实体（SO）/曲面（SU）］<实体>：_SO
选择要拉伸的对象或［模式（MO）］：找到 1 个
选择要拉伸的对象或［模式（MO）］：↙
指定拉伸的高度或［方向（D）/路径（P）/倾斜角（T）/表达式（E）］<100>：

命令行中各选项的含义如下：

（1）方向（D）　在默认情况下，可以沿 Z 轴方向拉伸对象，拉伸高度可以为正值或负值，它们表示了拉伸的方向，如图 8-28 所示。

（2）路径（P）　通过指定的拉伸路径将对象拉伸为三维实体，拉伸的路径可以是开放的，也可以是封闭的，如图 8-29 所示。

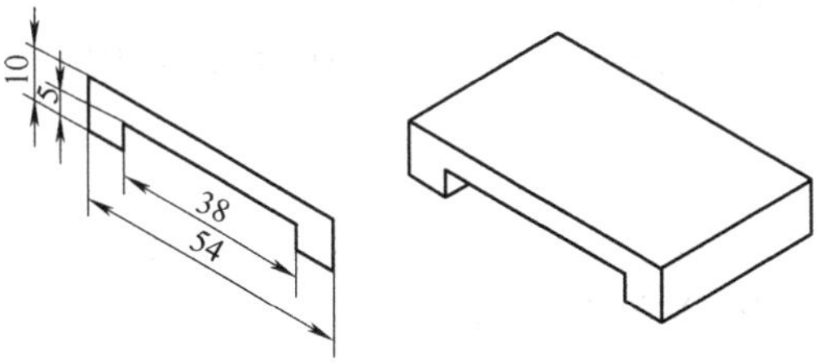

图 8-28　沿 Z 轴方向拉伸对象

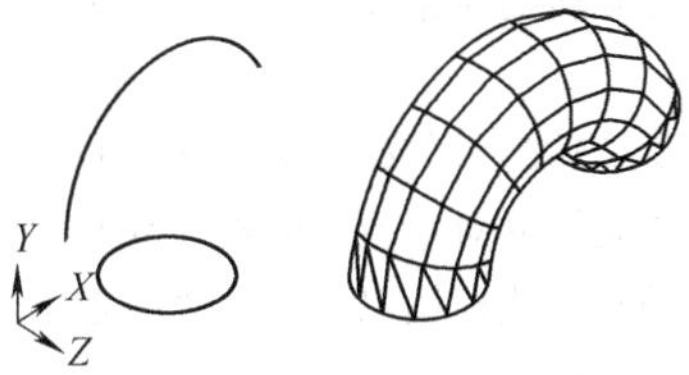

图 8-29　沿曲线拉伸对象

（3）倾斜角（T）　通过指定的角度拉伸对象，拉伸角度可以为正值或负值，其绝对值不大于 90°。倾斜角的默认值为 0°，表示生成的实体的侧面垂直于 XY 平面，没有锥度。倾斜角如果为正值，将产生内锥度，生成的侧面向里；如果为负值，将产生外锥度，生成的侧面向外，如图 8-30 所示。

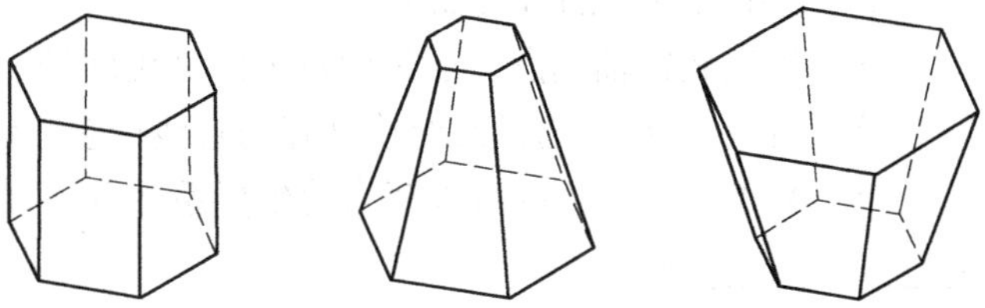

a)　b)　c)

图 8-30　拉伸锥角效果

a）拉伸倾斜角为 0°　b）拉伸倾斜角为 15°　c）拉伸倾斜角度为 −15°

（4）表达式（E）　输入公式或方程式以指定拉伸高度。

知识点 2　旋转

创建实体时，用于旋转的二维对象可以是封闭多段线、多边形、圆、椭圆、封闭样条曲线、圆环及封闭区域等。三维对象、包含在块中的对象、有交叉或自干涉的多段线不能被旋转，而且每次只能旋转一个对象，如图 8-31 所示。

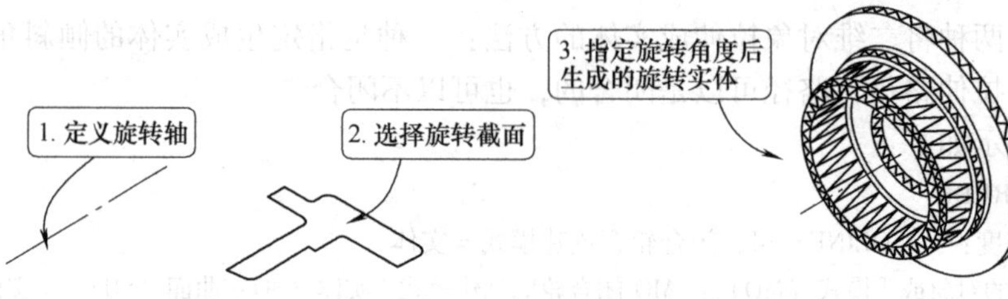

图 8-31　旋转

调用“旋转”命令的方法如下：

菜单栏：选择“绘图”/“建模”/“旋转”命令。

工具栏：单击“建模”工具栏中的“拉伸”按钮。

命令行：输入“REVOLVE”。

命令提示如下：

命令：REVOLVE

当前线框密度：　ISOLINES = 4，闭合轮廓创建模式 = 实体

选择要旋转的对象或［模式（MO）］：_MO 闭合轮廓创建模式［实体（SO）/曲面（SU）］<实体>：_SO

选择要旋转的对象或［模式（MO）］：找到 1 个

选择要旋转的对象或［模式（MO）］：↙

指定轴起点或根据以下选项之一定义轴［对象（O）/X/Y/Z］<对象>：

指定轴端点：

指定旋转角度或［起点角度（ST）/反转（R）/表达式（EX）］<360>：

命令行中各选项的含义如下：

（1）指定旋转轴起点　通过两点来定义旋转轴。

（2）对象（O）　选择已经绘制好的直线或多段线命令绘制直线段作为旋转轴。

（3）X/Y/Z　将二维对象绕当前坐标系的 X、Y、Z 轴旋转。

知识点 3　扫掠

使用“扫掠”工具可以将扫掠对象沿着开放或封闭的二维或三维路径进行运动扫描，从而创建实体或曲面，如图 8-32 所示。

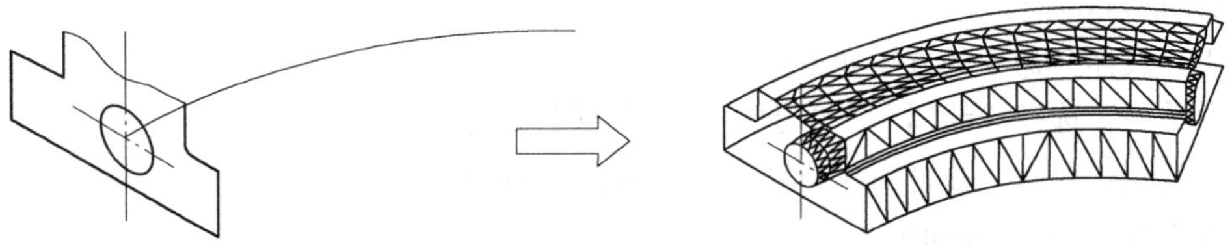

图 8-32　扫掠

调用“扫掠”命令的方法如下：

- 菜单栏：选择“绘图”/“建模”/“扫掠”命令。
- 工具栏：单击“建模”工具栏中的“扫掠”按钮。
- 命令行：输入“SWEEP”。

命令提示如下：

命令：SWEEP

当前线框密度：　ISOLINES = 4，闭合轮廓创建模式 = 实体

选择要扫掠的对象或［模式（MO）］：_MO 闭合轮廓创建模式［实体（SO）/曲面（SU）］<实体>：_SO

选择要扫掠的对象或［模式（MO）］：找到 1 个

选择要扫掠的对象或［模式（MO）］：

选择扫掠路径或［对齐（A）/基点（B）/比例（S）/扭曲（T）］：

命令行中各选项的含义如下：

（1）对齐（A）　指定是否对齐轮廓以将其作为扫掠路径切向的法向，默认情况下轮廓是对齐的。

（2）基点（B）　指定要扫掠对象的基点。如果指定的点不在选定对象所在的平面上，则该点将被投影在该平面上。

（3）比例（S）　指定比例因子以进行扫掠操作。从扫掠路径的开始到结束，比例因子将统一应用到扫掠的对象上。

（4）扭曲（T）　设置正被扫掠的对象的扭曲对象的扭曲角度。扭曲角度用于指定沿扫掠路径全部长度的旋转量。

技巧　使用“扫掠”命令，可以通过沿开放或闭合的二维或三维路径扫掠开放或闭合的平面曲线（轮廓）来创建新的实体或曲面。“扫掠”命令用于沿指定路径，以指定轮廓的形状（扫掠对象）创建实体或曲面，可以扫掠多个对象，但是这些对象必须在同一个平面内。如果沿一条路径扫掠闭合的曲线，则将生成实体。

知识点 4　放样

放样实体是将横截面沿指定路径或导向运动扫描所得到的三维实体，横截面是指具有放样实体截面特征的二维对象。使用该命令时，必须指定两个或两个以上的横截面来创建放样

实体，如图 8-33 所示。

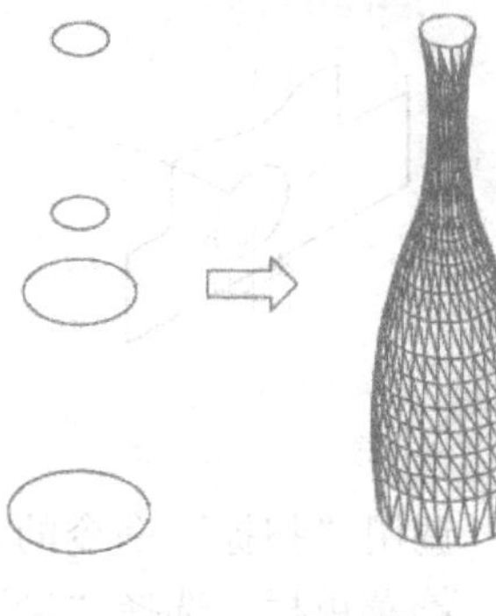

图 8-33　放样

调用“放样”命令的方法如下：

菜单栏：选择“绘图”/“建模”/“放样”命令。

工具栏：单击“建模”工具栏中的“放样”按钮。

命令行：输入“LOFT”。

命令提示如下：

命令：LOFT
当前线框密度：　ISOLINES=4，闭合轮廓创建模式 = 实体
按放样次序选择横截面或［点（PO）/合并多条边（J）/模式（MO）］：
_MO 闭合轮廓创建模式［实体（SO）/曲面（SU）］<实体>：_SO
按放样次序选择横截面或［点（PO）/合并多条边（J）/模式（MO）］：找到 1 个
按放样次序选择横截面或［点（PO）/合并多条边（J）/模式（MO）］：找到 1 个，总计 2 个
按放样次序选择横截面或［点（PO）/合并多条边（J）/模式（MO）］：找到 1 个，总计 3 个
按放样次序选择横截面或［点（PO）/合并多条边（J）/模式（MO）］：↙
选中了 3 个横截面
输入选项［导向（G）/路径（P）/仅横截面（C）/设置（S）］<仅横截面>：

命令行中各选项的含义如下：

（1）导向（G）　指定控制放样实体或曲面形状的导向曲线。导向曲线是直线或曲线，可将其他线框信息添加至对象来进一步定义实体或曲面的形状，如图 8-34 所示。

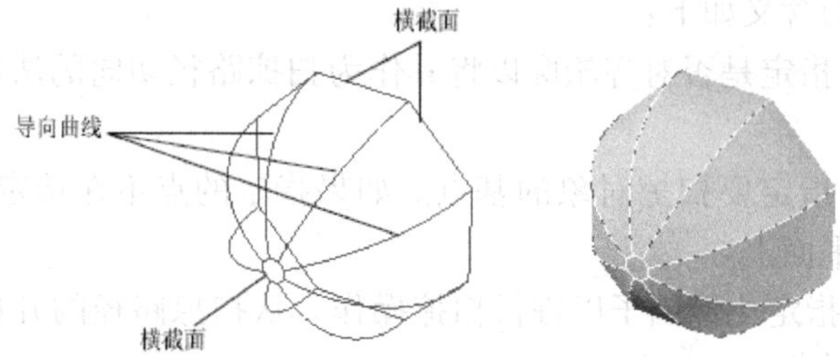

图 8-34　导向放样

技巧　每条导向曲线必须满足以下条件才能正常工作：与每个横截面相交，从第一个横截面开始，到最后一个横截面结束。

（2）路径（P）　用于指定放样实体或曲面的单一路径，如图 8-35 所示。

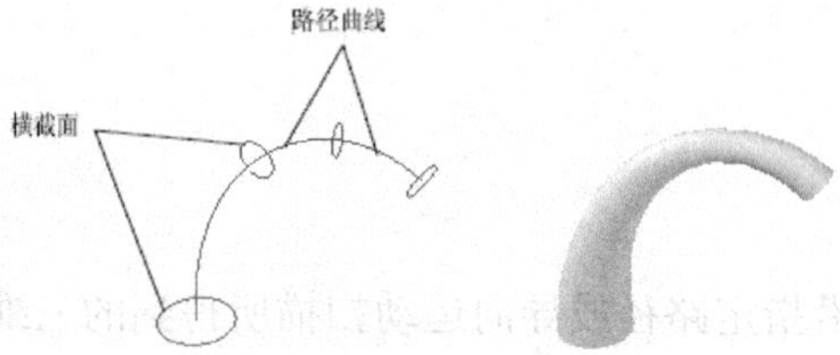

图 8-35　路径放样

（3）仅横截面（C）　在不使用导向或路径的情况下创建放样对象。

（4）设置（S）　用于显示“放样设置”对话框，如图 8-36 所示。用户可以控制放样曲面在其横截面处的轮廓，还可以闭合曲面或实体。

技巧　路径曲线必须与横截面的所有平面相交。

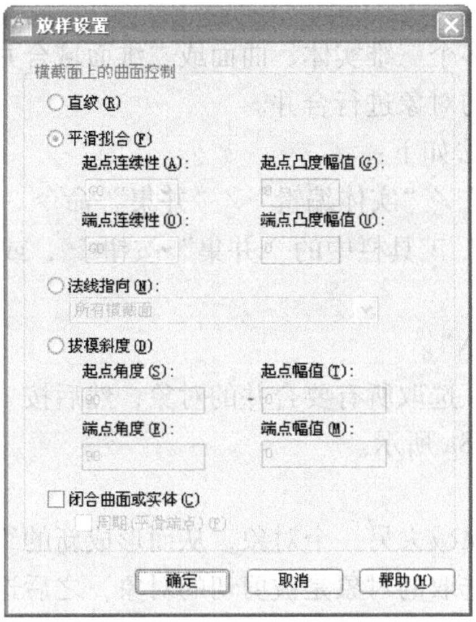

图 8-36　“放样设置”对话框

知识点 5　按住并拖动

单击有限区域内部，即可按住并拖动边界区域。

调用“按住并拖动”命令的方法如下：

工具栏：单击“建模”工具栏中的“按住并拖动”按钮。

命令行：输入“PRESSPULL”。

“按住并拖动”工具生成的三维实体如图 8-37 所示。

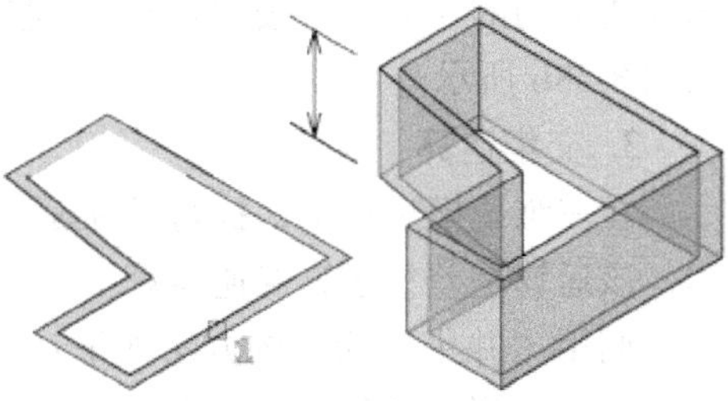

图 8-37　“按住并拖动”生成的三维实体

知识模块四　编辑三维实体

在 AutoCAD 2012 中，用户可以使用三维命令，在三维空间中移动、复制、镜像、对齐及阵列三维对象，还可以剖切实体以获得实体的截面，并编辑它们的面、边或体。

知识点 1 布尔运算

AutoCAD 2012 的布尔运算功能贯穿于建模的整个过程，尤其是在建立一些机械零件的三维模型时，其使用更为频繁。该运算用来确定多个曲面或实体之间的组合关系，也就是说，通过该运算可将多个形体组合为一个形体，从而实现一些特殊的造型。例如，孔、凸台和齿轮特征都是通过执行布尔运算组合而成的新特征。

1. 并集运算

并集运算是指将两个或多个三维实体、曲面或二维面域合并为一个组合三维实体、曲面或面域。必须选择类型相同的对象进行合并。

调用“并集”命令的方法如下：

菜单栏：选择“修改”/“实体编辑”/“并集”命令。

工具栏：单击“建模”工具栏中的“并集”按钮，或者单击“实体编辑”工具栏中的“并集”按钮。

命令行：输入“UNION”。

执行该命令后，在绘图区选取所有要合并的对象，然后按“Enter”键或单击鼠标右键，即可执行合并操作，如图 8-38a 所示。

2. 差集运算

差集运算是指用一个对象减去另一个对象，从而形成新的组合对象。与并集操作不同的是，进行差集运算时，首先选取的对象是被剪切的对象，之后选取的对象是剪切对象。

调用“差集”命令的方法如下：

菜单栏：选择“修改”/“实体编辑”/“差集”命令。

工具栏：单击“建模”工具栏中的“差集”按钮，或者单击“实体编辑”工具栏中的“差集”按钮。

命令行：输入“SUBTRACT”。

执行该命令后，在绘图区中选取被剪切的对象，按“Enter”键或单击鼠标右键，然后选取要剪切的对象，再按“Enter”键或单击鼠标右键，即可执行差集操作。差集运算结果如图 8-38b 所示。

3. 交集运算

在三维建模过程中，执行并集运算可获得两个相交实体的公共部分，从而获得新的实体，该运算是差集运算的逆运算。

调用“并集”命令的方法如下：

菜单栏：选择“修改”/“实体编辑”/“交集”命令。

工具栏：单击“建模”工具栏中的“交集”按钮，单击“实体编辑”工具栏中的“交集”按钮。

命令行：输入“INTERSECT”。

执行该命令后，在绘图区选取具有公共部分的两个对象，然后按“Enter”键或单击鼠标右键，即可执行交集操作。交集运算的结果如图 8-38c 所示。

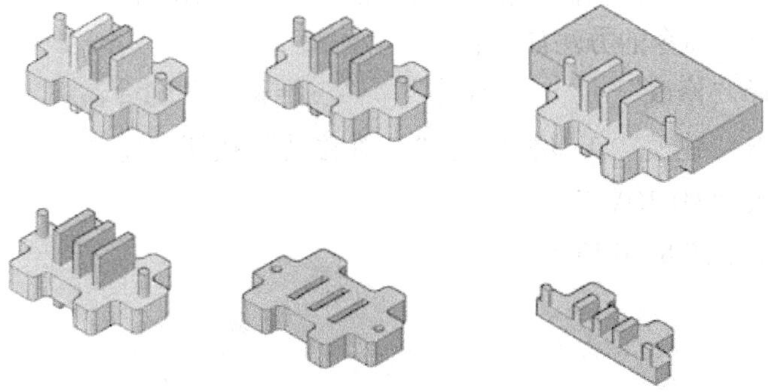

a)　　b)　　c)

图 8-38　布尔运算

a）并集　b）差集　c）交集

知识点 2　操作三维对象

AutoCAD 2012 提供了专业的三维对象编辑工具，如三维旋转、三维移动、三维阵列、三维镜像和三维对齐等，从而为创建出更复杂的实体模型提供了条件。

1. 三维旋转

利用“三维旋转”工具可将选取的三维对象沿指定旋转轴自由旋转。

调用“三维旋转”命令的方法如下：

- 菜单栏：选择“修改”/“三维操作”/“三维旋转”命令。
- 工具栏：单击“建模”工具栏中的“三维旋转”按钮。
- 命令行：输入“3DROTATE”。

执行该命令后，即可进入“三维旋转”模式。首先在绘图区选取需要旋转的对象，此时绘图区将出现三个圆环（红色代表 X 轴、绿色代表 Y 轴、蓝色代表 Z 轴），然后在绘图区指定一点为旋转基点，如图 8-39 所示。指定完旋转基点后，旋转“夹点”工具中的圆环以确定旋转轴，接着直接输入角度进行实体的旋转，或者选择屏幕上的任意位置来确定旋转基点，再输入角度值即可获得实体三维旋转的效果。

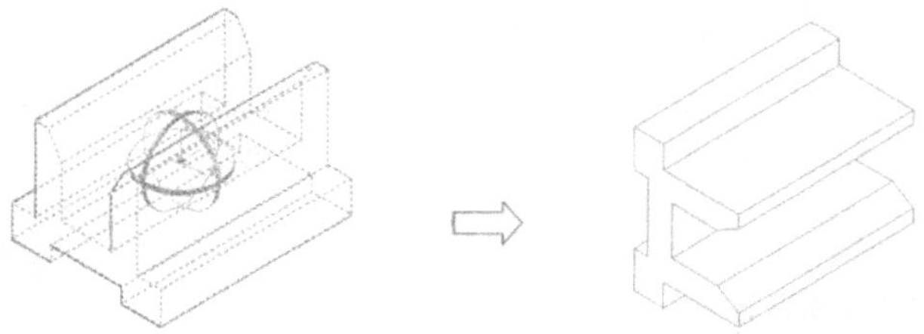

图 8-39　三维旋转

2. 三维移动

使用“三维移动”工具可使指定模型沿 *X*、*Y*、*Z* 轴或其他任意方向移动，或者使其在直线、面或任意两点间移动，从而获得模型在视图中的准确位置。

调用“三维移动”命令的方法如下：

菜单栏：选择“修改”/“三维操作”/“三维移动”命令。

工具栏：单击“建模”工具栏中的“三维移动”按钮。

命令行：输入“3DMOVE”。

三维移动的效果如图 8-40 所示。

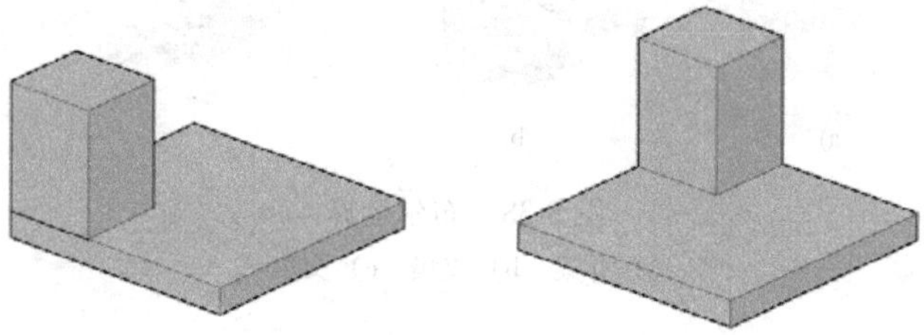

图 8-40　三维移动

3. 三维阵列

使用“三维阵列”工具可以在三维空间中按矩形阵列或环形阵列的方式，创建指定对象的多个副本。

调用“三维阵列”命令的方法如下：

菜单栏：选择“修改”/“三维操作”/“三维阵列”命令。

工具栏：单击“建模”工具栏中的“三维阵列”按钮。

命令行：输入“3DARRAY”。

阵列包括矩形阵列和环形阵列两种。

(1) 矩形阵列　执行三维矩形阵列命令时，需要指定行数、列数、层数、行间距、列间距和层间距，其中一个矩形阵列可设置多行、多列和多层，如图 8-41 所示。

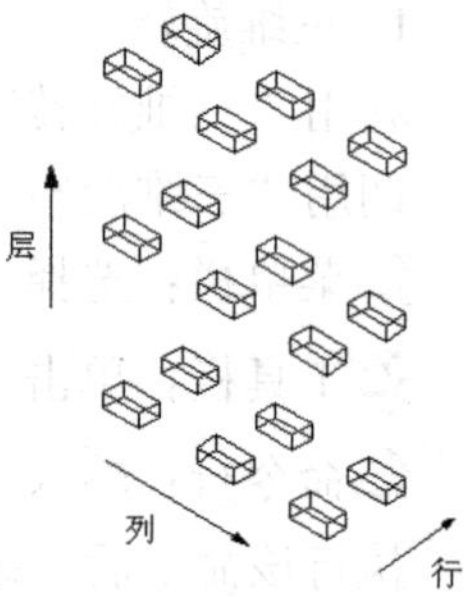

图 8-41　三维矩形阵列

(2) 环形阵列　执行三维环形阵列命令时，需要指定阵列的数目、阵列填充角度、旋转轴的起点和终点，以及对象在阵列后是否绕着阵列中心旋转，如图 8-42所示。

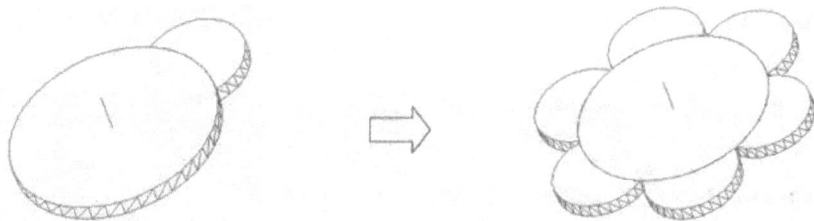

图 8-42　三维环形阵列

4. 三维镜像

使用“三维镜像”工具能够将三维对象通过镜像平面的镜像获取与之完全相同的对象。其中，镜像平面可以是与 UCS 坐标系平面平行的平面或由三点确定的平面。

调用“三维镜像”命令的方法如下：

菜单栏：选择“修改”/“三维操作”/“三维镜像”命令。

命令行：输入“MIRROR3D”。

三维镜像的效果如图 8-43 所示。

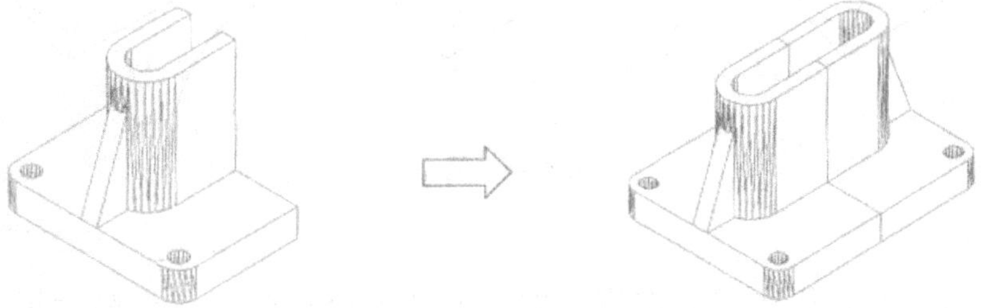

图 8-43　三维镜像

5. 三维对齐

三维对齐操作是指以最多三个点来定义源平面，然后指定最多三个点来定义目标平面，从而获得三维对齐的效果。

调用“三维镜像”命令的方法如下：

菜单栏：选择“修改”/“三维操作”/“三维对齐”命令。

工具栏：单击“建模”工具栏中的“三维对齐”按钮。

命令行：输入“3DALING”。

三维对齐的效果如图 8-44 所示。

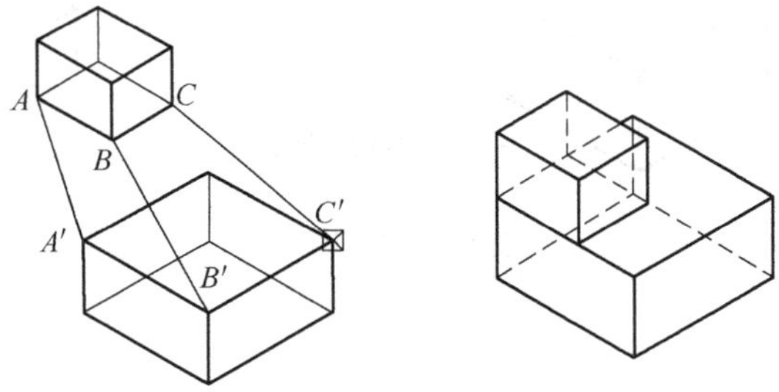

图 8-44　三维对齐

知识点 3　编辑实体边

AutoCAD 2012 不仅提供了多种编辑实体的工具，用户还可根据设计需要提取多个边特征。

1. 复制边

执行复制边操作可将现有实体模型上的单个或多个边偏移到其他位置，从而利用这些边线创建出新的图形对象。

调用“复制边”命令的方法如下：

菜单栏：选择“修改”/“实体编辑”/“复制边”命令。

工具栏：单击“实体编辑”工具栏中的“复制边”按钮。

复制边的效果如图 8-45 所示。

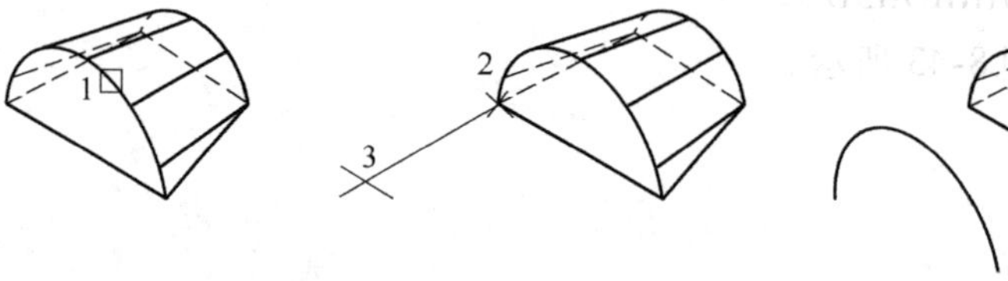

图 8-45　复制边

2. 压印边

创建三维模型后，往往需要在模型的表面加入公司标记或产品标记等图形对象，AutoCAD 2012 专门为该操作提供了压印工具，用户可将与三维模型的单个或多个表面相交的图形对象压印到该表面。

调用“压印边”命令的方法如下：

菜单栏：选择“修改”/“实体编辑”/“压印边”命令。

工具栏：单击“实体编辑”工具栏中的“压印边”按钮。

执行该命令后，在绘图区选取三维实体，接着选取压印对象，命令行将显示“要删除源对象［是（Y）/否（N）］<N>:”的提示信息，用户可根据设计需要确定是否保留压印对象，即可执行压印操作，如图 8-46 所示。

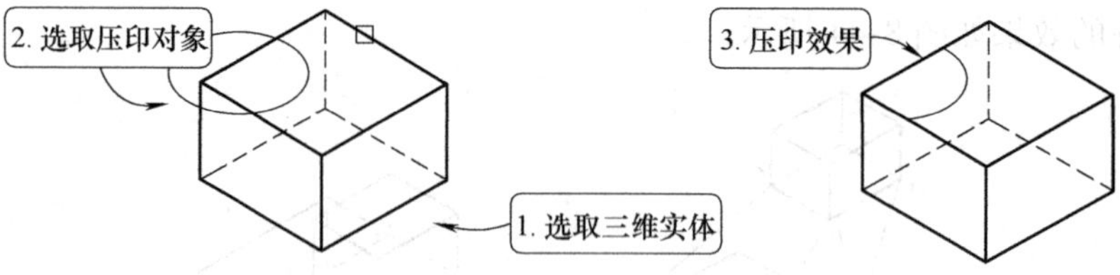

图 8-46　压印边

知识点 4　编辑实体面

对三维实体进行编辑时，用户可以对整个实体的任意表面进行编辑操作，即通过改变实体面的方式，达到改变实体的目的。

1. 移动实体面

移动实体面是指沿指定的高度或距离移动选定的三维实体对象的一个或多个面。移动时，只移动选定的实体面而不改变其方向。

调用“移动面”命令的方法如下：

菜单栏：选择“修改”/“实体编辑”/“移动面”命令。

工具栏：单击“实体编辑”工具栏中的“移动面”按钮。

执行该命令后，在绘图区选取实体表面，按“Enter”键或单击右键确认，然后选择要移动实体面的基点，接着指定移动路径或距离值，如图 8-47 所示。

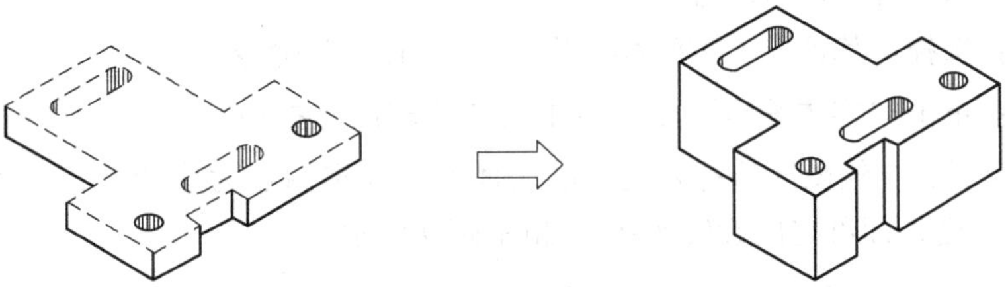

图 8-47　移动实体面

2. 偏移实体面

偏移实体面是指在一个实体上按指定的距离均匀地偏移实体面。用户可根据需要将现有的面从原始位置向内或向外偏移指定的距离，从而获得新的实体面。

调用“偏移面”命令的方法如下：

菜单栏：选择“修改”/“实体编辑”/“偏移面”命令。

工具栏：单击“实体编辑”工具栏中的“偏移面”按钮。

执行该命令后，在绘图区选取要偏移的面，并输入偏移距离，然后按“Enter”键，如图 8-48 所示。

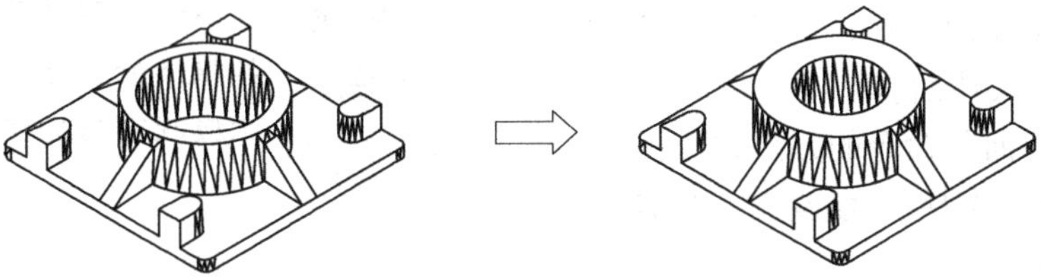

图 8-48　偏移实体面

3. 删除实体面

执行删除实体面操作是指从三维实体对象上删除实体表面、圆角等实体特征。

调用“删除面”命令的方法如下：

菜单栏：选择“修改”/“实体编辑”/“删除面”命令。

工具栏：单击“实体编辑”工具栏中的“删除面”按钮。

执行该命令后，在绘图区选择要删除的面，然后按“Enter”键或单击右键，即可执行实体面删除操作，如图 8-49 所示。

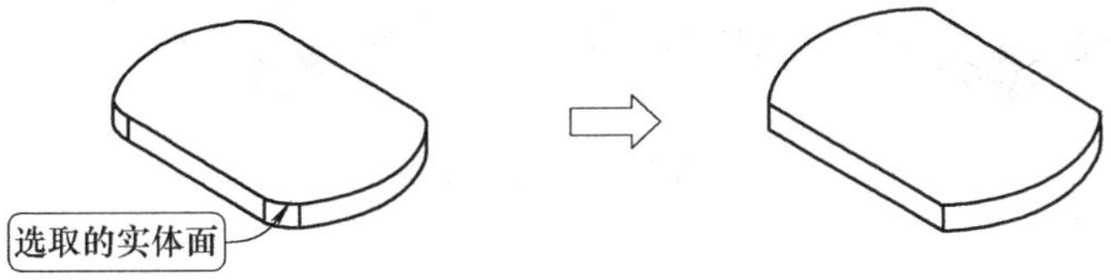

图 8-49　删除实体面

4. 旋转实体面

执行旋转实体面操作，能够将单个或多个实体表面绕指定的轴线进行旋转，或者旋转实体的某些部分，从而形成新的实体。

调用“旋转面”命令的方法如下：

菜单栏：选择“修改”/“实体编辑”/“旋转面”命令。

工具栏：单击“实体编辑”工具栏中的“旋转面”按钮。

执行该命令后，在绘图区选择要旋转的实体面，捕捉两点为旋转轴，并指定旋转角度，然后按“Enter”键，即可完成旋转操作，如图 8-50 所示。

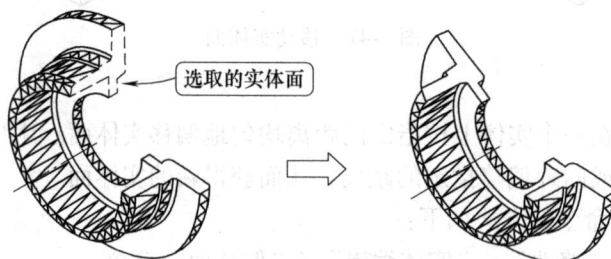

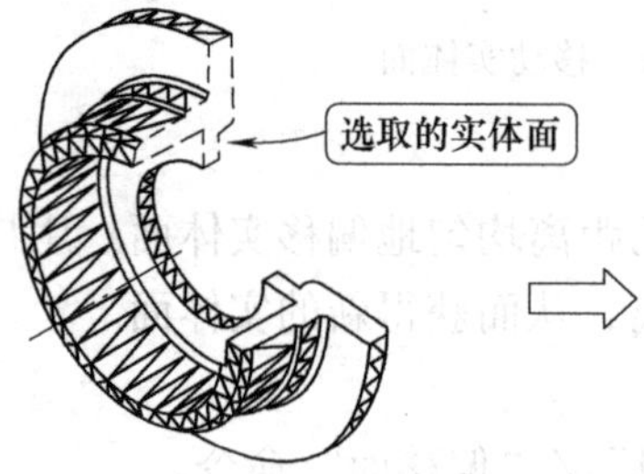

图 8-50　旋转实体面

5. 倾斜实体面

执行倾斜实体面操作，可沿矢量方向以特定的角度倾斜实体面。

调用“倾斜面”命令的方法如下：

菜单栏：选择“修改”/“实体编辑”/“倾斜面”命令。

工具栏：单击“实体编辑”工具栏中的“倾斜面”按钮。

小知识

当一个实体面旋转后，与其相交的面会自动调整，以适应改变后的实体。

执行该命令后，在绘图区选择要倾斜的曲面，指定倾斜曲面所参照轴线的基点和另一个端点，并输入倾斜角度，然后按“Enter”键或单击右键，即可执行倾斜面的操作，如图 8-51所示。

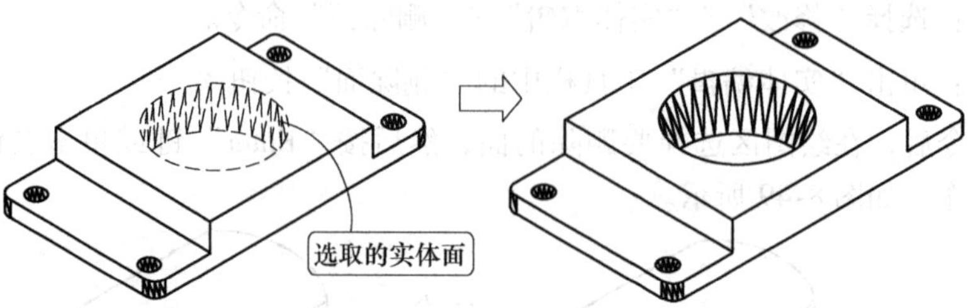

图 8-51　倾斜实体面

6. 着色实体面

执行着色实体面操作，可修改单个或多个实体面的颜色，以取代该实体对象所在图层的颜色，可更方便地查看这些表面。

调用“着色面”命令的方法如下：

菜单栏：选择“修改”/“实体编辑”/“着色面”命令。

工具栏：单击“实体编辑”工具栏中的“着色面”按钮。

执行该命令后，在绘图区指定需要着色的实体表面，按“Enter”键，系统将弹出“选择颜色”对话框。在该对话框中指定填充颜色，单击“确定”按钮，即可完成着色实体面的操作。

7. 拉伸实体面

执行拉伸实体面操作，可将实体对象的一个或多个面沿一条指定的路径或按特定高度和角度进行拉伸，从而获得新的实体。

调用“拉伸面”命令的方法如下：

菜单栏：选择“修改”/“实体编辑”/“拉伸面”命令。

工具栏：单击“实体编辑”工具栏中的“拉伸面”按钮。

执行该命令后，在绘图区指定需要拉伸的曲面，并指定路径或输入拉伸距离，然后按“Enter”键，即可完成拉伸实体面的操作，如图 8-52 所示。

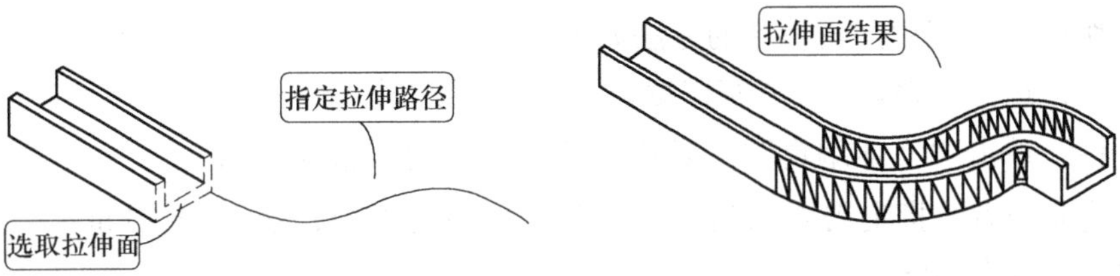

图 8-52　拉伸实体面

8. 复制实体面

执行复制实体面操作，能够复制三维实体表面，从而得到新的面。

调用“复制面”命令的方法如下：

菜单栏：选择“修改”/“实体编辑”/“复制面”命令。

工具栏：单击“实体编辑”工具栏中的“复制面”按钮。

执行该命令后，在绘图区选取需要复制的实体表面，如果指定了两个点，则系统将以第一个点为基点，并相对于基点放置一个副本；如果仅指定了一个点，则系统将把原始选择点作为基点，将下一点作为位移点。

知识点 5　编辑实体

对三维实体进行编辑时，不仅可以对实体上的单个表面和边线执行编辑操作，还可以对整个实体执行编辑操作。

1. 倒角与圆角

倒角和圆角命令除了能对二维图形进行倒角、圆角操作外，还能对三维实体进行倒角、圆角操作，不过操作过程在些区别。选择三维对象时，系统会自动切换为三维倒角、圆角操作。

(1) 三维倒角　调用倒角命令的方法如下：

菜单栏：选择“修改”/“实体编辑”/“倒角边”命令。

工具栏：单击“实体编辑”工具栏中的“倒角边”按钮。

执行上述命令后，指定需要倒角的边，并分别指定倒角距离，然后按“Enter”键，即可创建三维倒角，其效果如图 8-53 所示。

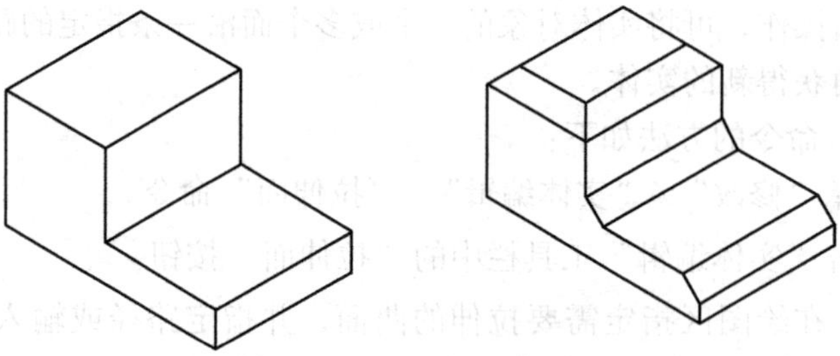

图 8-53　对实体进行倒角操作

(2) 三维圆角　调用圆角命令的方法如下：

菜单栏：选择“修改”/“实体编辑”/“圆角边”命令。

工具栏：单击“实体编辑”工具栏中的“圆角边”按钮。

执行上述命令后，指定需要圆角的边，并指定圆角半径，然后按“Enter”键，即可创建三维圆角，其效果如图 8-54 所示。

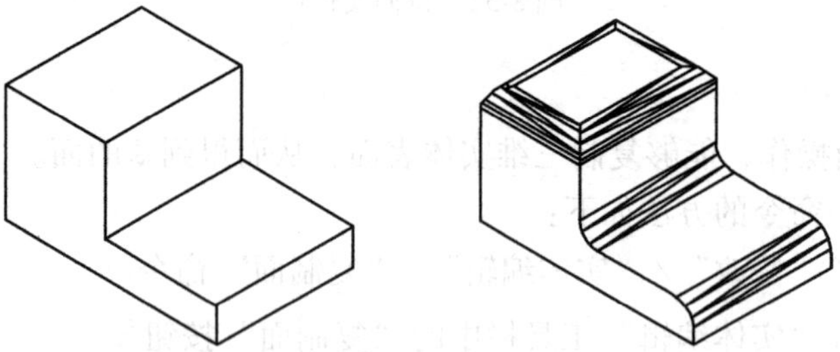

图 8-54　对实体进行圆角操作

2. 抽壳

执行抽壳操作，可以将实体以指定的厚度形成一个中空薄壁或壳体，同时还可以将某些指定面排除在壳外。正偏移值是沿面的正方向创建壳壁，负偏移值是沿面的负方向创建壳壁。

调用“抽壳”命令的方法如下：

菜单栏：选择“修改”/“实体编辑”/“抽壳”命令。

工具栏：单击“实体编辑”工具栏中的“抽壳”按钮。

执行上述命令后，指定要抽壳的实体，选择要删除的曲面，指定偏移距离，然后按

“Enter”键，即可完成抽壳操作，如图 8-55 所示。

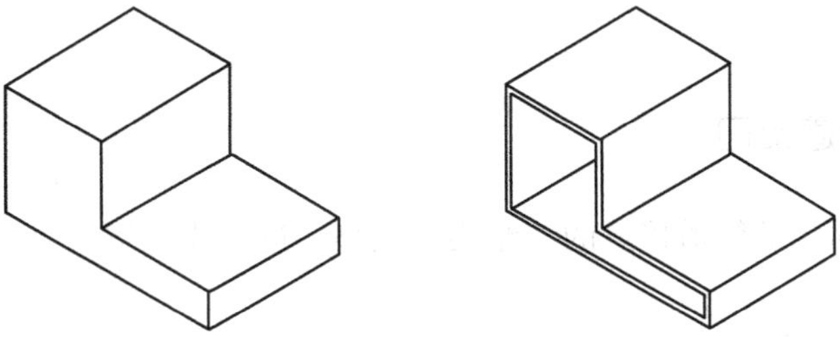

图 8-55　抽壳

3. 剖切实体

在绘图过程中，为了表达实体内部的结构特征，可假设一个与指定对象相交的平面或曲面将该实体剖切，从而创建新的实体对象。

单击菜单栏中的“修改”/“三维操作”/“剖切”命令，就可以通过剖切现有实体来创建新的实体。作为剖切平面的对象可以是曲面、圆、椭圆、圆弧、二维样条曲线和二维多段线。剖切实体时，可以保留剖切实体的一半或全部。剖切三维实体不保留创建它们的原始形式的历史记录，只保留源对象的图层和颜色特性，如图 8-56 所示。

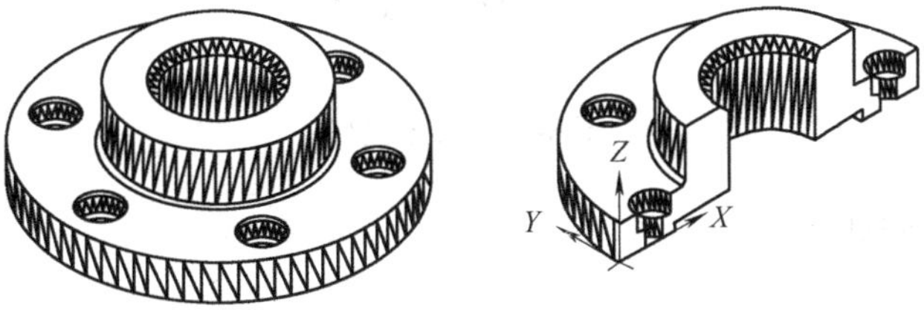

图 8-56　剖切实体图例

4. 加厚曲面

在三维建模环境中，用户可以将网格曲面、平面或截面等多种类型的曲面通过加厚处理形成具有一定厚度的三维实体。

单击菜单栏中的“修改”/“三维操作”/“加厚”命令后，直接在绘图区选择要加厚的曲面，单击右键或“Enter”键，然后输入厚度值，再按“Enter”键，即可完成加厚操作，如图 8-57 所示。

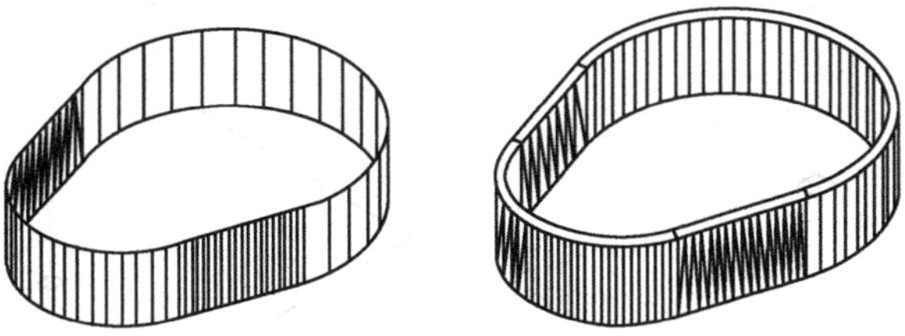

图 8-57　曲面加厚

知识模块五　三维实体建模实例

知识点　管道接口

绘制如图 8-58 所示的管道接口的三维实体模型，进一步了解三维实体图形绘制工具及编辑工具的使用方法。

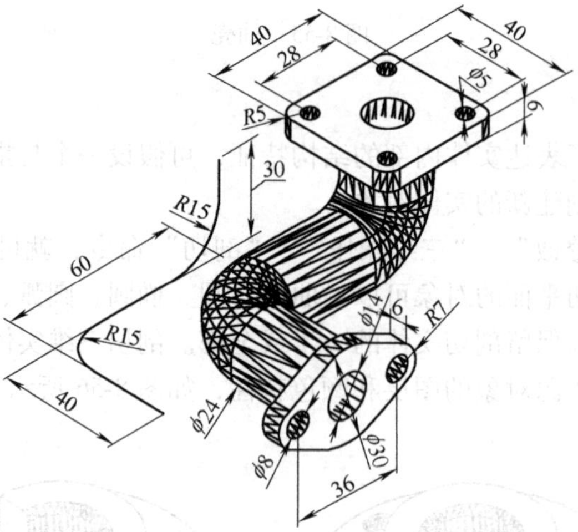

图 8-58　管道接口

本实例的操作步骤如下。

1. 新建文件

启动 AutoCAD 2012，选择工作空间为“AutoCAD 经典”，单击菜单栏中的“文件”/“新建”命令，系统将弹出“选择样板”对话框。从中选择“acadiso. dwt”样板，单击“打开”按钮，进入绘图模式。

2. 绘制扫掠特征

1）单击“视图”工具栏中的“东南等轴测”按钮，此时绘图区呈三维空间状态，其坐标显示如图 8-59 所示。

2）执行“直线”命令，绘制空间三维直线，如图 8-60 所示。其命令提示如下：

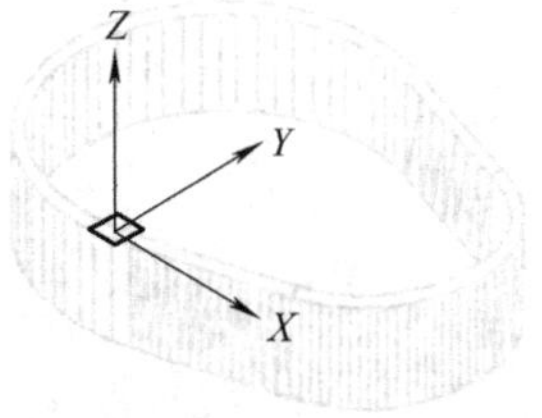

图 8-59　东南等轴测

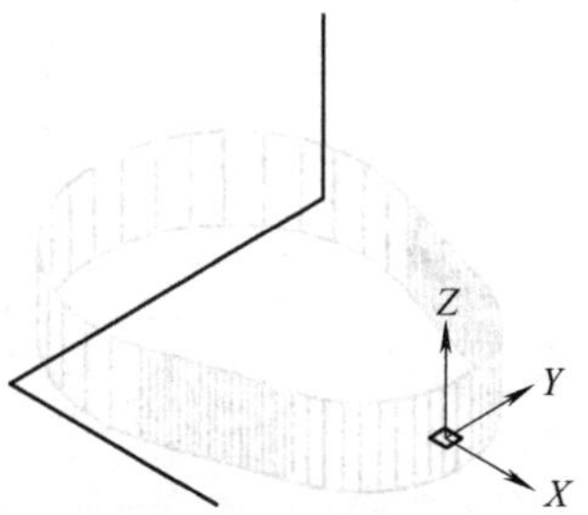

图 8-60　绘制空间三维直线

命令：LINE 指定第一点：　　　　　　　　　　　　//第一点任意指定
指定下一点或［放弃（U）］：@ -40，0，0↙
指定下一点或［放弃（U）］：@0，60，0↙
指定下一点或［闭合（C）/放弃（U）］：@0，0，30↙

3）执行“圆角”命令，绘制半径为15mm的圆角，如图8-61所示。

4）单击“UCS”工具栏中的“Z轴矢量”按钮，在绘图区中指定两点作为坐标系 Z 轴的方向，如图8-62所示。

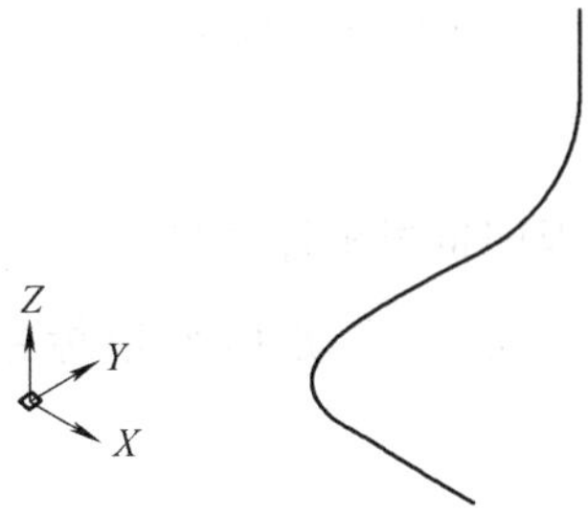

图8-61　绘制圆角

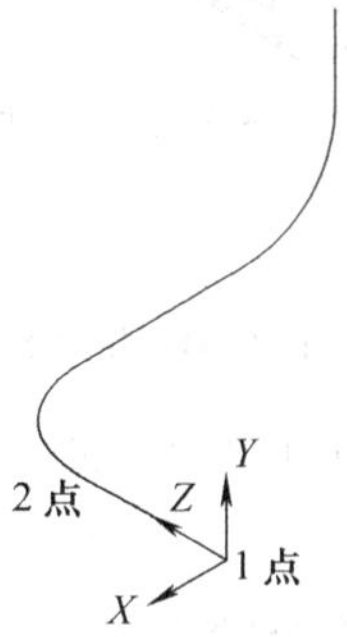

图8-62　新建UCS坐标

5）执行“圆”命令，绘制 ϕ24mm 和 ϕ14mm 两个同心圆，如图8-63所示。

6）单击“绘图”工具栏中的“面域”按钮，然后在绘图区选择绘制的同心圆，单击右键或按“Enter”键，完成创建面域的操作。

7）创建面域求差集。单击“实体编辑”工具栏中的“差集”按钮，首先选择 ϕ24mm 的圆，单击右键，再选择 ϕ14mm 的圆，单击右键或按“Enter”键，完成面域求差集的操作。

8）单击“建模”工具栏中的“扫掠”按钮，选择直线为扫掠路径，面域为扫掠截面，如图8-64所示。

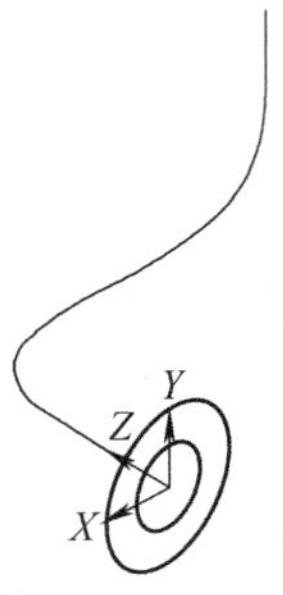

图8-63　绘制圆

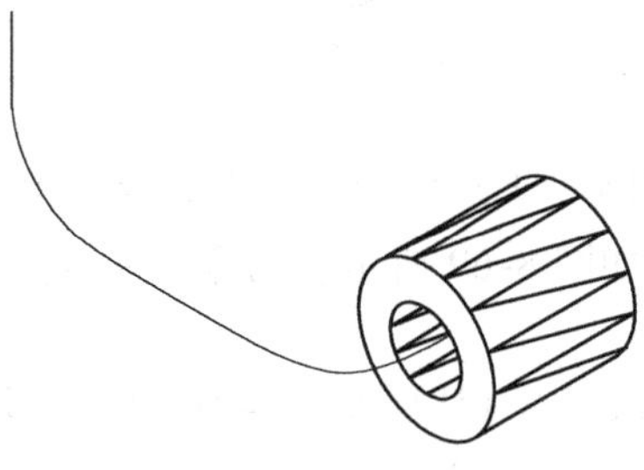
图8-64　扫掠实体

9）单击“实体编辑”工具栏中的“拉伸面”按钮，在绘图区选择要拉伸的面，然后单击鼠标右键，确定要选取拉伸面，接着在命令行输入“P”，选择拉伸路径，完成拉伸面的操作，如图8-65所示。

10）利用相同的方法拉伸其余的面，最终效果如图 8-66 所示。

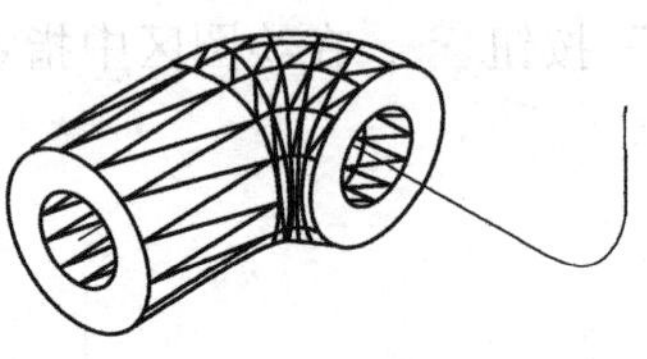

图 8-65　拉伸面

图 8-66　完成效果

3. 绘制法兰接口

1）单击“UCS”工具栏中的“世界”按钮，返回世界坐标系状态。

2）单击“UCS”工具栏中的“UCS”按钮，完成移动 UCS 坐标系的操作，如图 8-67所示。

3）绘制矩形，如图 8-68 所示。命令行的提示如下：

命令：RECTANG

指定第一个角点或［倒角（C）/标高（E）/圆角（F）/厚度（T）/宽度（W）］：from↙

基点：<偏移>：　@20，20↙　　　　　　　　　　　　// 指定圆心为基点

指定另一个角点或［面积（A）/尺寸（D）/旋转（R）］：@ −40，−40↙

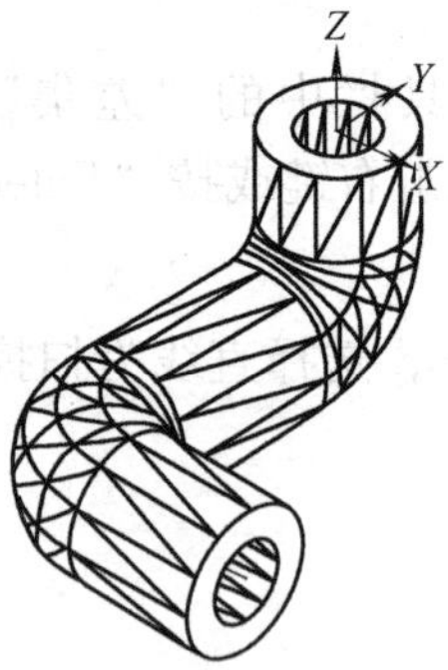

图 8-67　移动坐标系

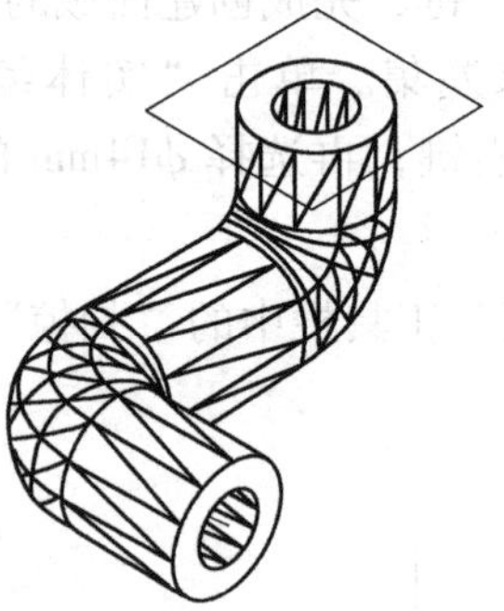

图 8-68　绘制矩形

4）单击“视图”工具栏中的“俯视图”按钮，进入二维绘图模式。

5）绘制圆，如图 8-69 所示。命令提示如下：

命令：CIRCLE

指定圆的圆心或［三点（3P）/两点（2P）/切点、切点、半径（T）］：from↙

基点：<偏移>：@6，−6↙　　　　　　　　　　　　　　// 指定点 *A* 作为基点

指定圆的半径或［直径（D）］<7.0000>：D↙

指定圆的直径 <14.0000>：5↙

命令：CIRCLE

指定圆的圆心或［三点（3P）/两点（2P）/切点、切点、半径（T）］：　//指定矩形中心为圆心

指定圆的半径或［直径（D）］<2.5000>：14

6）单击“修改“工具栏中的“阵列”按钮，阵列 ϕ5mm 的圆，如图 8-70 所示。命令提示如下：

命令：ARRAYRECT

选择对象：找到 1 个 ↙

类型 = 矩形 关联 = 是

为项目数指定对角点或［基点（B）/角度（A）/计数（C）］<计数>：↙

输入行数或［表达式（E）］<4>：2 ↙

输入列数或［表达式（E）］<4>：2 ↙

指定对角点以间隔项目或［间距（S）］<间距>：s ↙

指定行之间的距离或［表达式（E）］<7.5>：-28 ↙

指定列之间的距离或［表达式（E）］<7.5>：28 ↙

按 Enter 键接受或［关联（AS）/基点（B）/行（R）/列（C）/层（L）/退出（X）］<退出>：↙

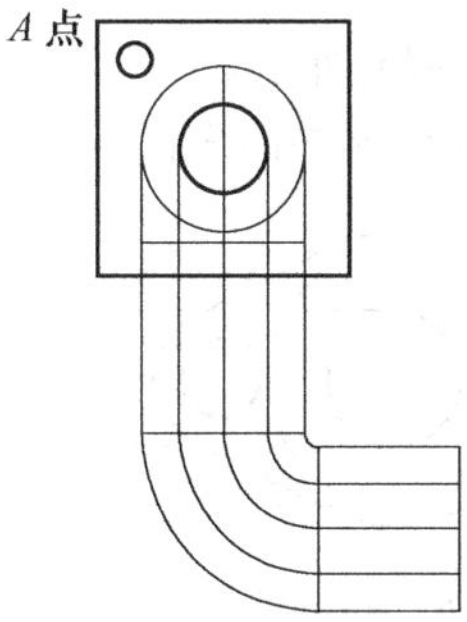

图 8-69 绘制圆

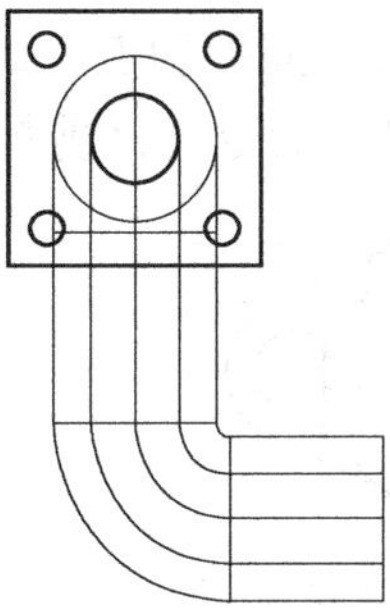

图 8-70 阵列圆

7）单击“绘图”工具栏中的“面域”按钮，在绘图区选择绘制完的矩形和圆，然后单击鼠标右键或“Enter”键，完成创建面域的操作。

8）创建面域求差集。单击“实体编辑”工具栏中的“差集”按钮，首先选择矩形，单击右键，再选择绘制的圆，单击右键或按“Enter”键，完成面域求差集的操作。

9）单击“建模”工具栏中的“拉伸”按钮，拉伸面域，指定高度为 6mm，如图 8-71所示。

10）调用倒圆角命令，绘制圆角特征，设置圆角半径为 5mm，如图 8-72 所示。

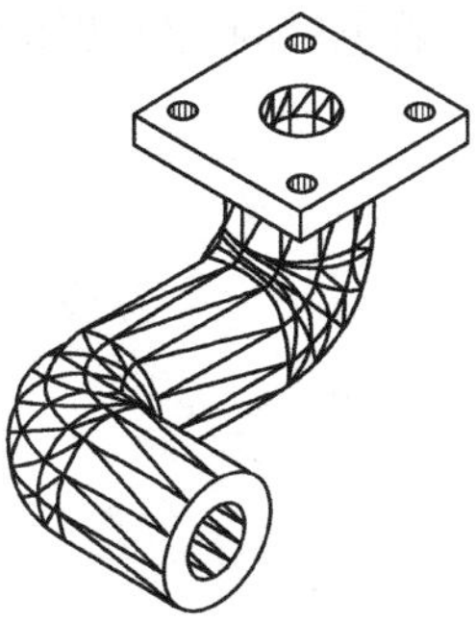

图 8-71 拉伸面域

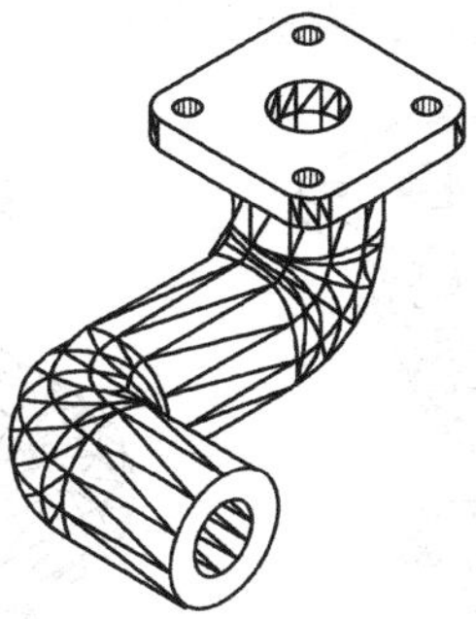

图 8-72 倒圆角

11）单击“UCS”工具栏中的“面 UCS”按钮，在绘图区指定实体端面，其新建坐标系如图 8-73 所示。

12）调用圆命令，绘制圆，如图 8-74 所示。各圆的大小及位置尺寸如图 8-58 所示。

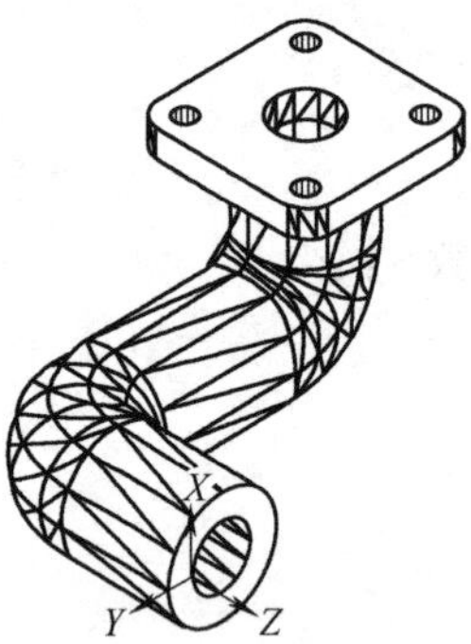

图 8-73　新建坐标系

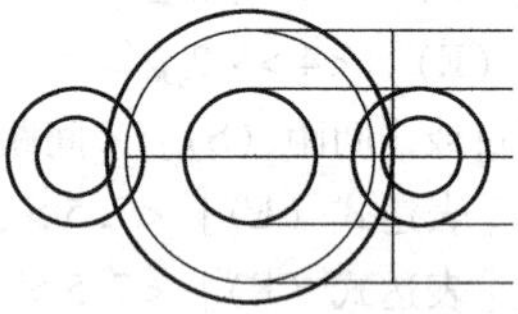

图 8-74　绘制圆

13）调用“LINE”命令捕捉切点，绘制直线，如图 8-75 所示。

14）调用“TR/TRIM”命令，修剪掉多余的线条，如图 8-76 所示。

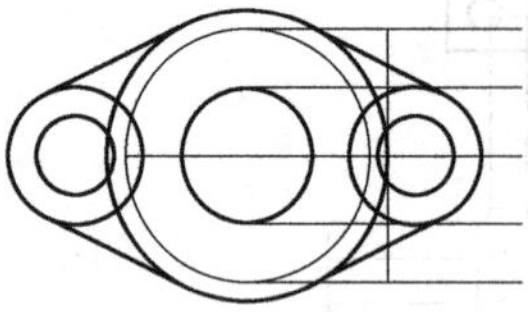

图 8-75　绘制直线

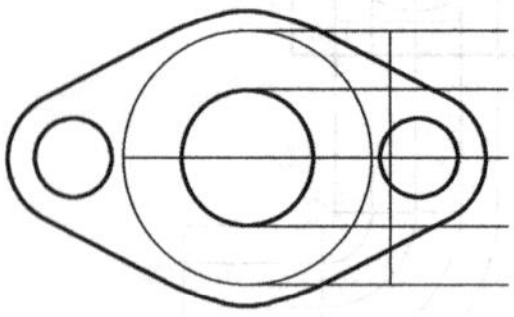

图 8-76　修剪线条

15）单击“绘图”工具栏中的“面域”按钮，在绘图区选择已绘制的图形，然后单击鼠标右键或按“Enter”键，完成创建面域的操作。

16）创建求差面域。单击“实体编辑”工具栏中的“差集”按钮，在绘图区选择要从中减去的面域，然后单击鼠标右键，选择要减去的圆孔面域，接着单击鼠标右键或按“Enter”键，完成面域求差的操作。

17）单击“建模”工具栏中的“拉伸”按钮，拉伸面域，指定拉伸高度为 6mm，如图 8-77 所示。

18）创建实体求和。单击“实体编辑”工具栏中的“并集”按钮，然后窗选所有的实体图形，单击鼠标右键，完成并集操作，如图 8-78 所示。着色后的三维实体图形如图 8-79

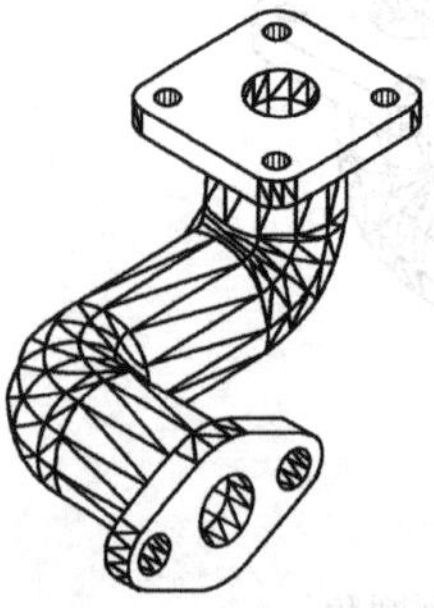

图 8-77　拉伸面域

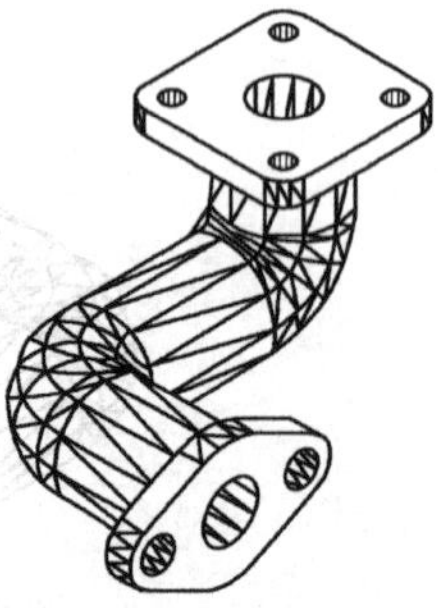

图 8-78　并集

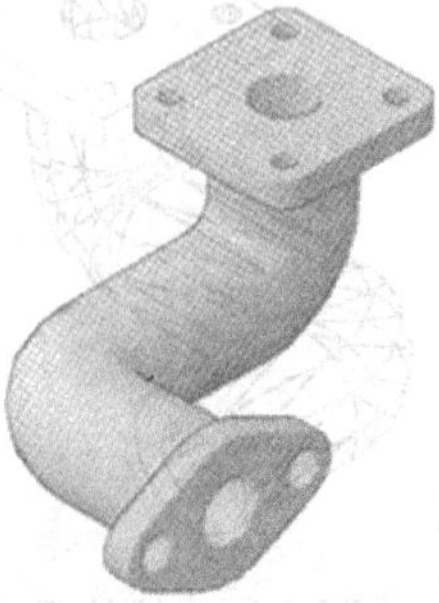

图 8-79　着色图形

所示。

4. 保存文件

1）选择菜单栏中的“文件”/“另存为”命令，系统弹出“图形另存为”对话框。

2）在“文件名”文本框中输入“管道接口”，然后单击“保存”按钮，完成实例的操作。

【综合训练】

1. 简答题

（1）在 AutoCAD 2012 中，坐标系的分为哪几类？

（2）在 AutoCAD 2012 中，动态观察三维图形的方法有哪些？

（3）在 AutoCAD 2012 中，创建三维实体模型的方法有哪些？

（4）在 AutoCAD 2012 中，如何对三维基本实体进行并集、差集、交集布尔运算的操作？

（5）在 AutoCAD 2012 中，如何进行三维阵列的两种阵列方式的操作？

2. 操作题

（1）根据如图 8-80 所示的二维视图绘制三维实体模型。

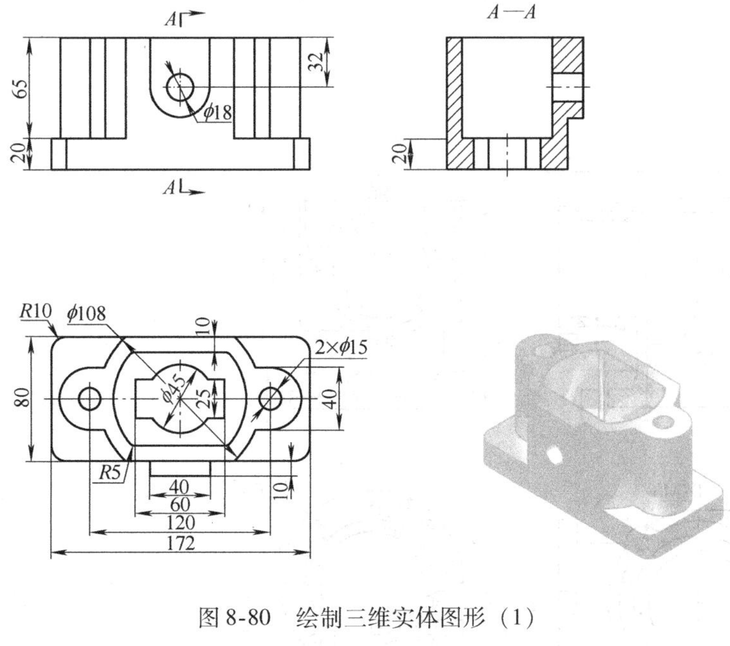

图 8-80　绘制三维实体图形（1）

（2）根据如图 8-81 所示的二维视图绘制三维实体模型。

（3）根据如图 8-82 所示的二维视图绘制三维实体模型。

（4）绘制如图 8-83 所示的四个三维图形。

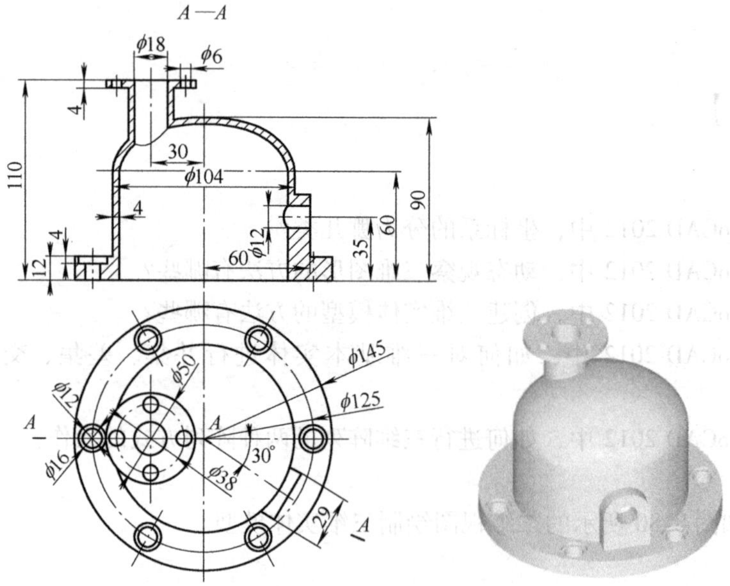

图 8-81　绘制三维实体图形（2）

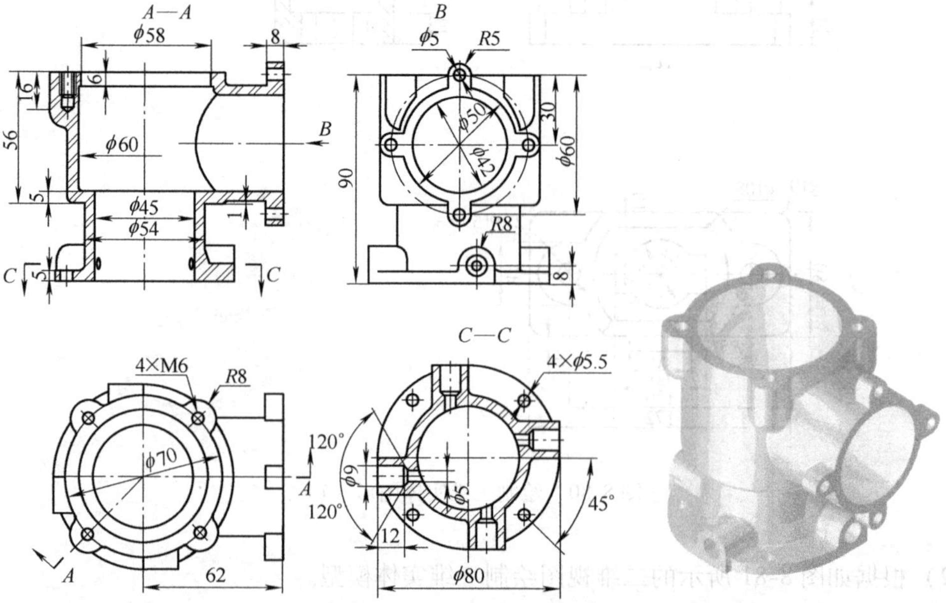

图 8-82　绘制三维实体图形（3）

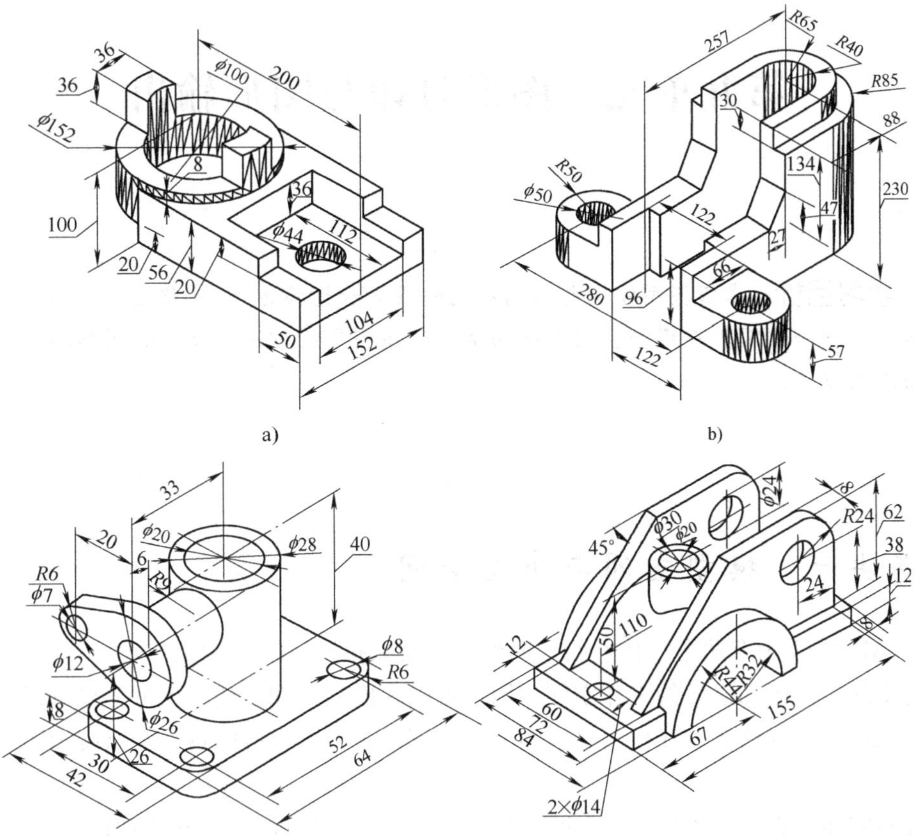

a)　b)　c)　d)

图 8-83　绘制三维实体图形（4）

第九单元　图形打印与图形输出

学习目标： 掌握模型空间与布局空间的设置和切换方法，掌握使用布局向导创建布局的方法；掌握在模型空间和布局空间打印图形的方法；掌握将图形输出成其他格式的方法。

知识模块一　模型空间与布局空间

AutoCAD 2012 中有两个工作空间，即模型空间和布局空间（图纸空间）。

模型空间是绘图和设计的工作空间。用户可以在模型空间中建立模型，也可以完成对二维或三维图形对象的修改。在模型空间中，可以创建多个不重叠的视口，以展示图形的不同视图。

布局空间用于设置在模型空间中绘制的方法图形的不同视图，创建图形最终打印输出时的布局。布局空间可以完全模拟图纸布局，在图形输出之前，先在图纸上布局。

知识点 1　切换至布局空间

布局空间可以在图纸上创建多个布局以显示不同的视图，创建图形最终打印输出的布局。设置了布局之后，就可以为布局的页面设置指定各种设置，包括打印设备设置和其他影响输出的外观和格式的设置。页面设置中指定的各种设置和布局被一起存储在图形文件中，可以随时修改页面设置中的设置。

绘图窗口底部有模型标签和布局标签 模型 / Layout 1 / Layout 2 /。AutoCAD 2012 中有两个设计空间，“模型”代表模型空间，“布局”代表图纸空间，单击这些标签可在两个空间之间进行切换。

用户也可以单击状态栏中的“模型”按钮 模型 ，进行模型与图纸之间的转换；或者单击状态栏中的“快速查看布局”按钮，此时将弹出如图 9-1 所示的浮动选择框，单击左键选择即可。

图 9-1　“快速查看布局”的浮动选择框

知识点 2　使用布局向导创建布局

选择“工具”/“向导”/“创建布局”命令，将打开“创建布局”向导。用户可以在此指定打印设备，确定相应的图纸尺寸和图形的打印方向，选择布局中使用的标题栏或确定视口设置。

创建布局的步骤如下：

1）选择“工具”/“向导”/“创建布局”命令，打开“创建布局-开始”对话框，并在“输入新布局的名称”文本框中输入新创建的布局的名称，如“Mylayout”，如图 9-2 所示。

2）单击“下一步”按钮，在打开的“创建布局-打印机”对话框中选择当前配置的打印机，如图 9-3 所示。

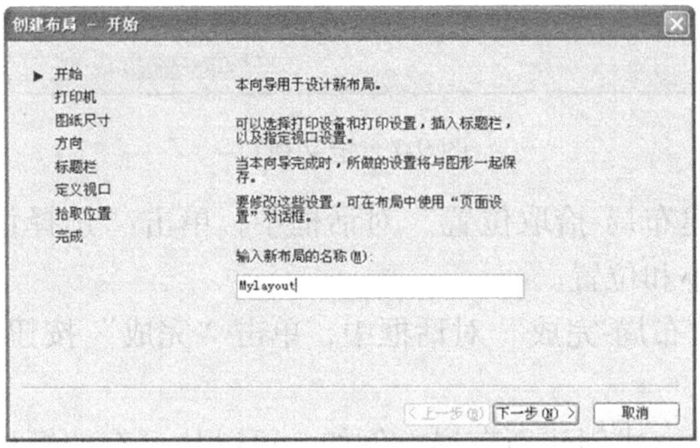

图 9-2　布局的命名

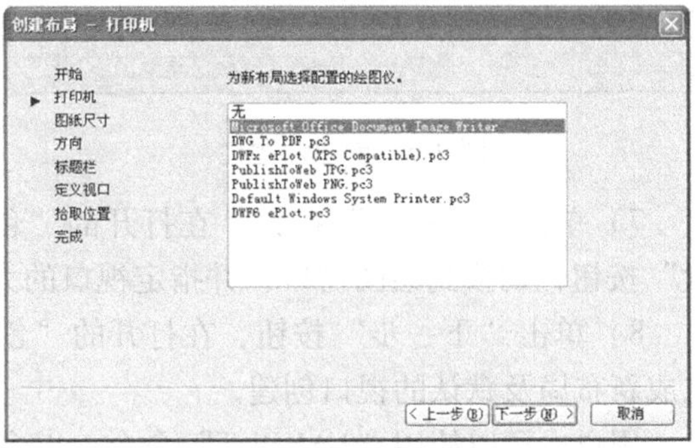

图 9-3　设置打印机

3）单击“下一步”按钮，在打开的“创建布局-图纸尺寸”对话框中选择打印图纸的大小及所用的单位。图形单位可以是毫米、英寸或像素。这里选择绘图单位为毫米，纸张大小为 A4，如图 9-4 所示。

4）单击“下一步”按钮，在打开的“创建布局-方向”对话框中设置打印方向，可以是横向打印，也可以是纵向打印。这里选择“横向”单选按钮，如图 9-5 所示。

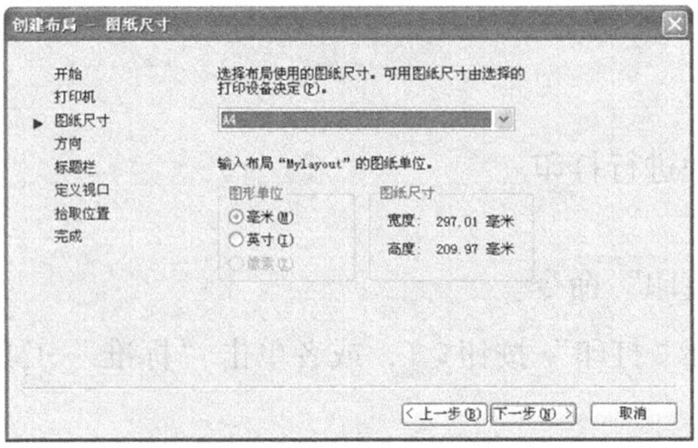

图 9-4　图形图纸的设定

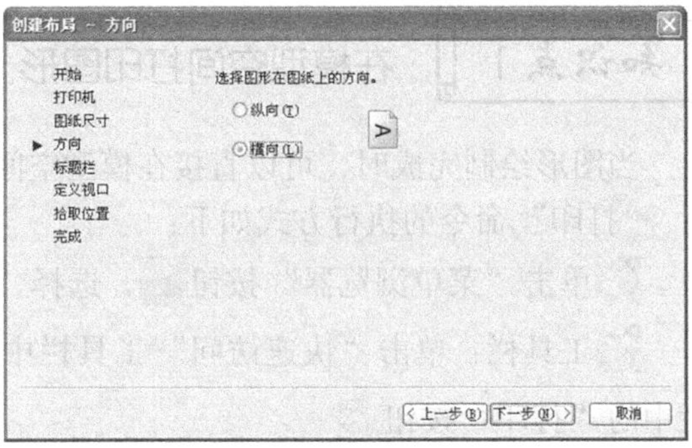

图 9-5　设置布局-方向

5）单击“下一步”按钮，在打开的“创建布局-标题栏”对话框中选择图纸的边框和标题栏的样式，对话框右边的预览框中将给出所选样式的预览图像。在“类型”选项组中，可以指定所选择的标题栏图形文件是作为块还是作为外部参照插入当前图形中，如图 9-6 所示。

6）单击“下一步”按钮，在打开的“创建布局-定义视口”对话框中指定新创建布局的默认视口设置和比例等。在“视口设置”选项组中选择“单个”单选按钮，在“视口比例”下拉列表框中选择“按图纸空间缩放”选项，如图 9-7 所示。

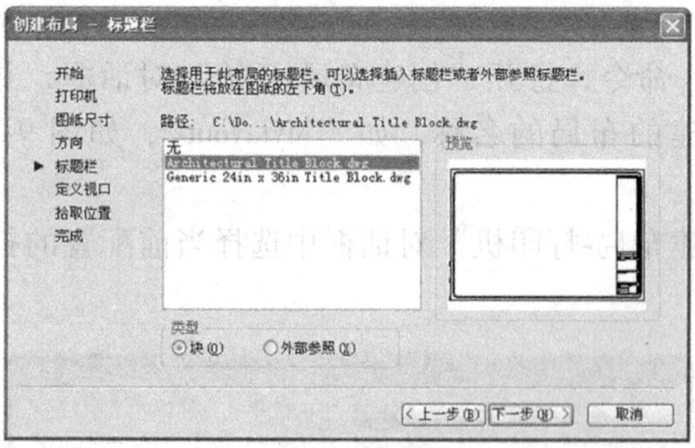

图 9-6　创建标题栏

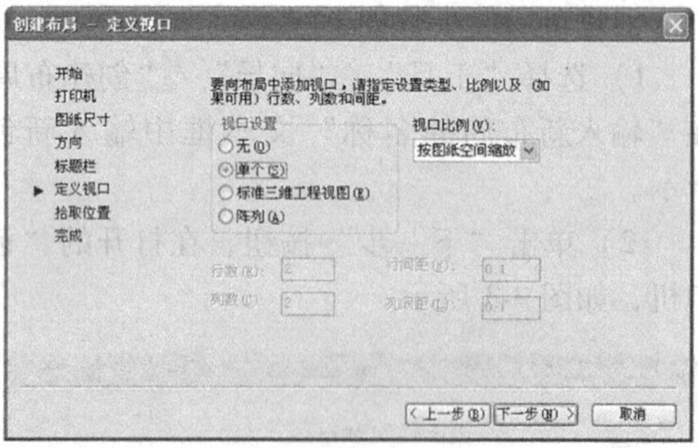

图 9-7　定义视口

7）单击“下一步”按钮，在打开的“创建布局-拾取位置”对话框中，单击“选择位置”按钮，切换到绘图窗口，并指定视口的大小和位置。

8）单击“下一步”按钮，在打开的“创建布局-完成”对话框中，单击“完成”按钮，完成新布局及默认的视口创建。

用户也可以使用“LAYOUT”命令，以多种方式创建新布局。例如，可以从已有的模板开始创建，也可以从已有的布局创建或直接从头开始创建。这些方式分别对应“LAYOUT”命令的相应选项。另外，用户还可用“LAYOUT”命令管理已创建的布局，如删除、改名、保存及设置等。

知识模块二　图形打印

知识点 1　在模型空间打印图形

当图形绘制完成时，可以直接在模型空间中进行打印。

“打印”命令的执行方式如下：

- 单击“菜单浏览器”按钮，选择“打印”命令。
- 工具栏：单击“快速访问”工具栏中的“打印”按钮，或者单击“标准”工具栏中的“打印”按钮。
- 命令行：输入“PLOT”。

执行上述命令后，系统将弹出如图 9-8 所示的“打印-模型”对话框，用户可在此设置打印参数。

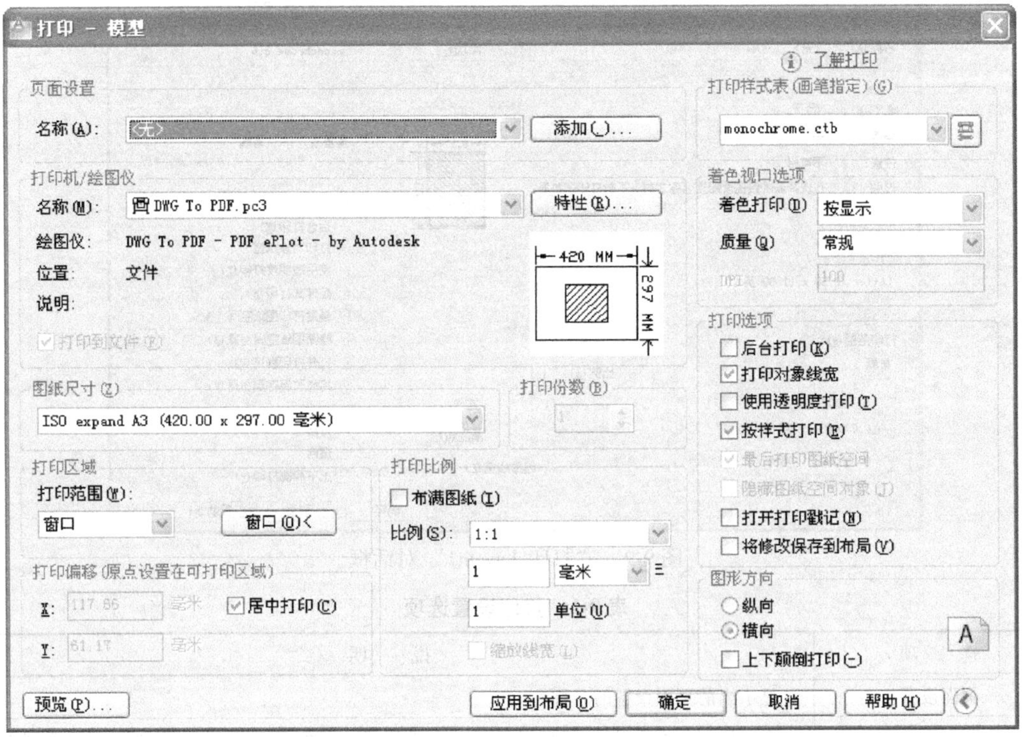

图 9-8　“打印-模型”对话框

在模型空间打印图形虽然比较简单，但是有很多局限性：

1）虽然可以将页面设置保存起来，但是其与图纸并无关联，每次打印都需要进行各项参数设置或调用页面设置。

2）仅适合打印二维图形。

3）不支持多比例视图和依赖视图的图层设置。

4）用 1∶1 的比例打印图形时，需要重新计算缩放标注、注释文字、标题栏和线型比例。

注意　单击“页面设置”选项组中的“添加”按钮，将弹出“添加页面设置”对话框，命名并保存设置后，以后打印的时候可以在“名称”下拉列表中选择调用，而不需要每次打印都进行设置。

知识点 2　在布局空间打印图形

在布局空间打印图形比模型空间方便许多，因为布局实际上可以看作是一个打印排版，创建布局时，很多打印需要设置的参数都已经预先设定了，打印时不需要重新设置。

在布局空间打印图形的命令和模型空间一样，只需切换到布局空间即可。

执行命令后，系统将弹出如图 9-9 所示的对话框。

该对话框中各选项的内容见表 9-1。

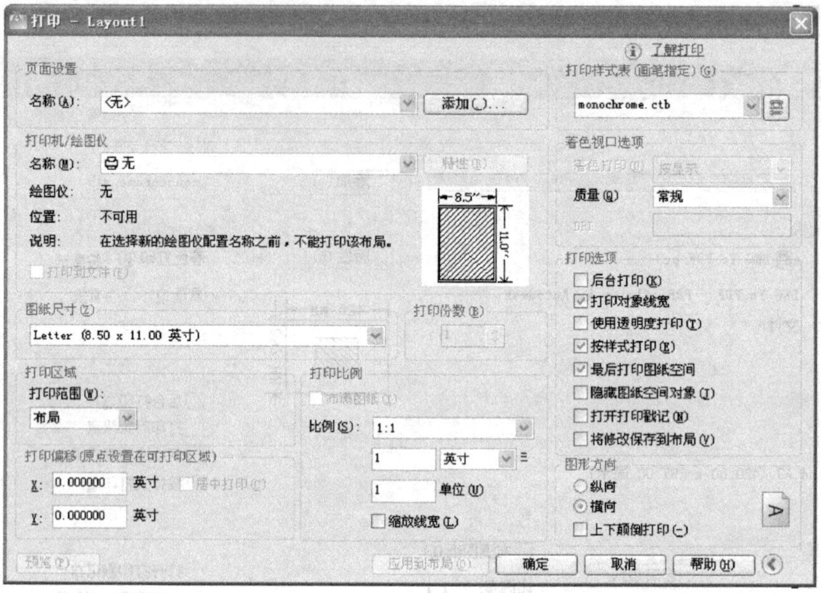

图 9-9 “打印-Layout1”对话框

表 9-1 打印设置选项

选项		说明
页面设置		显示当前页面设置的名称
打印样式表		在下拉列表中选择相应的打印样式表，选择后单击旁边的“编辑”按钮，可编辑打印样式表，并保存为新的打印样式表
打印机/绘图仪		通过下拉列表选择打印设备
图纸尺寸		通过下拉列表选择图纸尺寸
着色视口选项	指定着色和渲染视口的打印方式，并确定它们的分辨率级别和每英寸点数（DPI）	
	着色打印	指定视图的打印方式。在“模型”选项卡中，可以从下拉列表中选择“按显示”、“线框”、“消隐”或“渲染”
	质量	指定着色和渲染视口的打印分辨率
	DPI	指定渲染和着色视图的每英寸点数，最大可以是当前打印设备的最大分辨率。只有在“质量”下拉列表框中选择了“自定义”后，此选项才可用
打印区域	指定要打印的图形部分。在“打印范围”下，可以选择要打印的图形区域	
	布局或图形界线	打印布局时，将打印指定图纸尺寸的可打印区域内的所有内容，其原点从布局中的（0，0）点计算得出。打印“模型”选项卡时，将打印栅格界线所定义的整个绘图区域。如果当前视口不显示平面视图，则该选项与“范围”选项的效果相同
	范围	打印包含对象的图形的部分当前空间（图纸空间或模型空间）。当前空间内的所有几何图形都将被打印。打印之前，可能会重新生成图形以重新计算范围
	显示	对于“模型”选项卡，将打印当前视口中的视图；对于“布局”选项卡，将打印当前图纸空间中的视图
	视图	打印以前使用“VIEW”命令保存的视图，用户可以从提供的列表中选择命名视图。如果图形中没有已保存的视图，则此选项不可用
	窗口	打印图形中指定的区域。单击“窗口”按钮，使用定点设备指定打印区域的对角或输入坐标值

（续）

选　项		说　明
打印选项		指定线宽、打印样式、着色打印和对象的打印次序等选项
	打印对象线宽	指定是否打印为对象或图层指定的线宽
	按样式打印	指定是否打印应用于对象和图层的打印样式。如果选择该选项，也将自动选择“打印对象线宽”选项
	最后打印图纸空间	首先打印模型空间中的几何图形。系统通常先打印图纸空间中的几何图形，然后再打印模型空间中的几何图形
	隐藏图纸空间对象	指定“HIDE”操作是否应用于图纸空间视口中的对象。此选项仅在布局选项卡中可用。该设置的效果反映在打印预览中，而不反映在布局中
图形方向		为支持纵向或横向的绘图仪指定图形在图纸上的打印方向
	纵向	旋转并打印图形，使图纸的短边位于图形页面的顶部
	横向	旋转并打印图形，使图纸的长边位于图形页面的顶部
	上下颠倒打印	上下颠倒地旋转并打印图形
预览		单击该按钮，将按照指定的设置在图纸上以打印的方式显示图形

知识模块三　图形输出

知识点 1　电子传递

使用“电子传递”命令，可以打包一组文件以用于网络传递，传递包中的图形文件会自动包含所有与其相关的从属文件。

“电子传递”命令的执行方式如下：

- 单击“菜单浏览器”按钮，选择“发布”/“电子传递”命令。
- 命令行：输入“ETRANSMIT”。

执行上述命令后，系统将弹出如图 9-10 所示的对话框，用户可以选择“添加文件”按

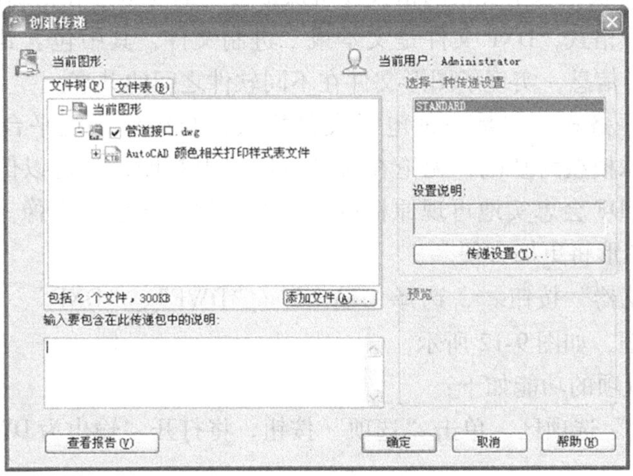

图 9-10　“创建传递”对话框

钮继续添加文件，也可以在传递说明中填写说明。

单击“确定”按钮，将弹出“指定 Zip 文件”对话框，如图 9-11 所示，用户可在其中设置文件名和保存路径。单击“保存”按钮，完成电子传递的操作。

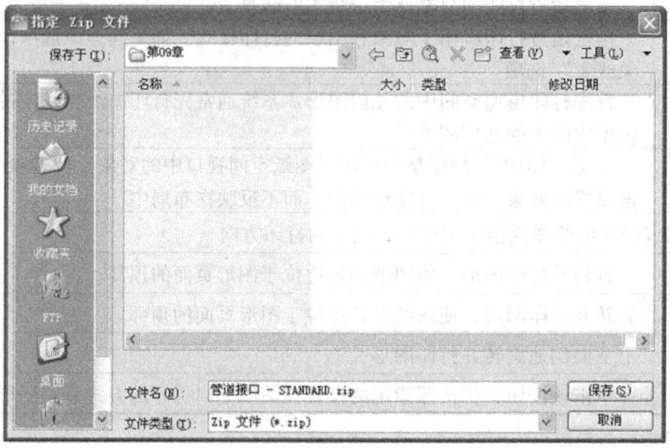

图 9-11 “指定 Zip 文件”对话框

将图形文件发送给其他人时，经常会忽略包含的相关从属文件（如外部参照文件和字体文件），在某些情况下，收件人会因为没有包含的从属文件而无法使用图形。而电子传递打包的一组文件会将属性一并打包。

知识点 2　输出 DWF、DXF、PDF 文件

DWF 是国际上通用的图形网络格式，易于在互联网上发布和查看。任何用户都可以使用“Autodesk WHIP!”插件或网络浏览器打开、查看和打印 DWF 文件。DWF 文件支持图形文件的实时缩放和移动，并支持控制图层、命名视图和嵌入链接显示效果等操作。DWF 文件是基于矢量压缩格式的文件，且压缩效率非常高。压缩的 DWF 文件的打开和传输速度要比 AutoCAD 图形文件快；基于矢量的格式还可保证数据的安全性和精确性。

DXF 即图形交换格式，DXF 文件是文本或二进制文件，其中包含其他计算机辅助设计程序可以读取的图形信息，实现了图形文件在不同软件之间的共享。

PDF 即便携文件格式，它是一种电子文件格式，与操作系统平台无关。PDF 文件以 PostScript 语言的图像模型为基础，无论在哪种打印机上打印，都可以保证精确的颜色和准确的打印效果，即 PDF 会忠实地再现原稿的每一个字符、颜色及图像。当图形文件以 PDF 格式输出时，查看图形将更加方便。

单击“菜单浏览器”按钮，选择“输出”/“DWF”、“DXF”、“PDF”命令，将打开“另存为”对话框，如图 9-12 所示。

对话框中各设置项的功能如下：

（1）“当前设置”选项区　单击“选项”按钮，将打开“输出为 DWF/PDF 选项”对话框，如图 9-13 所示。

1）位置：指定输出文件的保存路径。

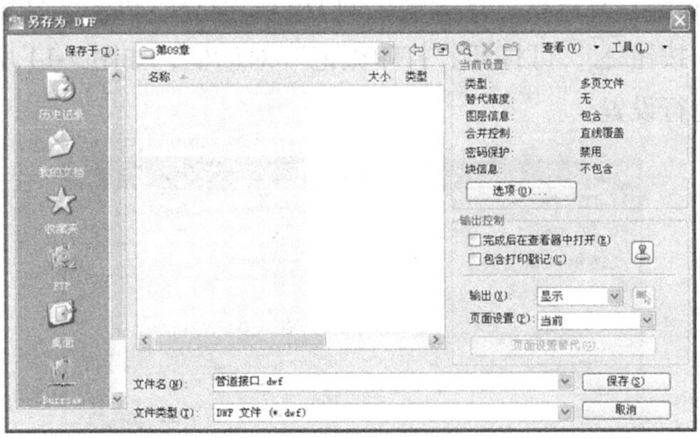

图 9-12　“另存为”对话框

图 9-13　“输出为 DWF/PDF 选项”对话框

2）类型：指定从图形输出单张图纸还是多张图纸。

3）命名：选择何时命名多页文件，可在输出过程中提示输入名称或在输出前指定名称。

4）图层信息：选择是否在文件中包含图层信息。

5）合并控制：指定对重叠的直线是执行覆盖（顶层直线覆盖底层直线）操作还是执行合并（直线的颜色融合在一起）操作。

6）密码保护：选择对文件进行密码保护，以及是否在输出过程中提示输入密码，或者在此对话框中指定密码。

7）块信息：指定是否在文件中包含块的特性和属性信息。

8）块样板文件：选择“包含”时可操作，用于创建新的块样板文件，编辑现有块样本文件或使用先前创建的块样本文件。

（2）“输出控制”选项区

1）“完成后在查看器中打开”复选框：设置输出的 DWF、DXF、PDF 文件是否立即打开。

2）“包含打印戳记”复选框：设置输出的 DWF、DXF、PDF 文件中是否包含戳记。单击“打印戳记设置”按钮，可打开“打印戳记”对话框，如图 9-14 所示，用户可通过该对话框对打印戳记进行设置。

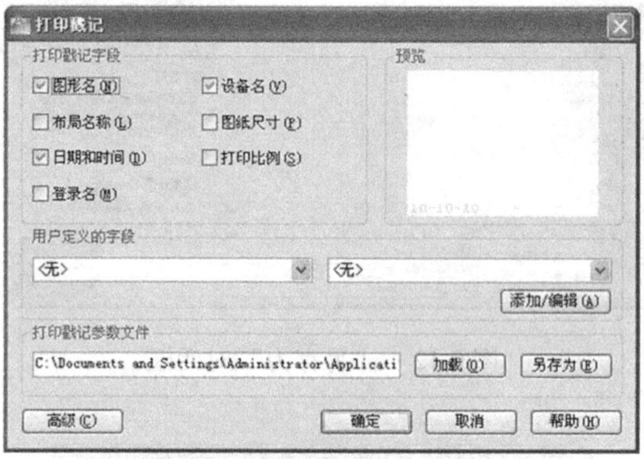

图 9-14　“打印戳记”对话框

3）“输出”下拉列表框：确定文件的输出范围。

4）“页面设置”下拉列表框：指定页面布局的设置。

知识点 3　网上发布

AutoCAD 2012 提供了“网上发布”功能，利用此功能可以方便快速地创建格式化的 Web 页，该 Web 页包含 DWF、PNG 或 JPG 格式的图像。一旦创建了 Web 页，就可以将其发布到 Internet。

选择“文件”/“网上发布”菜单命令，或者在命令行输入“publishtoweb”命令，都将调出网上发布向导，打开“网上发布-开始”对话框，如图 9-15 所示。

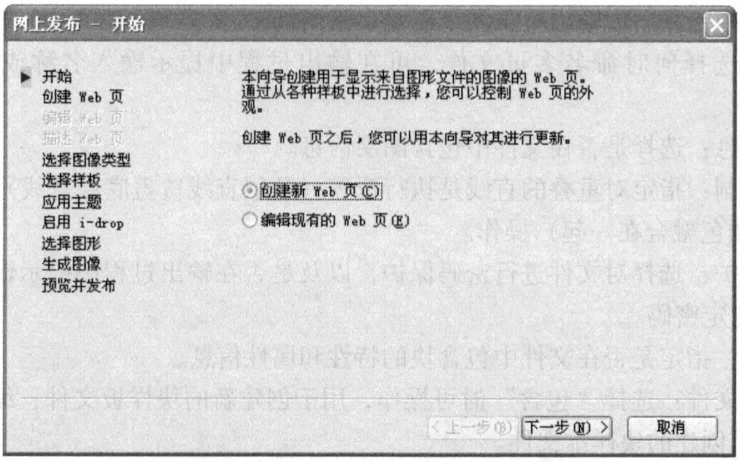

图 9-15　“网上发布-开始”对话框

创建网上发布 Web 页的步骤如下：

（1）开始　让用户选择是编辑已有的网页，还是创建一个新的网页。

（2）创建 Web 页　在该页中必须指定网页的名称，该名称还用作本网页及其配置文件存放的目录名称。也可以在此步骤中更改默认的 Web 页文件夹的上级目录，或者为网页添加说明，如图 9-16 所示。

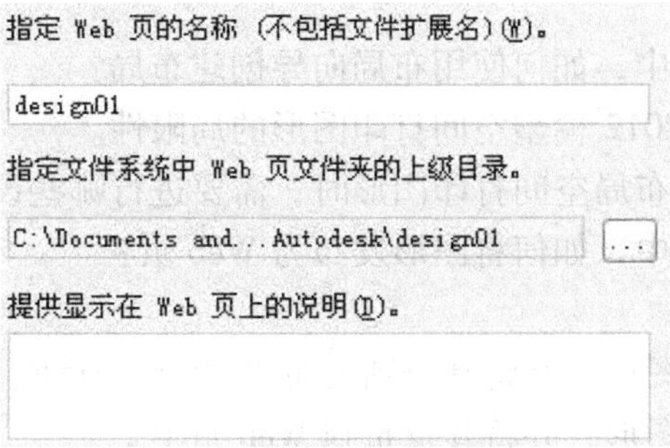

图 9-16　创建 Web 页

（3）选择图像类型　将 AutoCAD 图形生成相应的网页，包含的图像有 DWFx、DWF、JPEG 和 PNG 四种格式。

（4）选择样板　样板实际上就是图形图像在网页上的布局，在“列表加摘要”、“数组加摘要”、“缩微图像数组”和“图形列表”四种方式中选择任意一种，都可以即刻在预览窗口中看到所选方式的效果。

（5）应用主题　是指用一种主题风格对网页上的一些元素（颜色、字体等）的外观进行控制，系统提供了如图 9-17 所示的主题风格。选择主题后即可在下面的窗口中看到所选主题的样式。

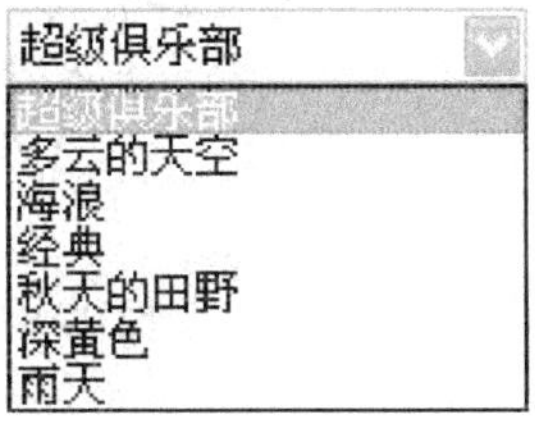

图 9-17　网页的风格主题

（6）启用 i-drop　系统将询问是否创建 i-drop 有效的 Web 页，i-drop 有效的 Web 页会在该页上随生成的图像一起发送 DWG 文件的备份。利用此功能访问 Web 页的用户，可以将图形文件拖放到 AutoCAD 绘图环境中。

（7）选择图形　选择图形添加到网页中，可以选择图形的某一个布局，而且可以通过“标签”和“描述”文本框对该图形生成的网页图像进行说明，如图 9-18 所示。

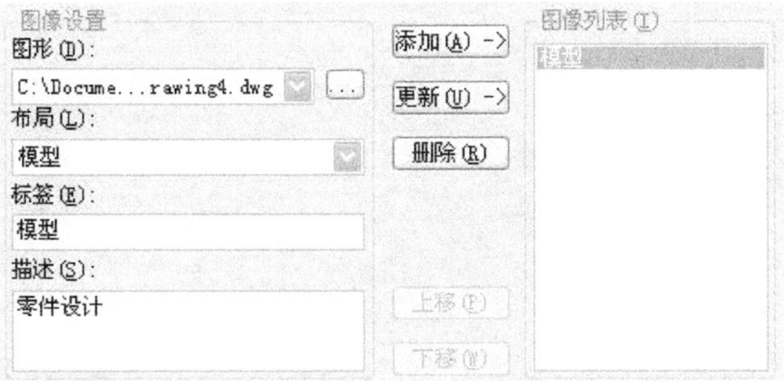

图 9-18　选择图形并设置

（8）生成图像　确定是重新生成已修改图形的图像，还是重新生成所有图像。

（9）预览并发布　预览生成的网页，也可以发布生成的网页。

【综合训练】

1. 简答题

（1）在 AutoCAD 2012 中，如何使用布局向导创建布局？

（2）简述在 AutoCAD 2012 模型空间打印图形的局限性。

（3）在 AutoCAD 2012 布局空间打印图形时，需要进行哪些设置？

（4）在 AutoCAD 2012 中，如何将图形发布为 Web 页？

2. 操作题

（1）绘制如图 9-19 的图形，并将其分别发布为 DWF、DXF、PDF 文件。

（2）绘制如图 9-20 的图形，并将其发布到 Web 页上。

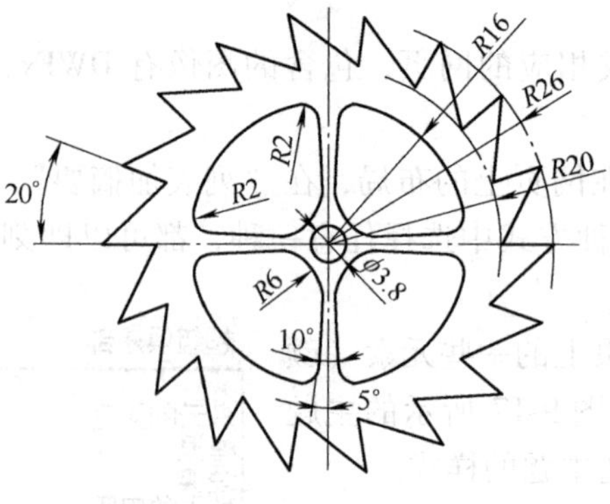

图 9-19　练习图形（1）

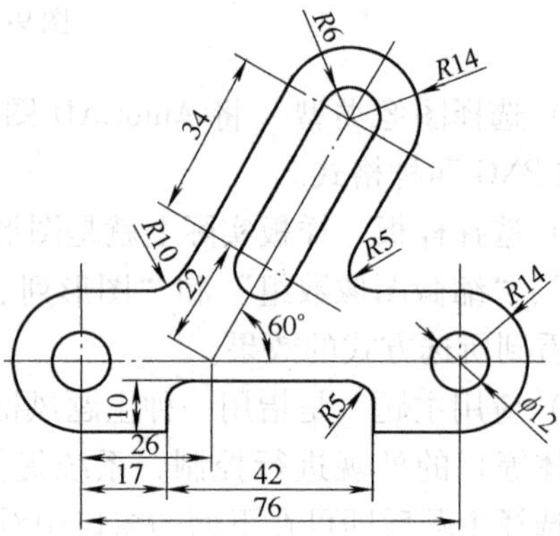

图 9-20　练习图形（2）

第十单元　综合训练

学习目标：掌握使用 AutoCAD 2012 创建样板图，绘制零件图、装配图等图形的方法和技巧；建立 AutoCAD 2012 绘图的整体概念；提高实际绘图的能力。

知识模块一　绘图常识

在工程绘图中，对于不同类型的图纸，绘图要求和规范也不尽相同。为了更好地掌握绘图基本知识，有必要了解国家标准中对图纸幅面、绘图比例的有关规定。

知识点 1　图纸幅面及格式

在国家标准中，图纸幅面的尺寸、图框的格式以及标题栏的方位和尺寸都有严格的规定。

1. 图纸幅面尺寸

绘制图样时，应优先采用国家标准中规定的幅画尺寸，见表 10-1，必要时可沿长边加长。对于 A0、A2、A4 幅面，应按 A0 幅面边长的 1/8 加长；对于 A1、A3 幅面，应按 A0 幅面短边的 1/4 加长。A0 及 A1 幅面允许同时加长两边，如图 10-1 所示。

表 10-1　图纸幅面及周边尺寸　　（单位：mm）

<table>
<tr><th rowspan="2">幅面代号</th><th>幅面尺寸</th><th colspan="3">周边尺寸</th></tr>
<tr><th>$B \times L$</th><th>a</th><th>c</th><th>e</th></tr>
<tr><td>A0</td><td>841 × 1189</td><td rowspan="5">25</td><td rowspan="3">10</td><td rowspan="2">20</td></tr>
<tr><td>A1</td><td>594 × 841</td></tr>
<tr><td>A2</td><td>420 × 594</td><td rowspan="3">10</td></tr>
<tr><td>A3</td><td>297 × 420</td><td rowspan="2">5</td></tr>
<tr><td>A4</td><td>210 × 297</td></tr>
</table>

2. 图框格式

无论图样是否装订，均应在图幅内画图框，图框线用粗实线绘制。对于需装订的图样，其装订边应留出宽度 a，非装订边留出宽度 c，如图 10-2 所示；对于不需要装订的图样，其周边均应留出宽度 e，如图 10-3 所示。

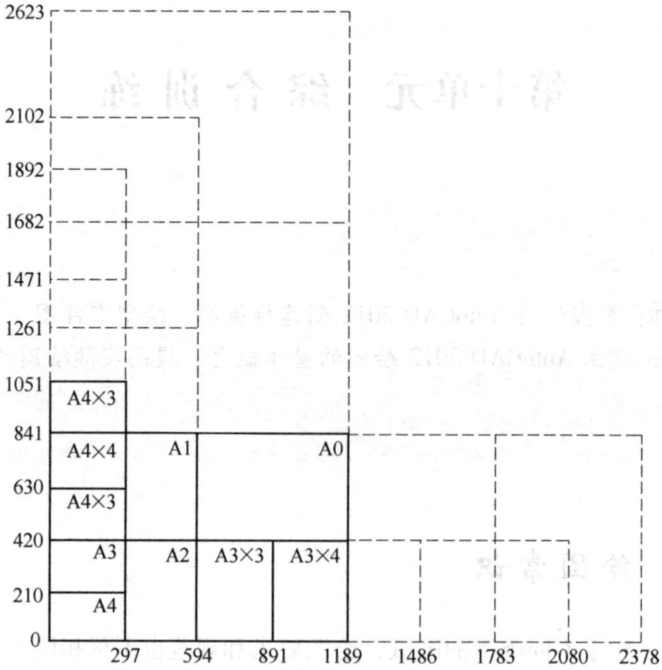

图 10-1　图纸幅面及加长边

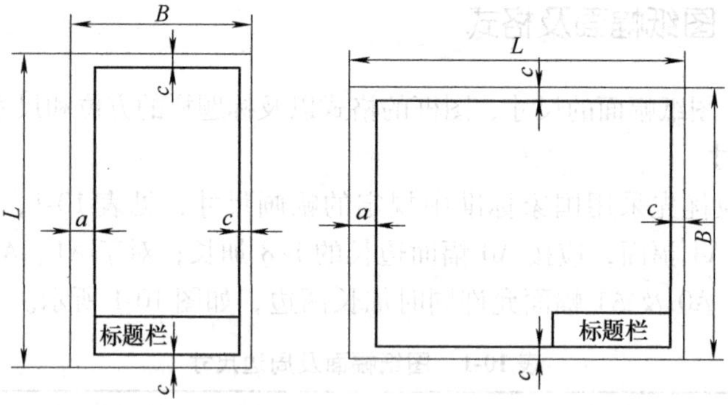

图 10-2　需要装订的图框格式

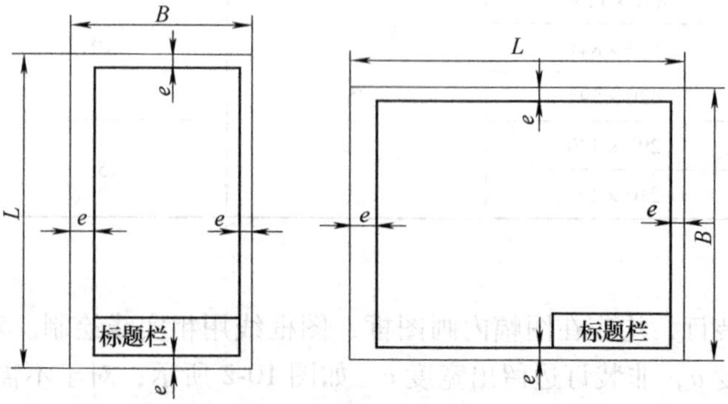

图 10-3　不需要装订的图框格式

3. 标题栏的方向及格式

工程图样的右下角均有标题栏。标题栏中的文字方向为看图的方向，标题栏的格式由国家标准规定，如图 10-4 所示。学校制图作业中使用的标题栏可以简化。

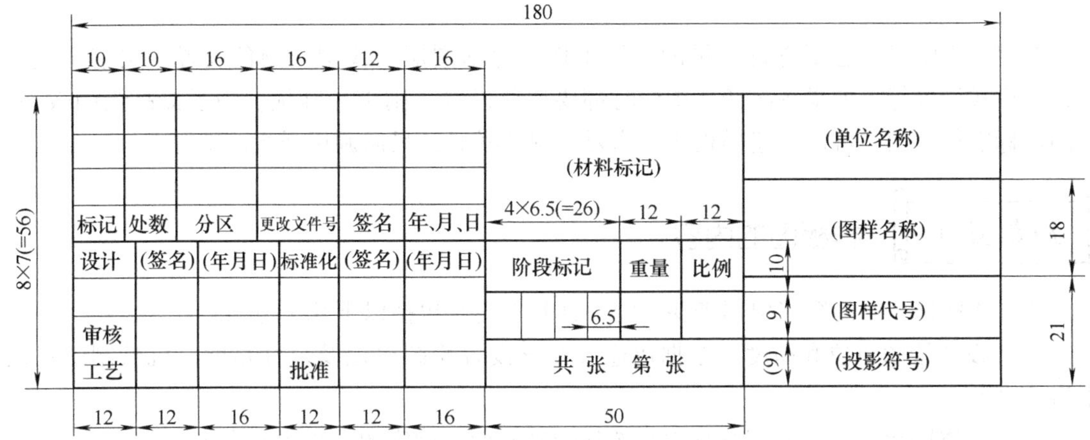

图 10-4　国家标准规定的标题栏格式

标题栏的外框是粗实线，其右边的底边与图框线重合。字体除名称用 10 号字外，其余均用 5 号字。

知识点 2　绘图比例

图样中机件要素的线性尺寸与实际机件相应要素的线性尺寸之比称为比例。国家标准规定，绘制图样时应采用规定的比例，见表 10-2（其中 n 为正整数）。

表 10-2　国家标准规定的比例

种　类	比例数值
原值比例	1∶1
缩小比例	1∶2　(1∶1.5)　(1∶2.5)　(1∶3)　(1∶4)　1∶5　(1∶6)　1∶10 $1:2\times10^n$　$(1:2.5\times10^n)$　$(1:3\times10^n)$　$(1:4\times10^n)$　$1:5\times10^n$　$(1:6\times10^n)$　$1:1\times10^n$
放大比例	2∶1　(2.5∶1)　(4∶1)　5∶1 $1\times10^n:1$　$2\times10^n:1$　$(2.5\times10^n:1)$　$(4\times10^n:1)$　$5\times10^n:1$

注：1. n 为正整数。

2. 优先选用括号外的值，必要时也允许使用括号内的值。

图样无论放大或缩小，标注尺寸时都应按机件的实际尺寸进行标注。每张图样上均要在标题栏的“比例”栏中填写比例，如“1∶1”或“1∶2”等。

绘制图样时，应尽可能按机件的实际大小（比例为 1∶1）画出，以便直接从图样中看出机件的真实大小。由于机件的大小及其结构的复杂程度不同，对于大而简单的机件，可采用缩小的比例；对于小而复杂的机件，可采用放大的比例。

如果按 1∶n 的比例变换图形，则比例因子就是 n。例如，若绘图比例为 1∶20，则比例因子就是 20。假定要绘制一个 40cm × 60cm 的机件，使用的图纸为 A3 幅面（297mm × 420mm），考虑到绘图时要留出边界（约 25mm），而标题栏区域为 56mm × 180mm，则图纸上实际可用的区域为 190mm × 215mm。由于 400/190 = 2.1，600/215 = 2.79，比例因子需取两者之中较大者（2.79），因此比例因子采用3。

知识模块二　创建样板图

新建工程图时，总要进行大量的设置工作，包括图层、线型、颜色设置，文字样式设置，标样式设置等。如果每次新建图样时都要如此设置，则十分麻烦。为了提高绘图效率，使图样标准化，用户可以创建样板图，当要绘制图样时，只需调用样板图即可。

知识点1　样板图的内容

所创建样板图的内容应根据需要而定，其基本内容包括以下几个方面：

（1）设置绘图单位和精度　根据用途及要求设置绘图单位及尺寸精度，机械制图一般不需要设置。

（2）设置图形界限　根据图形大小选择图纸幅面，确定图形界限的大小。

（3）设置图层　设置图层时要考虑国家标准对技术制图所用的图线名称、形式、结构、标记及画法规则等的规定，并结合实际情况进行。

（4）设置文字样式　在机械制图中，常需要采用文字、数字或字母等来说明机件的大小、技术要求等内容。AutoCAD 2012 提供了符合国家制图标准的长仿宋大字体“gbcbid. shx”，以及符合国家制图标准的两种英文字体“gbenor. shx”（用于标注直体）和“gbeitc. shx”（用于标注斜体）。

（5）设置标注样式　建立符合国家制图标准规定的标准样式，包括建立专门用于角度标注、半径标注和直径标注的子样式。

（6）绘制图框　绘制符合标准的图框，参见本单元模块一的内容。

（7）绘制标题栏　参见本单元模块一的内容。

知识点2　创建样板图的方法

现以如图10-5所示的“A4-横向”样板图为例，说明创建样板图的步骤。

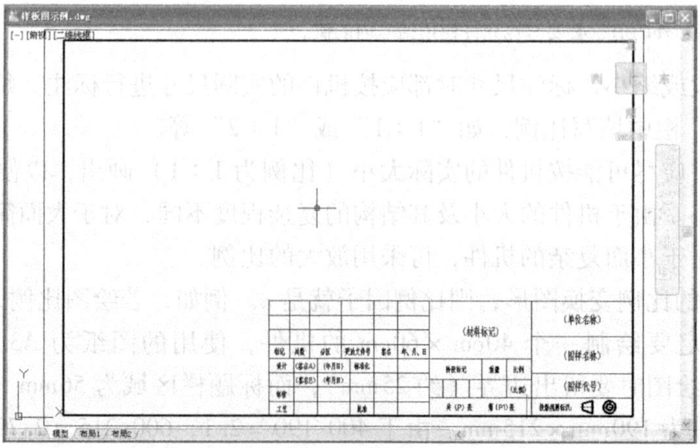

图10-5　“A4-横向”样板图

1）单击“新建”按钮，打开“创建新图形”对话框，单击对话框中的“默认设置”按钮，然后单击“确定”按钮，进入绘图状态。

2）选择“格式”/“单位”命令，打开“图形单位”对话框，设置长度类型为小数，精度为小数点后两位；角度类型为十进制角度，精度为整数；单位为 mm。

3）选择“格式”/“图层”命令，打开“图层特性管理器”对话框，按表 10-3 的要求创建图层。

表 10-3　设置图层属性　　（单位：mm）

图层名称	线型名称	线　宽	参考颜色
粗实线	Continuous（实线）	0.3	黑色/白色
细实线	Continuous（实线）	0.15	黑色/白色
波浪线	Continuous（实线）	0.15	青色
中心线	CENTER（中心线）	0.15	红色
细虚线	ACAD_ISO02W100（虚线）	0.15	绿色
标注及剖面线	Continuous（实线）	0.15	红色
细双点画线	ACAD_ISO05W100（双点画线）	0.15	黄色

4）选择“格式”/“文字样式”命令，打开“文字样式”对话框，创建“国标-3.5”和“国标-5”两种文字样式，SHX 字体为“gbenor. shx”，大字体为“gbcbid. shx”，文字高度分别是 3.5 和 5，如图 10-6 所示。

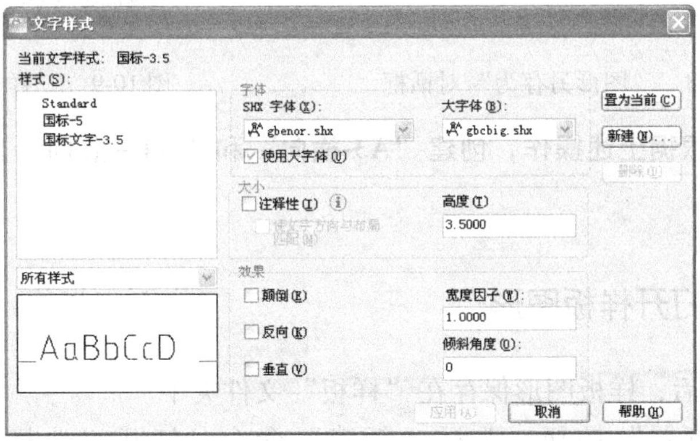

图 10-6　设置文字样式

5）选择“格式”/“标注样式”命令，打开“标注样式”对话框，创建“TSM-3.5”和“TSM-5”两种标注样式，建立专门用于角度标注、半径标注和直径标注的子样式，如图 10-7 所示。

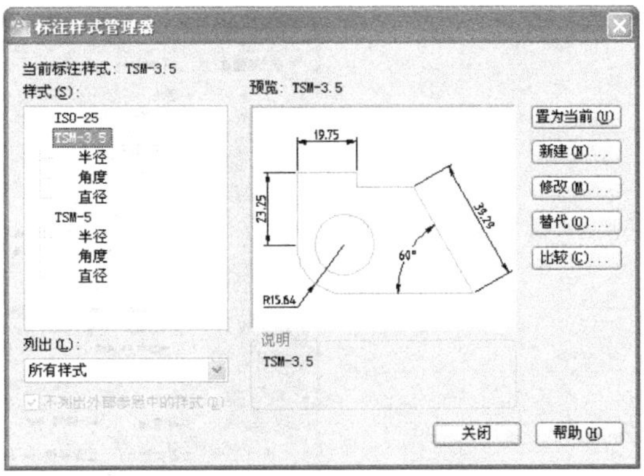

图 10-7　设置标注样式

6）绘制图框线和标题栏，图纸为横向放置，不需要装订，详细数据参见本单元模块一的内容。

7）选择“格式”/“图像界限”命令，命令提示如下：

命令：LIMITS

重新设置模型空间界限：

指定左下角点或［开（ON）/关（OFF）］<0.0000，0.0000>：↙

指定右上角点 <420.0000，297.0000>：297，210↙

单击“缩放”工具栏中的“全部缩放”按钮，使样板图布满整个绘图区域。

8）执行“保存”命令，打开“图形另存为”对话框，命名样板文件名为“A4-横向”，如图10-8所示。

9）单击“保存”按钮，系统弹出“样板选项”对话框，填写说明，单击“确定”，样板文件保存成功。

图10-8 “图形另存为”对话框

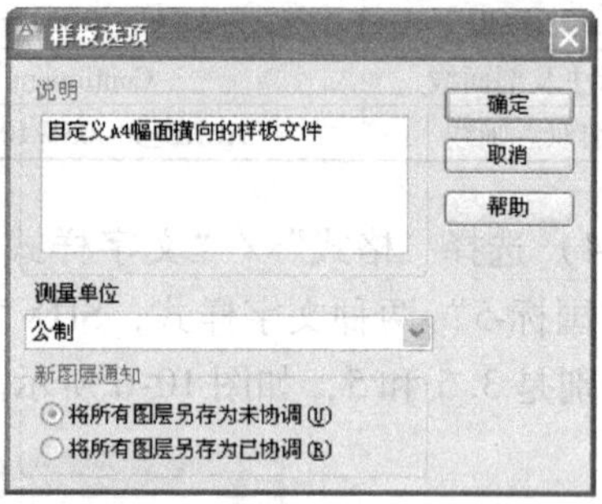

图10-9 “样板选项”对话框

【课堂实训】 根据上述操作，创建“A3-横向”和“A4－竖向”图形样板文件，不需装订。

知识点3 打开样板图形

创建了样板图形后，样板图形保存在“样板”文件夹中。

单击“菜单浏览器”按钮，选择“新建”命令，打开“选择样板”对话框，如图10-10所示。创建好的样板文件会显示在对话框中，选择“打开”即可。

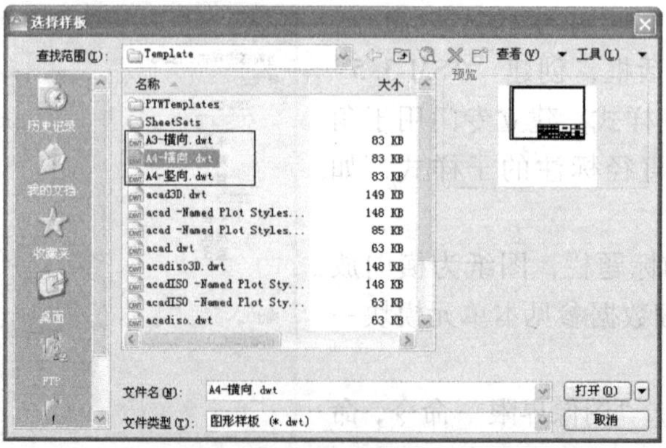

图10-10 “选择样板”对话框

知识模块三　典型机械零件图的绘制

知识点 1　绘制轴类零件

下面以如图 10-11 所示的轴类零件图为例，介绍机械图样的绘制方法，以及绘制机械图样时应注意的一些问题。

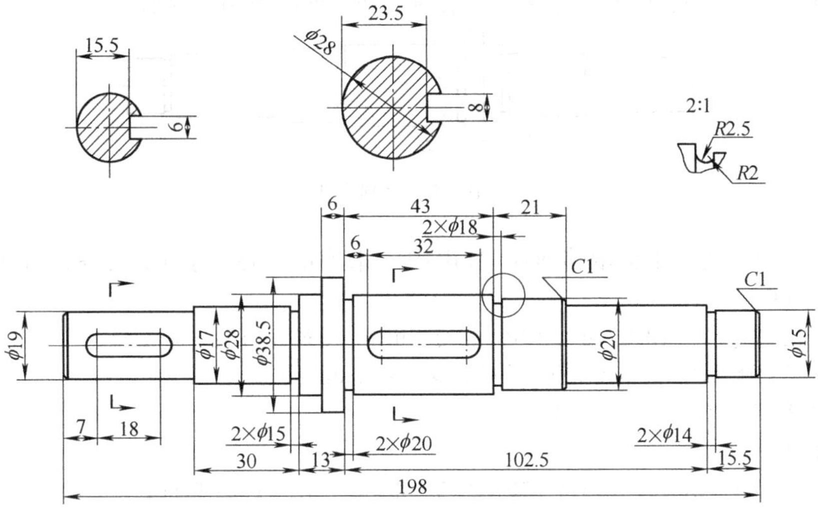

图 10-11　轴类零件图

具体操作步骤如下：

1）打开图形样板文件“A4-横向 . dwt”。

2）图样布局。设置轮廓线层为当前层，然后在屏幕的适当位置绘制对称轴线 *A* 及左、右端面线 *B*、*C*，如图 10-12 所示。

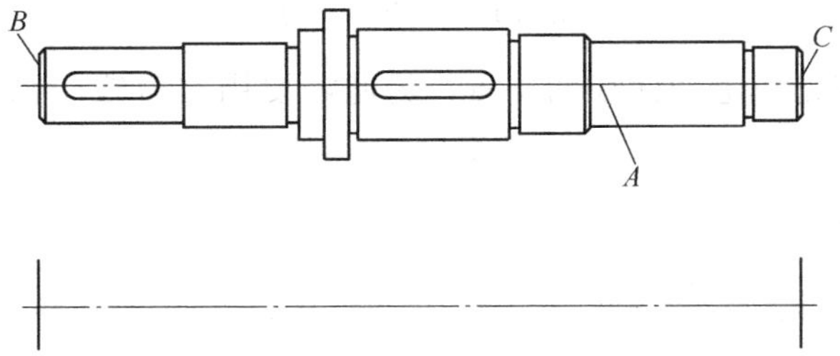

图 10-12　图样布局

3）打开对象捕捉、正交和自动追踪。

4）用“直线”命令画出轴的轮廓线，如图 10-13 所示。

5）将轴的轮廓线关于中心线 *A* 镜像，如图 10-14 所示。

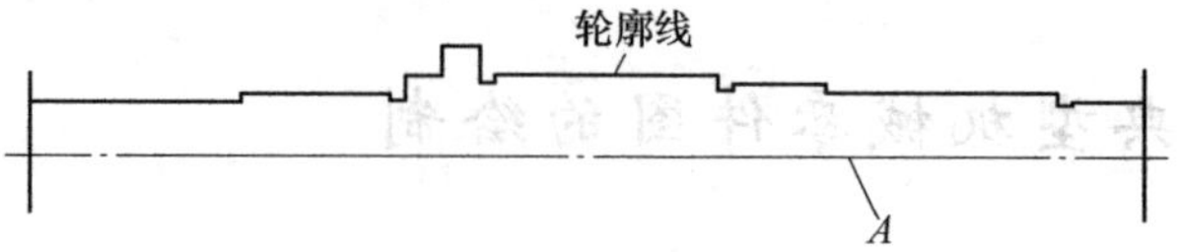

图 10-13　绘制轮廓线

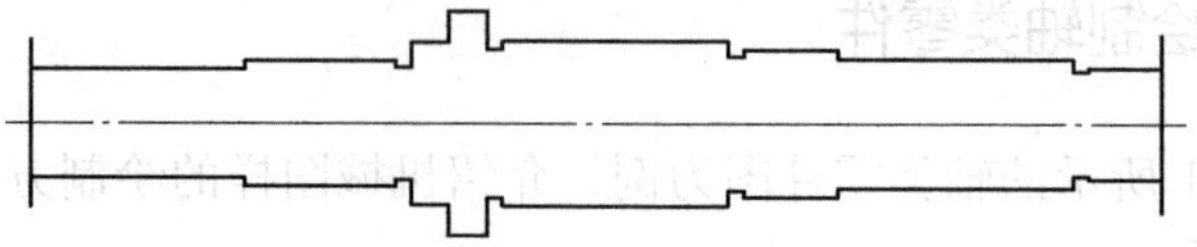

图 10-14　镜像结果

6）补画直线 *C*、*D*、*E* 等，并修剪多余的线条，如图 10-15 所示。

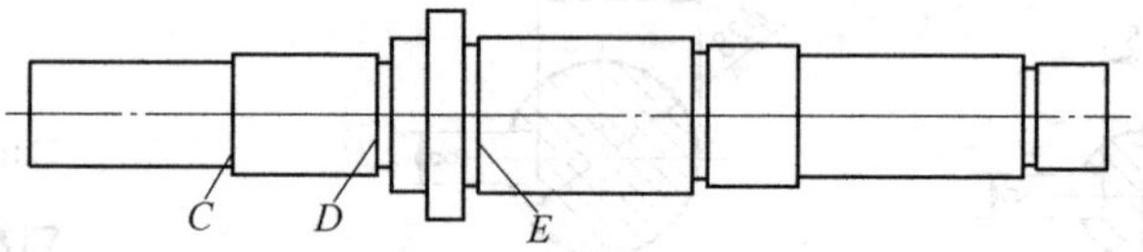

图 10-15　绘制直线

7）绘制键槽。通过正交偏移捕捉“FROM”来确定圆心。系统命令提示如下：

命令：CIRCLE
指定圆的圆心或［三点（3P）/两点（2P）/相切、相切、半径（T）］：from ↙
基点：（选择左侧边界和中心线交点）＜偏移＞：@7，0↙
指定圆的半径或［直径（D）］：2.5↙
命令：CIRCLE
指定圆的圆心或［三点（3P）/两点（2P）/相切、相切、半径（T）］：from ↙
基点：（选择第一个圆的圆心）＜偏移＞：@18，0↙
指定圆的半径或［直径（D）］＜2.5000＞：↙

然后使用直线进行连接，并修剪直线和圆，如图 10-16 所示。按同样的方法绘制另一个键槽。

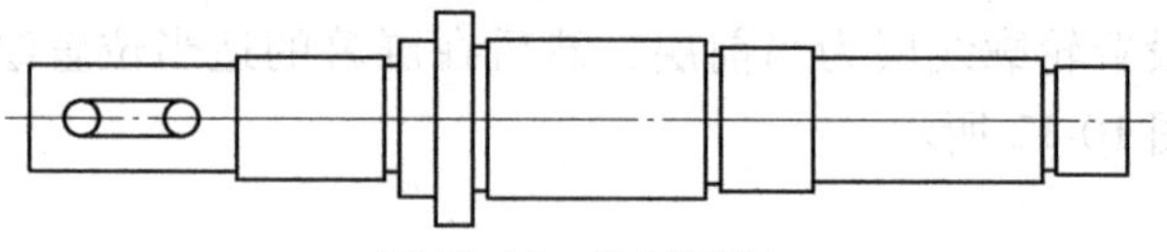

图 10-16　绘制键槽

8）画剖视图。首先确定剖面线的位置，为此需要用“直线”命令作两条定位辅助线 *E*、*F*，如图 10-17 所示。

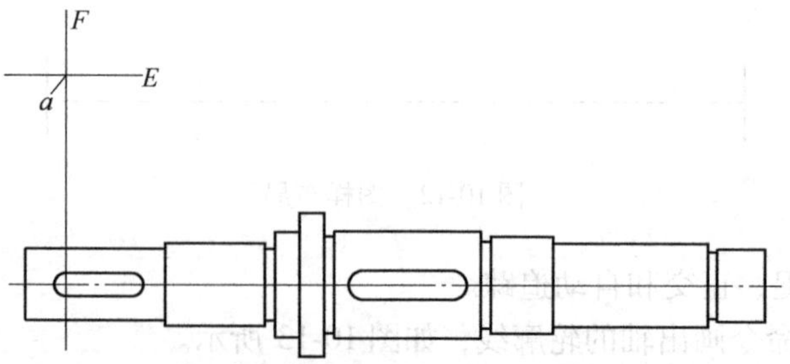

图 10-17　绘制定位辅助线

9）以交点 a 为圆心画断面图，再偏移直线 E、F 以形成槽，如图 10-18 所示。

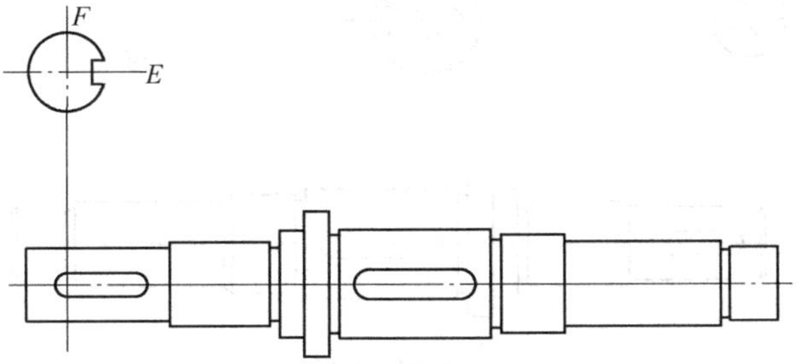

图 10-18　绘制圆和键槽

10）以同样的方法绘制另一个断面图，然后填充剖面线图案，如图 10-19 所示。

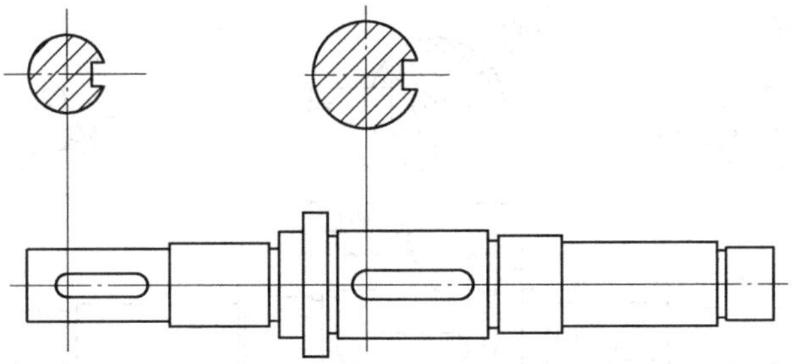

图 10-19　填充图案

11）把图形 A 复制到 B 处，如图 10-20 所示。

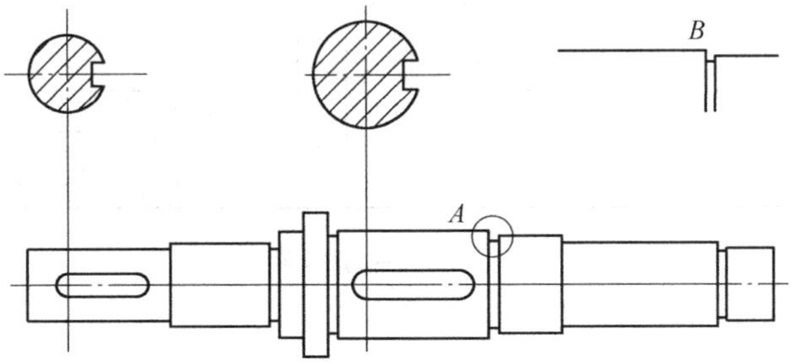

图 10-20　复制图形

12）使用“缩放”命令将图形放大 2 倍，使用样条曲线命令画出细节特征，然后修剪掉多余的线，如图 10-21 所示。

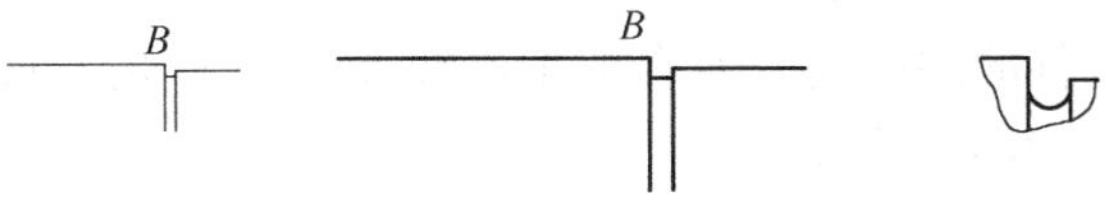

图 10-21　缩放并修剪图形

13）画出倒角，并修改图形的线型，如图 10-22 所示。

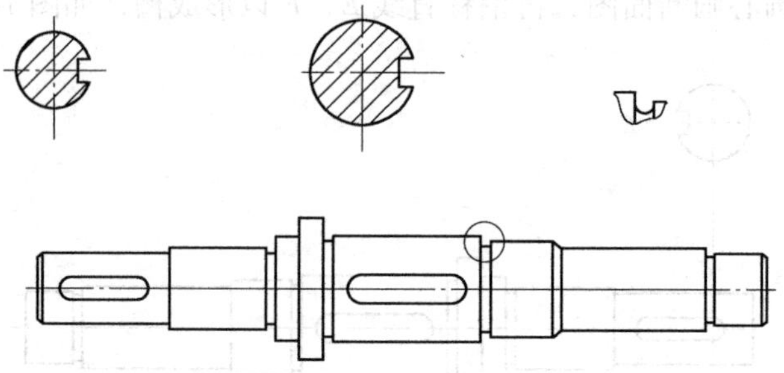

图 10-22　倒角

14）对图形进行标注，最终效果如图 10-23 所示。

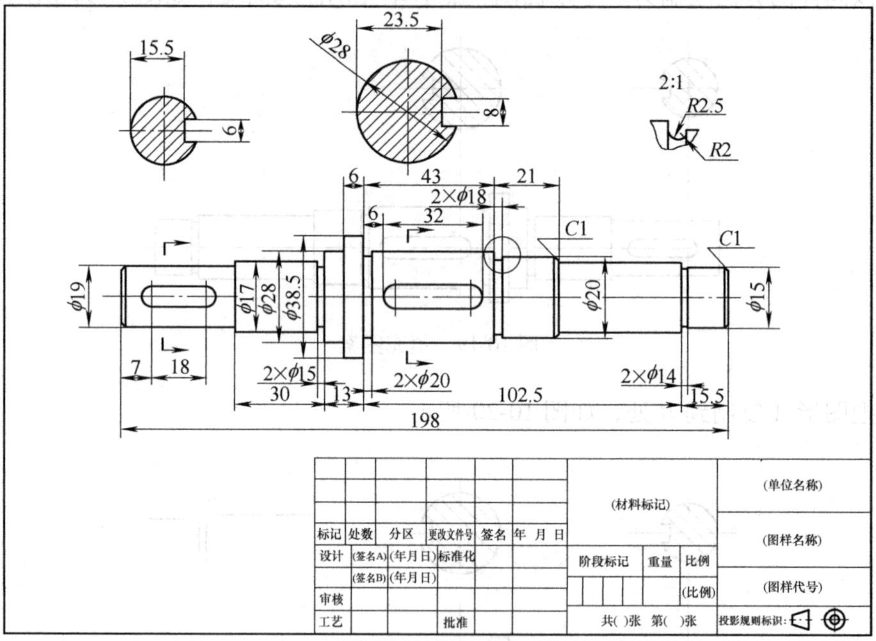

图 10-23　轴类零件

知识点 2　绘制箱体类零件

绘制如图 10-24 所示的箱体零件的三视图。

具体操作步骤如下：

1）打开“A3-横向”图形样板文件。

2）主视图布局。零件的端面线 *D* 及孔的中心线 *A*、*B*、*C* 是主视图的主要作图基准线，首先绘制这些直线，如图 10-25 所示。

3）绘制主视图细节。画圆 *E*，再平移直线 *A*、*B* 以形成图形细节 *F*，如图 10-26 所示。

4）通过平移直线 *C*、*G* 来形成图形细节 *H*，如图 10-27 所示。

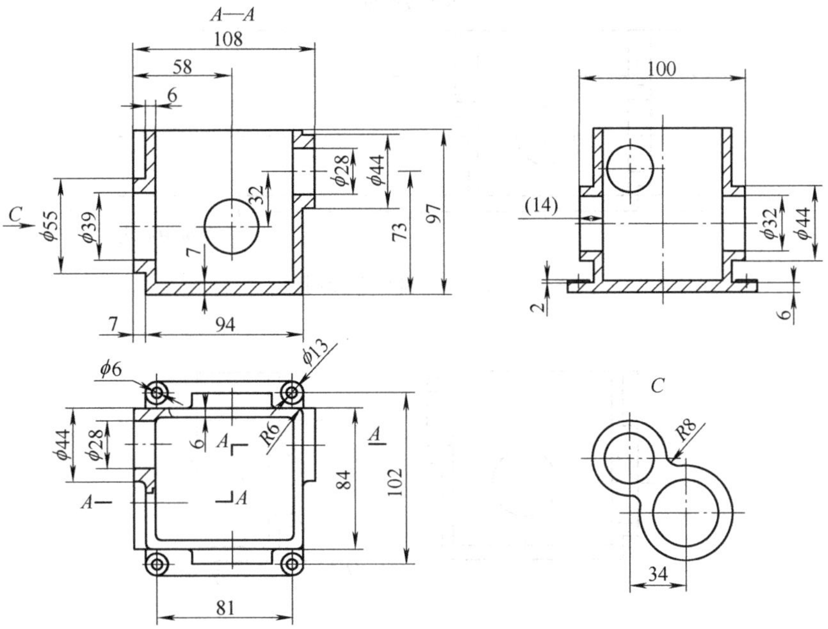

图 10-24　箱体零件图

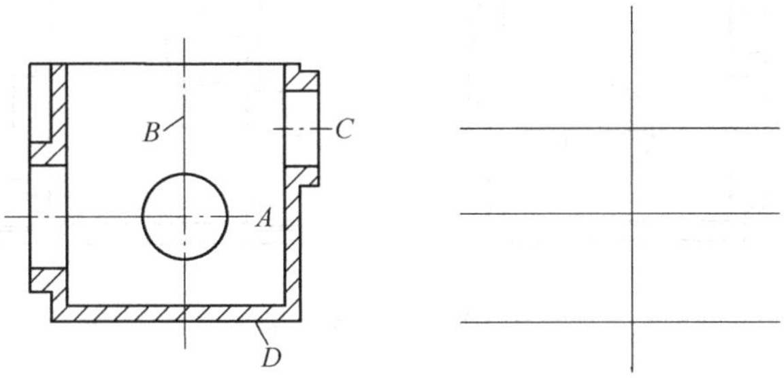

图 10-25　绘制基准线

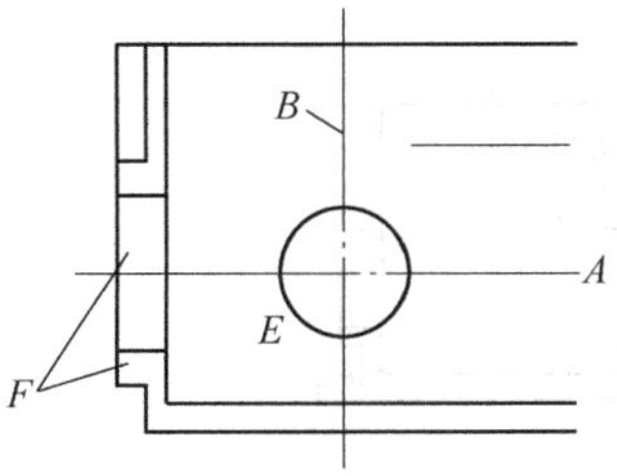

图 10-26　绘制细节 F

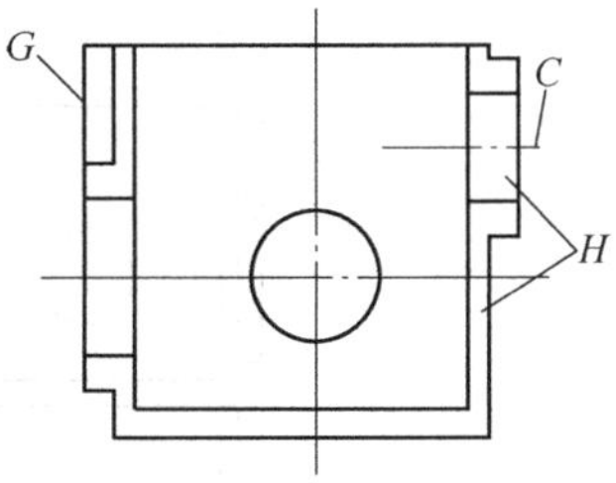

图 10-27　绘制细节 H

5）绘制左视图。从主视图向左视图画水平投射线，再画出左视图的对称中心线，如图 10-28 所示。

6）以直线 H、I、J 为作图基准线，通过平移这些直线来形成图形细节 K，如图 10-29 所示。

7）将步骤 6）绘制的图形镜像，然后绘制圆 L，结果如图 10-30 所示。

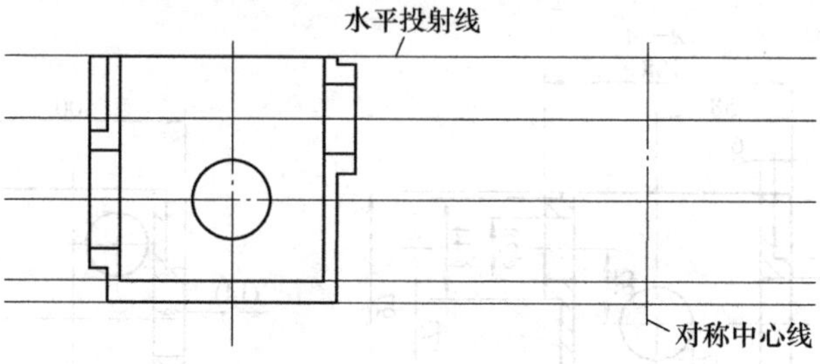

图 10-28　绘制水平投射线

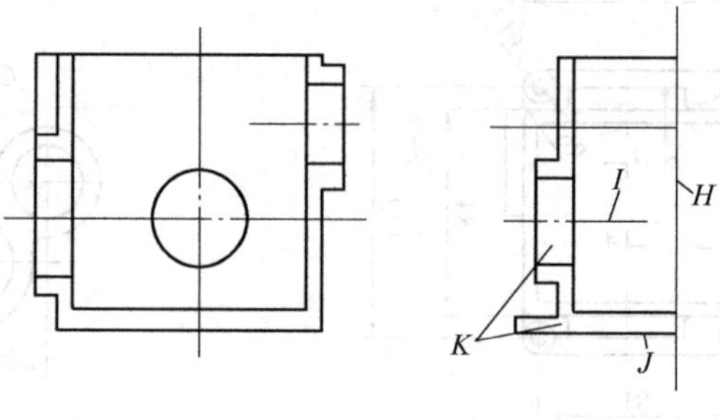

图 10-29　绘制细节 *K*

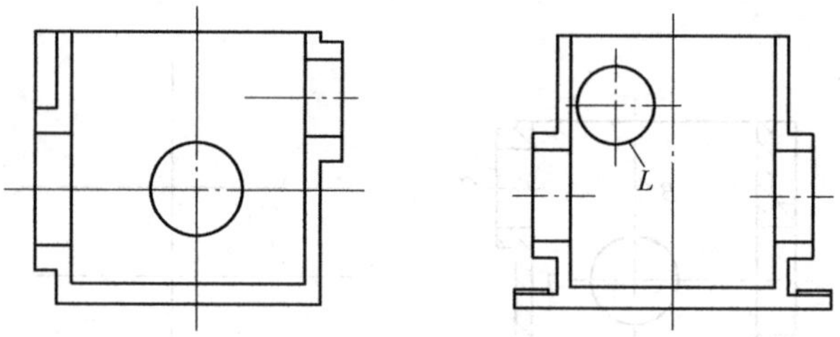

图 10-30　镜像结果

8）绘制俯视图。绘制俯视图中孔的轴线 *M*、*N*，再从主视图向俯视图作垂直投射线，如图 10-31 所示。

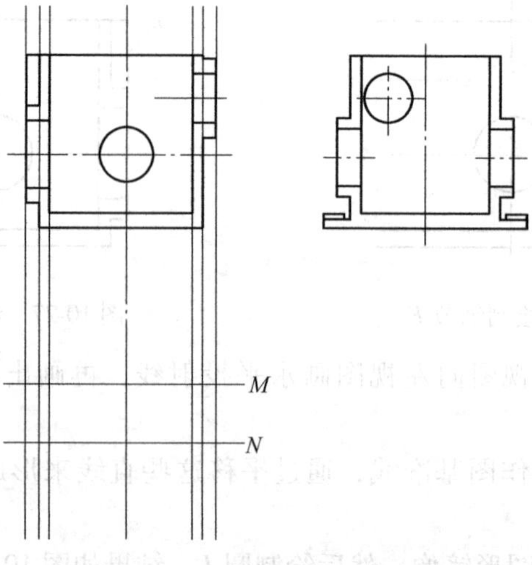

图 10-31　绘制轴线和投射线

9）平移直线 *M*、*N* 以形成细节 *O*，如图 10-32 所示。

10）平移直线 *P*、*Q*、*R* 以形成图形细节 *S*，然后画圆，结果如图 10-33 所示。

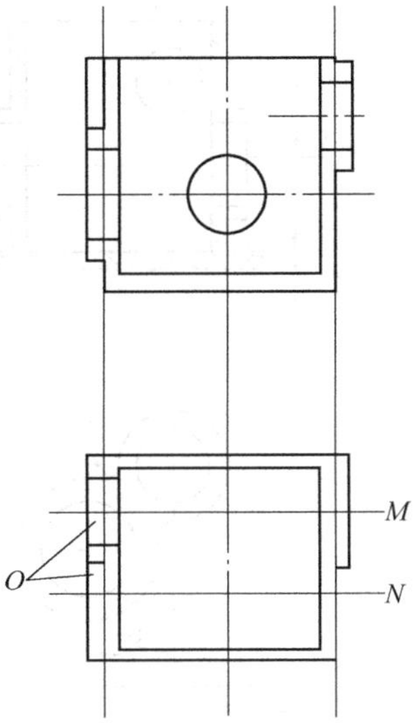

图 10-32　绘制细节 *O*

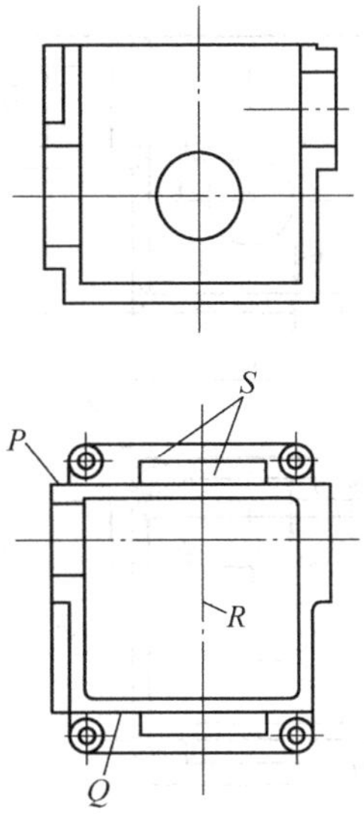

图 10-33　绘制细节 *S*

11）绘制局部视图并填充剖面图案。在屏幕的适当位置画出局部视图的定位线 *T*、*U*、*V*、*W*，然后画圆，如图 10-34 所示。

12）将图形的对称中心线、孔的中心线修改到中心线层上，利用“样条曲线”绘制断裂线，填充图案，结果如图 10-35 所示。

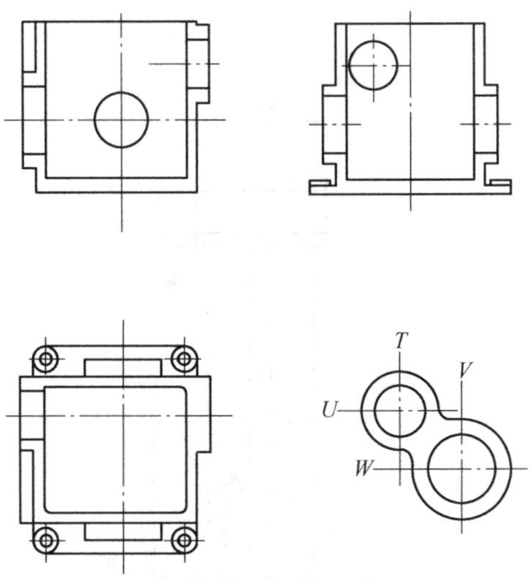

图 10-34　绘制局部图

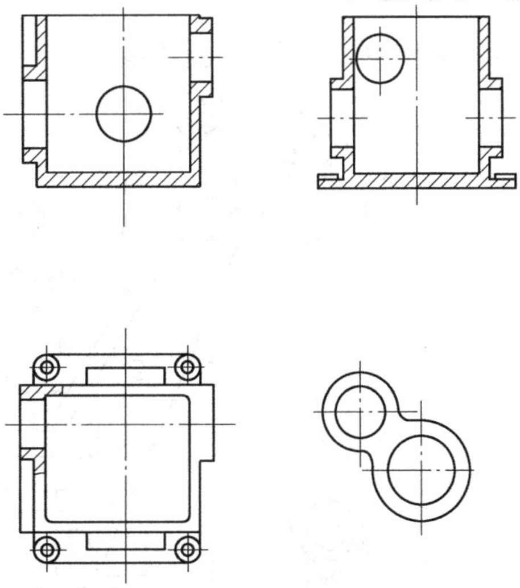

图 10-35　绘制断裂线和填充剖面图案

13）对图形进行标注，最终效果如图 10-36 所示。

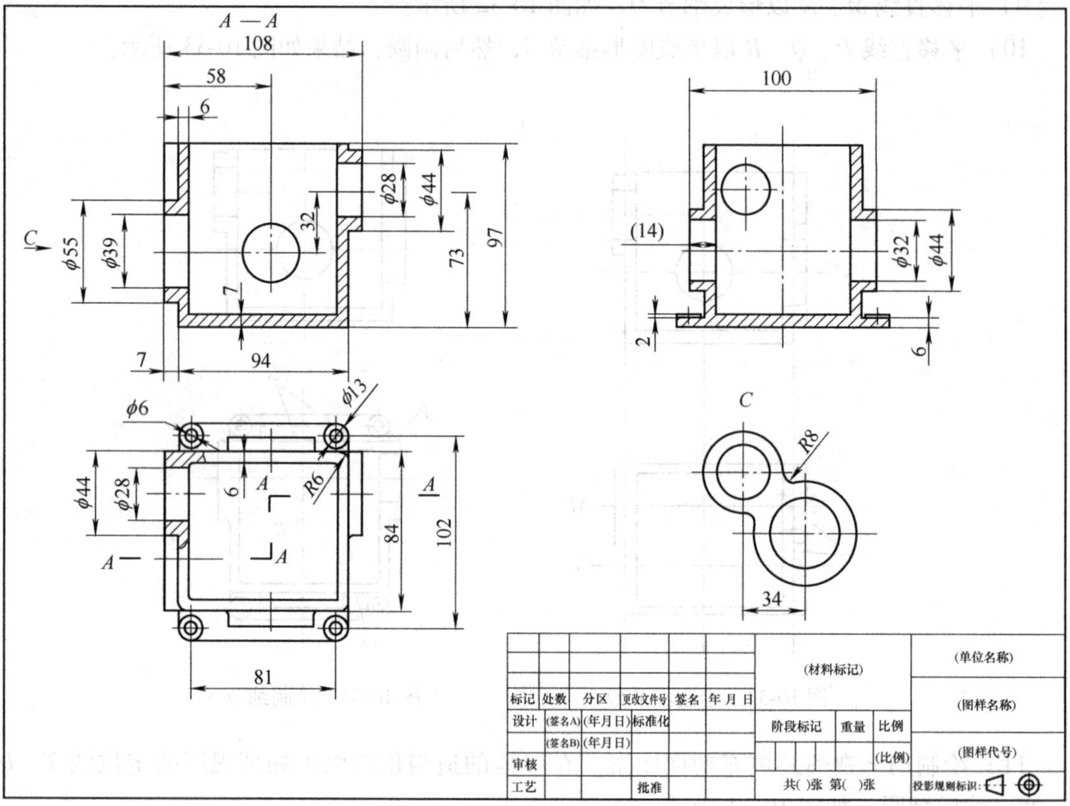

图 10-36　箱体零件

知识点 3　绘制叉架类零件

绘制如图 10-37 所示的托架零件图。

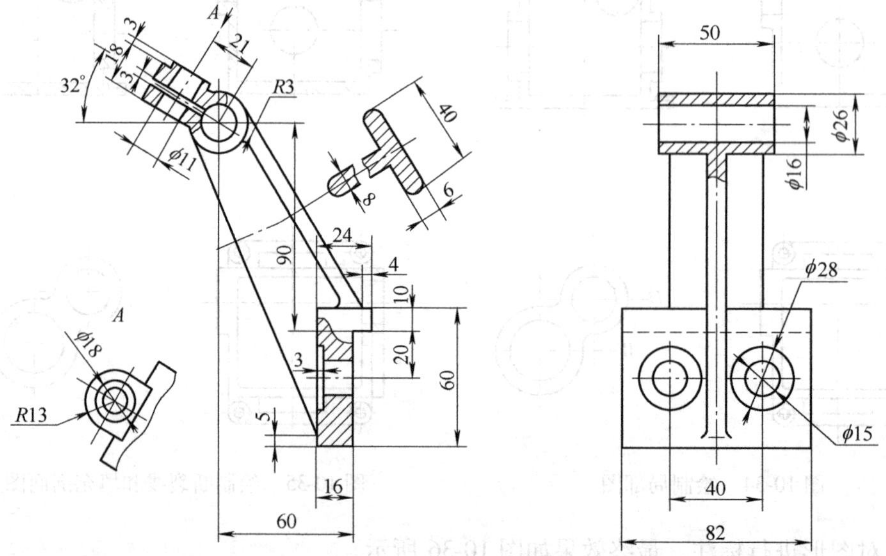

图 10-37　托架零件图

具体操作步骤如下：

1）打开“A3-横向”图形样板文件。

2）主视图布局。直线 *A*、*B*、*C*、*D* 是主视图的主要作图基准线，首先用“构造线”命令画出定位线 *A*、*B*，然后偏移直线 *A*、*B* 以形成 *C*、*D*，如图 10-38 所示。

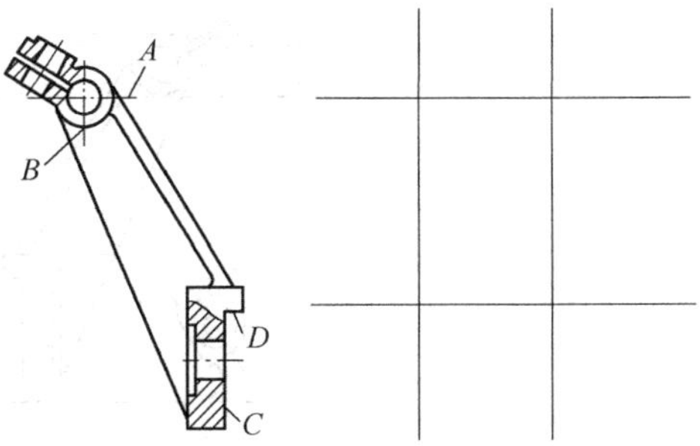

图 10-38　绘制作图基准线

3）形成主视图细节。绘制 *E*、*F*，再用“偏移”命令绘制直线 *C*、*D* 以形成图形细节 *G*，如图 10-39 所示。

4）打开对象捕捉、极轴追踪及自动追踪功能。

5）用“直线”命令绘制图形细节 *H* 及切线 *I*、*J*，再绘制平行线 *K*，然后倒圆角，结果如图 10-40 所示。

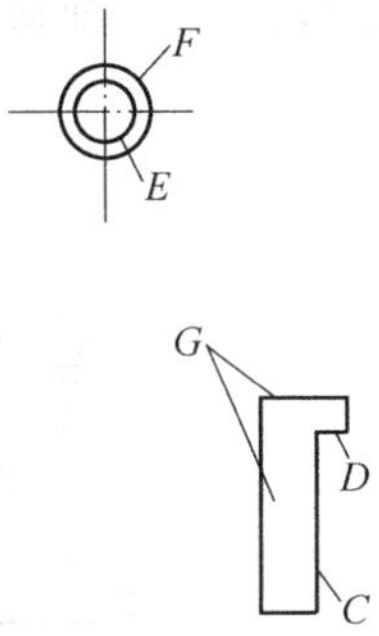

图 10-39　绘制圆和直线

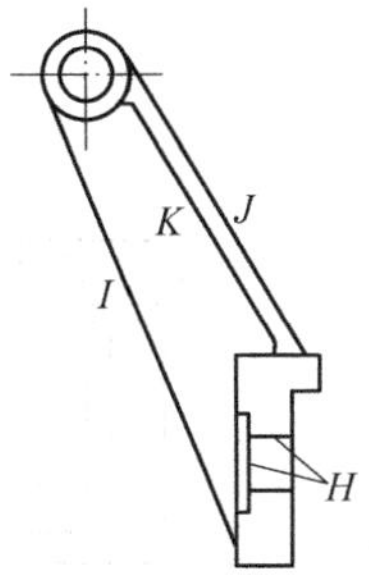

图 10-40　绘制图形细节 *H* 和切线 *I*、*J* 等

6）用“偏移”命令平移直线 *A*、*B*，以形成图形细节 *M*，如图 10-41 所示。

7）在水平位置画斜视图 *N*。绘制时，可以从图形 *M* 处作投射线来辅助绘图，如图 10-42 所示。

8）把图形 *M*、*N* 分别绕点 *a* 和 *b* 旋转 32°，结果如图 10-43 所示。

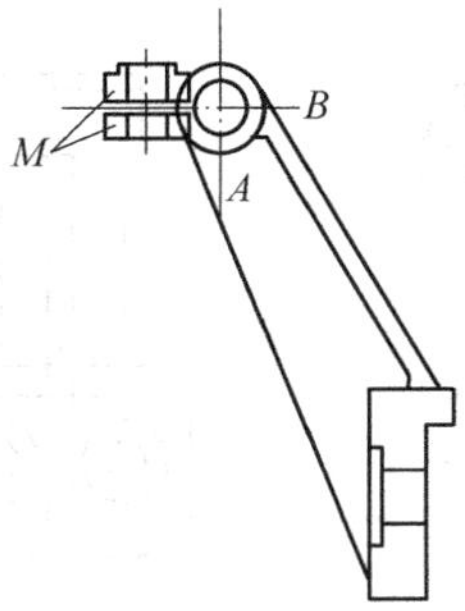

图 10-41　绘制细节 *M*

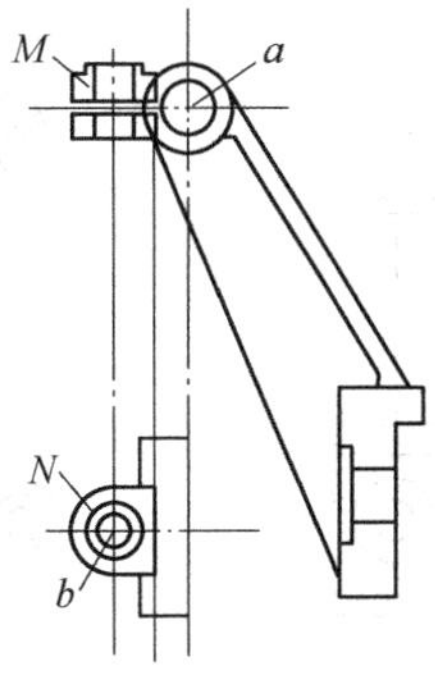

图 10-42　绘制斜视图 *N*

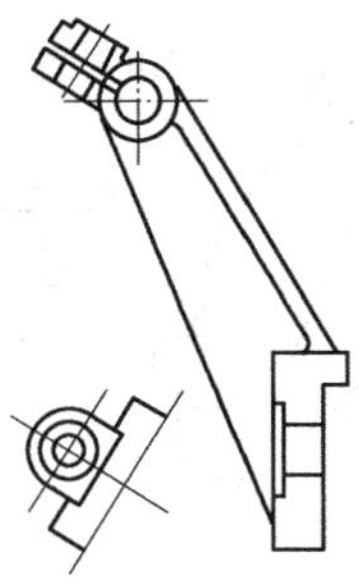

图 10-43　旋转图形

9）从主视图向左视图投影。画出左视图的对称中心线 *O*，再用“构造线”命令画水平辅助线，以投影主视图的特征，如图 10-44 所示。

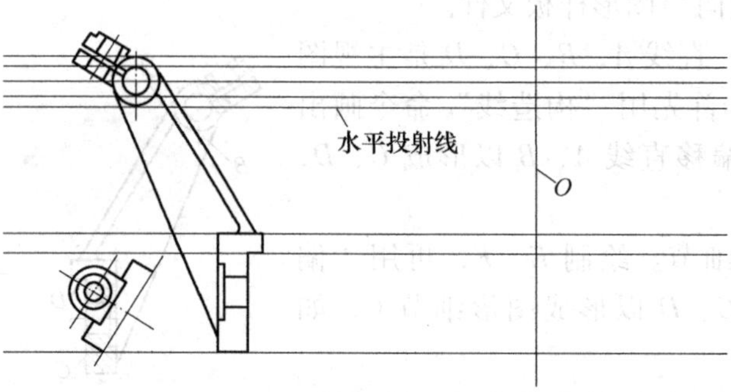

图 10-44　绘制水平投射线

10）通过偏移直线 O 来形成左视图的主要细节特征，如图 10-45 所示。

11）从主视图画水平投射线，将孔的中心向左视图投影，然后画圆 P、Q 等，如图 10-46 所示。

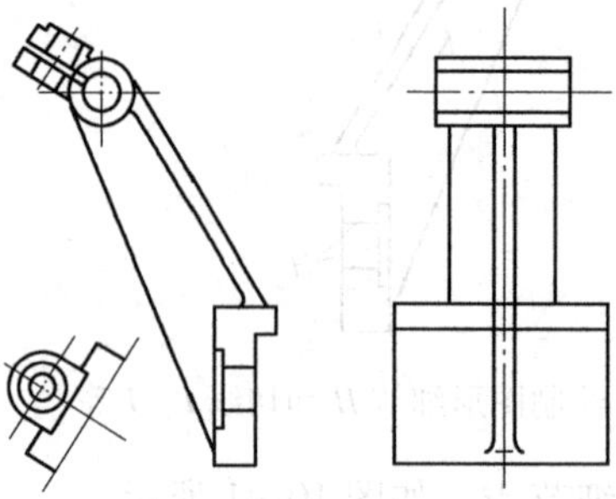

图 10-45　绘制左视图

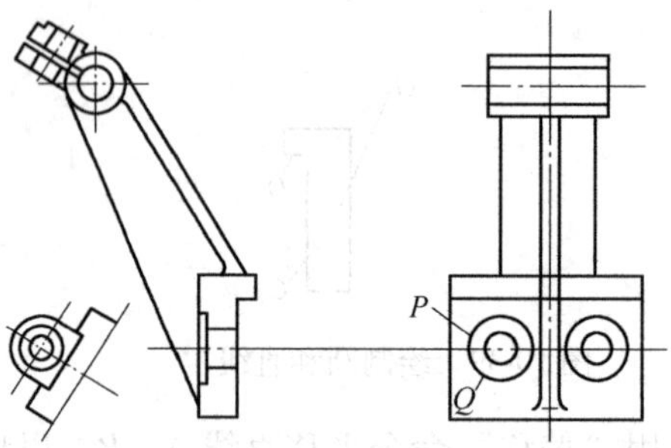

图 10-46　绘制孔的投影

12）画剖视图。用“多段线”命令在屏幕的适当位置绘制剖视图，再画出剖切位置，如图 10-47 所示。

13）用“对齐”命令将剖视图与剖切位置对齐，如图 10-48 所示。

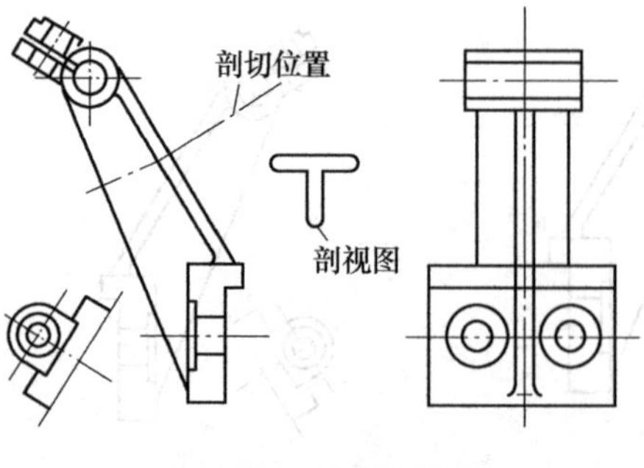

图 10-47　绘制剖视图

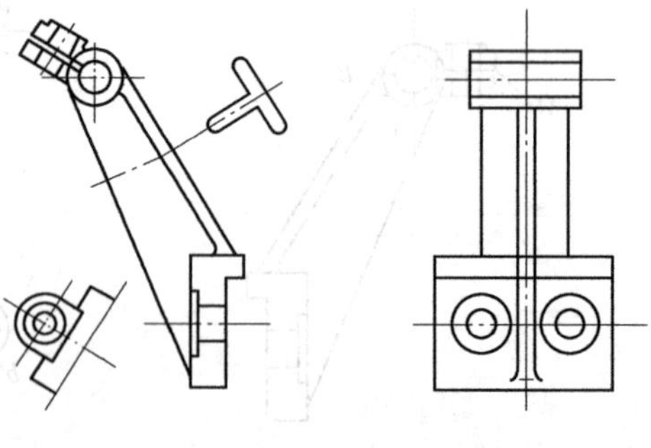

图 10-48　对齐剖视图

14）使用“样条曲线”命令绘制断裂线，然后填充剖面线，修改线型，结果如图 10-49 所示。

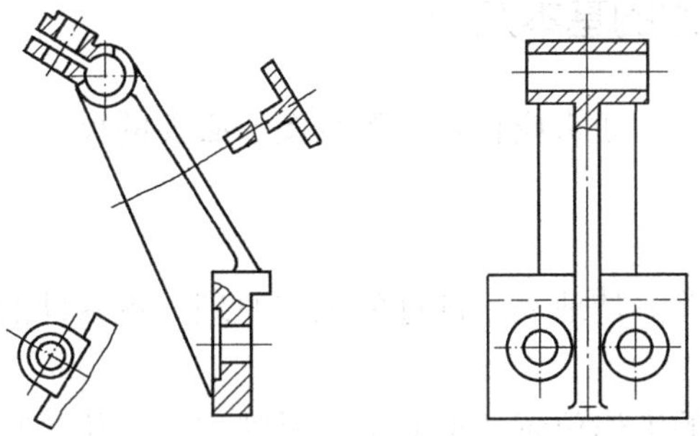

图 10-49　绘制断裂线并填充剖面图案

15）对图形进行标注，最终效果如图 10-50 所示。

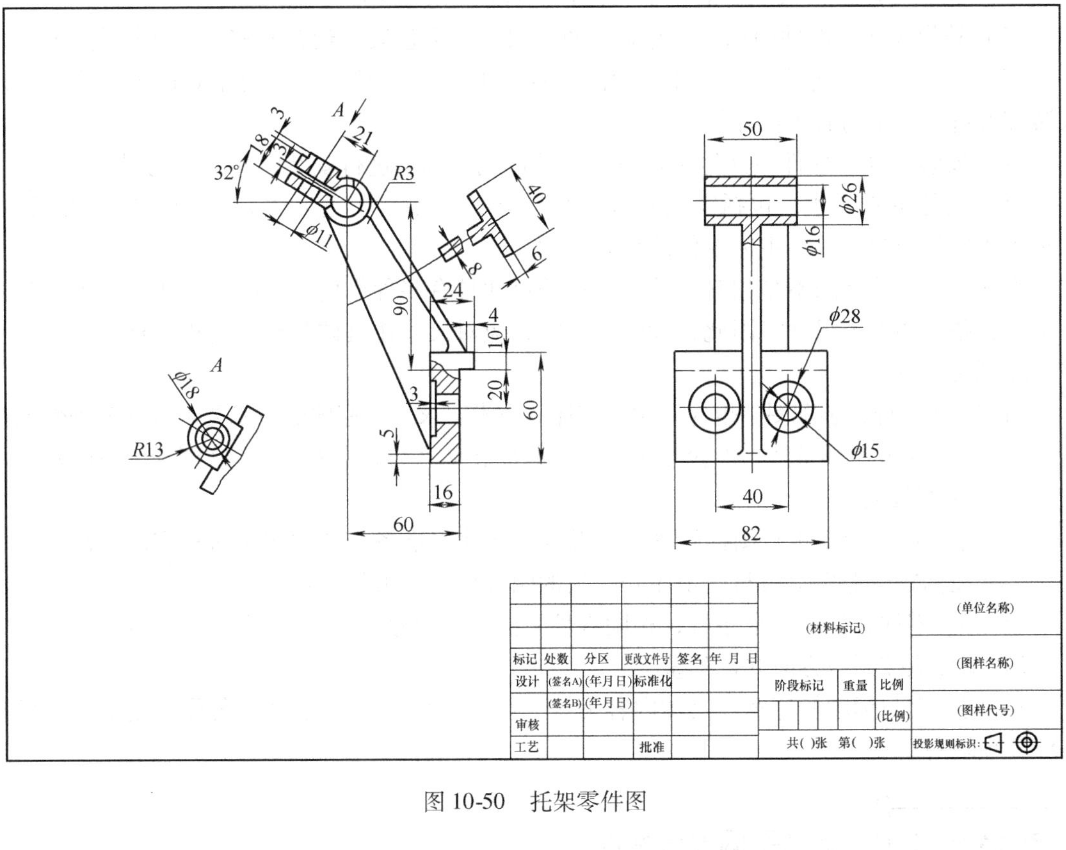

图 10-50　托架零件图

知识模块四　绘制装配图

装配图是装配、使用和维修机械设备及其部件的主要依据。装配图主要用来表示部件的工作原理和装配、连接关系及主要零件的结构、形状等内容。表达零件的各种方法如视图、剖视、剖面、局部放大等，在装配图中也同样适用。

知识点 1 装配图的基本知识

在一个完整的装配图中，通常应包括一组视图、必要的尺寸、技术要求、标题栏及零件明细表等内容。

1. 视图

装配图的视图应当能够清楚地表达部件的工作原理、各零件的结构形状和它们之间的装配关系。

主视图一般是按部件的工作位置并取其最能反映零件形状、装配关系和工作原理的一面进行投影而得。

2. 必要尺寸

装配图中主要包括以下必要的尺寸。

（1）性能（规格）尺寸　表示部件规格、性能和主要结构的尺寸。

（2）外形尺寸　部件的总长、总宽、总高尺寸，为包装、运输和安装空间提供数据。

（3）装配尺寸　包括表示零件之间配合性质的尺寸，保证零件间相对位置的尺寸，以及装配时进行加工的有关尺寸等。

（4）安装尺寸　部件在其他机械设备、部件或基础上进行安装时所需要的尺寸。

（5）其他重要尺寸　包括需要在设计中确定，但不是上述几类尺寸的一些重要尺寸，如运动零件的极限尺寸、主体零件的重要尺寸等。

上述几种尺寸之间不是相互无关的，有的尺寸具有多种作用。同时，一张装配图有时并不全部具备上述五类尺寸。因此，标注尺寸时，应对尺寸作具体分析后再进行标注。

3. 技术要求

与零件图一样，装配图中也应写明装配体的技术要求。装配体的技术要求包括各种性能指标，装配、安装和使用条件，检验方法等。技术要求应用简明的文字注写在图样的空白处。

4. 零件明细表

为便于读图，便于进行图样管理，以及为生产作好准备，装配图中所有零部件都应编写序号，并在标题栏上方填写与图中序号一致的明细栏。要求如下：

1）每个零件必须编一个序号，相同零件只能编一个序号且一张图上只标一次。

2）编号应按同一方向并排列整齐。

3）明细表与标题栏等宽，具体内容无统一要求，但一般按序号、名称、数量、材料和备注几项填写。

知识点 2 绘制手柄部装配图

绘制如图 10-51 所示的手柄部装配图。手柄部装配图由两个零件组成，即手柄杆和手柄球，图中给出了主要尺寸。这里主要讲述绘图方法，不添加标题栏和明细表等内容。

1）以文件“A4. dwt”为样板建立新图形。

2）将“中心线”图层设为当前图层。执行“LINE”命令，绘制相应中心线，如图 10-52 所示（图中给出了参考尺寸）。

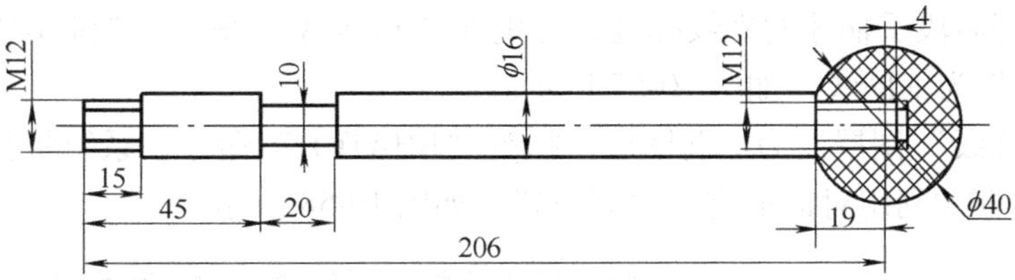

图 10-51　手柄部装配图

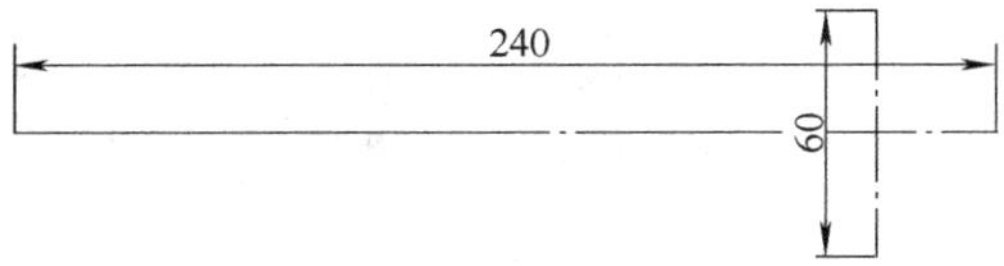

图 10-52　绘制中心线

3）参考图 10-51，在“粗实线”图层绘制表示手柄球的圆和手柄杆的相关平行直线，如图 10-53 所示。

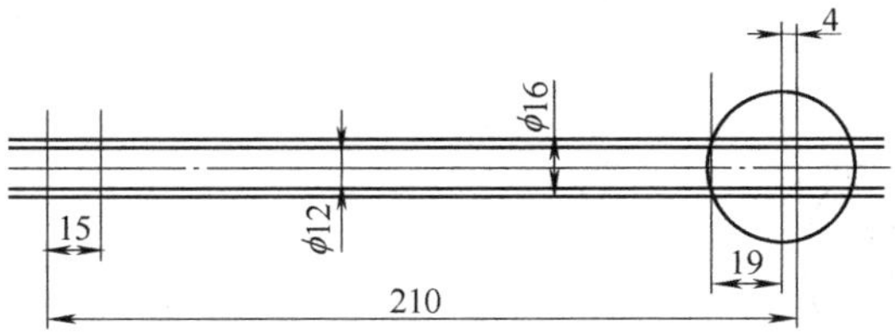

图 10-53　绘制圆及平行线

4）选择“修改”/“修剪”命令，结果如图 10-54 所示。

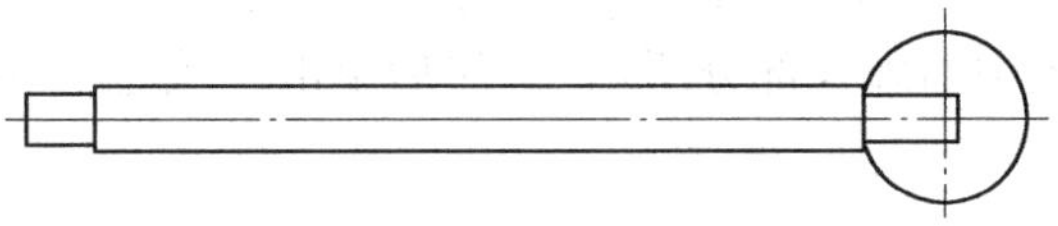

图 10-54　修剪结果

5）在“细实线”图层绘制表示螺纹内径的细实线，在“粗实线”图层绘制辅助线，如图 10-55 所示。

图 10-55　绘制直线

6）选择“修改”/“修剪”命令，对图 10-55 进行修剪，结果如图 10-56 所示。

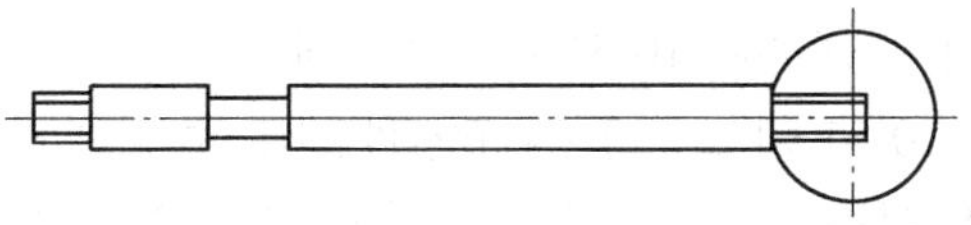

图 10-56　修剪结果

7）在手柄杆右段手柄球的螺纹孔处，分别在“粗实线”图层、“细实线”图层绘制表示螺纹孔的直线作为辅助线，如图 10-57 所示。

8）将“剖面线”图层设为当前图层。执行“BHATCH”命令，系统将打开“图案填充和渐变色”对话框，利用对话框进行填充设置，如图 10-58 所示。

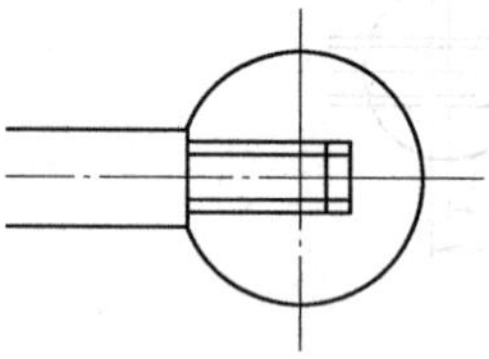

图 10-57　绘制辅助线

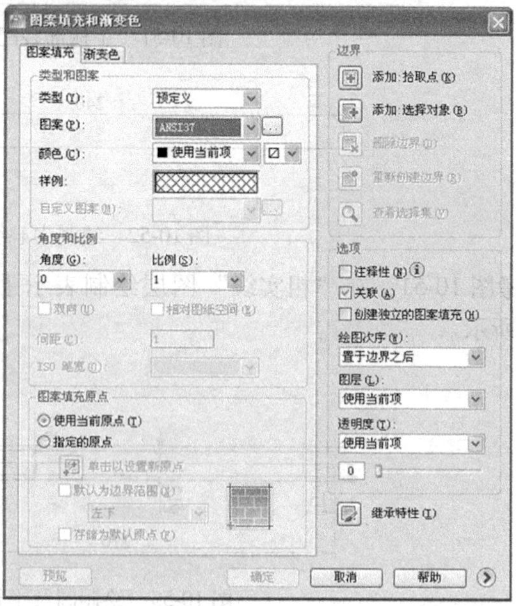

图 10-58　填充设置

9）将填充图案选择为“ANSI37”，填充角度为 0，填充比例为 1，单击“添加拾取点”按钮确定填充边界（如图中的虚线部分所示）。然后单击“确定”按钮，完成填充操作，其效果如图 10-59 所示。

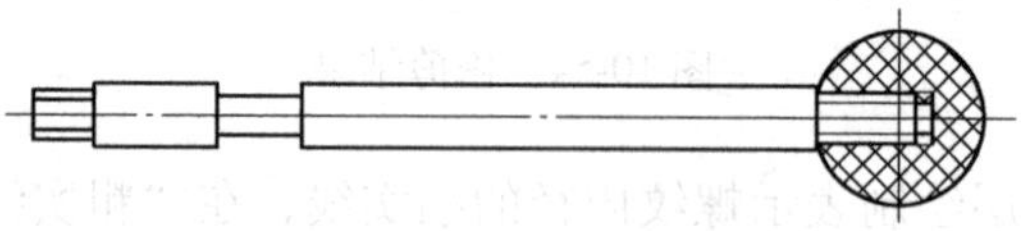

图 10-59　填充效果

10）将“尺寸标注”图层设为当前图层，对图形中的尺寸进行标注。

11）图形绘制完毕，进行保存。

知识点 3　根据装配图绘制零件图

根据如图 10-51 所示的手柄部装配图绘制如图 10-60 所示的手柄杆零件图。

1）在 AutoCAD 2012 中打开如图 10-51 所示的图形。

2）比较图 10-60 和图 10-51 可知，手柄杆零件图中的主要图形与装配图中的相应图形一致，故可以利用复制操作提取这一部分图形。执行“COPY”命令，选择装配图中的相应部分进行复制，结果如图 10-61 所示（位于上方的图形是原装配图）。

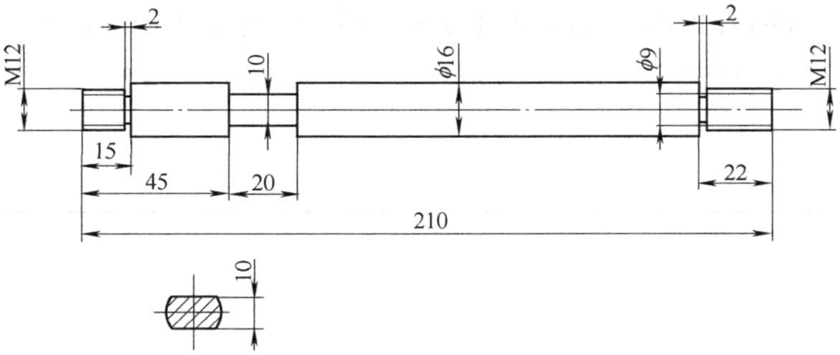

图 10-60 手柄杆零件图

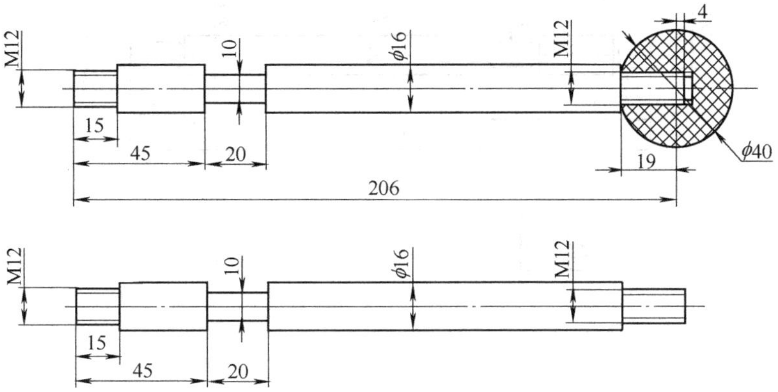

图 10-61 复制结果

3）在两端的螺纹根部绘制退刀槽，并对图形进行调整，如图 10-62 所示。

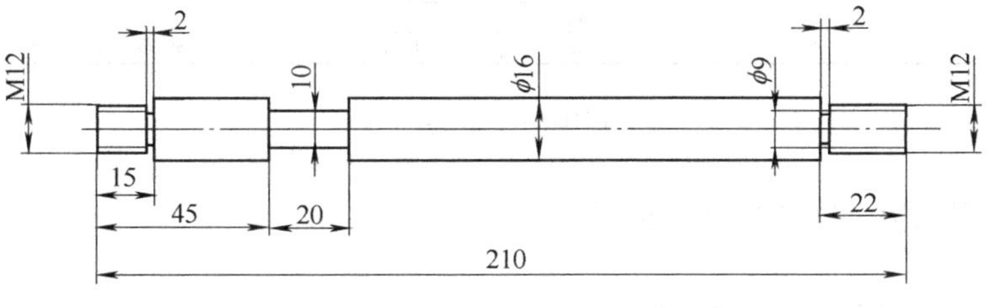

图 10-62 绘制退刀槽

4）在对应位置绘制剖视图，如图 10-63 所示。

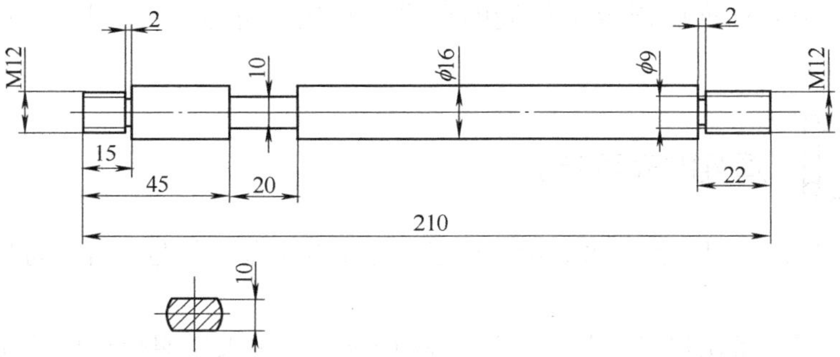

图 10-63 绘制剖视图

5）以文件“A4-横向.dwt”为样板建立新图形。调整各视图的位置，标注技术要求，最后填写标题栏，如图 10-64 所示。

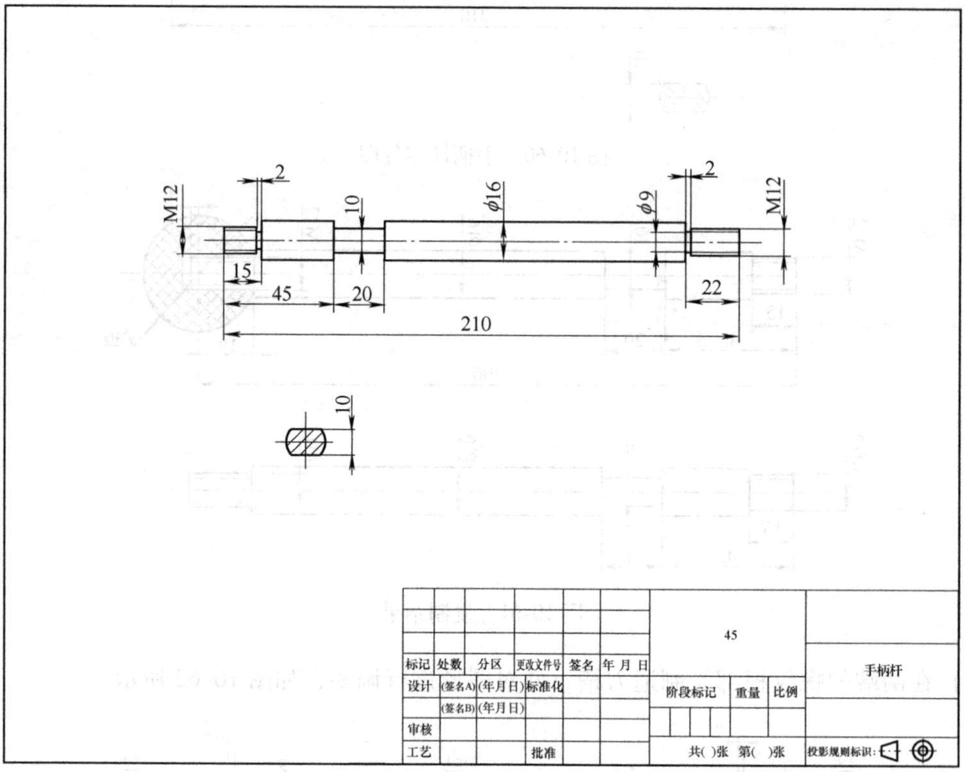

图 10-64　最终图形

6）图形绘制完毕，将图形保存即可。

知识模块五　焊接零件图

焊接图样是焊接加工时使用的一种图样。焊接图应将焊接件的结构和与焊接有关的技术参数表示清楚。国家标准中规定了焊缝的种类、画法、符号、尺寸标注方法及焊缝标注方法。

知识点 1　焊缝的表示方法

焊缝的结构形式用焊缝代号来表示，焊缝代号主要由基本符号、补充符号、指引线和焊缝尺寸等组成。

（1）基本符号　常用焊缝的基本符号见表 10-4，它用来说明焊缝横截面的形状；其线宽为标注字符高度的 1/10，如果字高为 3.5mm，则符号线宽为 0.35mm。

表 10-4　常用焊缝的基本符号

焊缝名称	焊缝形式	符号	焊缝名称	焊缝形式	符号
V 形		V	I 形		‖
单边 V 形			点焊	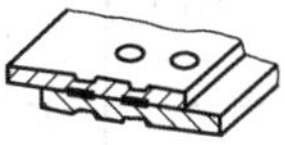	○
带钝边 V 形		Y	角焊	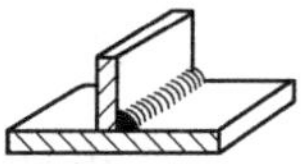	◺
U 形	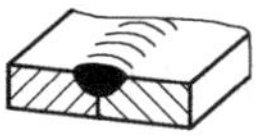		堆焊	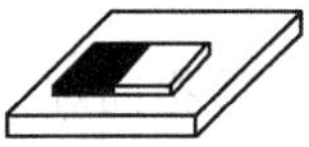	

(2) 补充符号　补充符号见表 10-5，它用来补充说明有关焊缝或接头的某些特征，如表面形状、衬垫、焊缝分布等。

表 10-5　焊缝的辅助符号

序号	名称	符号	说明
1	平面	—	焊缝表面通常经过加工后平整
2	凹面	⌣	焊缝表面凹陷
3	凸面	⌢	焊缝表面凸起
4	圆滑过渡		焊趾处过渡圆滑
5	永久衬垫	[M]	衬垫永久保留
6	临时衬垫	[MR]	衬垫在焊接完成后拆除
7	三面焊缝	⊏	三面带有焊缝
8	周围焊缝	○	沿着工件周边施焊的焊缝 标注位置为基准线与箭头线的交点处
9	现场焊缝		在现场焊接的焊缝
10	尾部	<	可以表示所需的信息

(3) 指引线　指引线采用细实线绘制，一般由带箭头的指引线（称为箭头线）和两条基准线组成。两条基准线中的一条为实线，另一条为虚线，基准线一般与图纸标题栏的长边平行。必要时，指引线可以加上尾部（90°夹角的两条细实线），如图 10-65 所示。

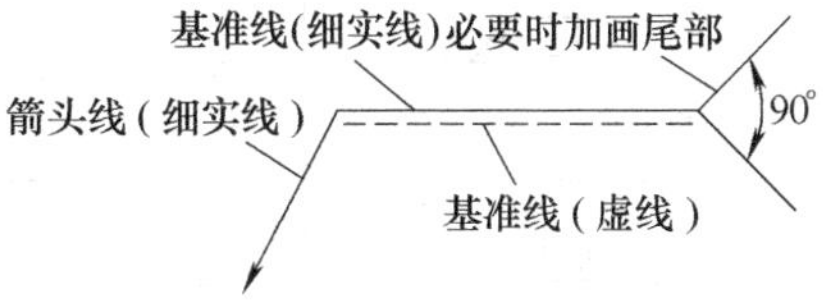

图 10-65　焊缝的指引线

箭头线相对于焊缝的位置一般没有特殊的要求，当箭头线直接指向焊缝时，可以指向焊缝的正面或反面。但是，当标注单边 V 形焊缝、带钝边的单边 V 形焊缝、带钝边的单边 J 形焊缝时，箭头线应当指向有坡口一侧的工件，如图 10-66a、b 所示。基准线的虚线也可以画在基准线实线的上方，如图 10-66c 所示。

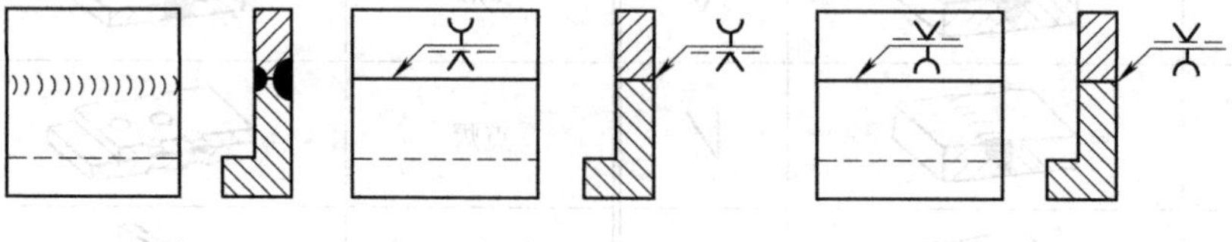

a)　b)　c)

图 10-66　基本符号相对于基准线的位置（U、V 形组合焊缝）

当箭头线直接指向焊缝时，基本符号应标注在实线侧，如图 10-67a 所示；当箭头线指向焊缝的另一侧时，基本符号应标注在基准线的虚线侧，如图 10-67b 所示。

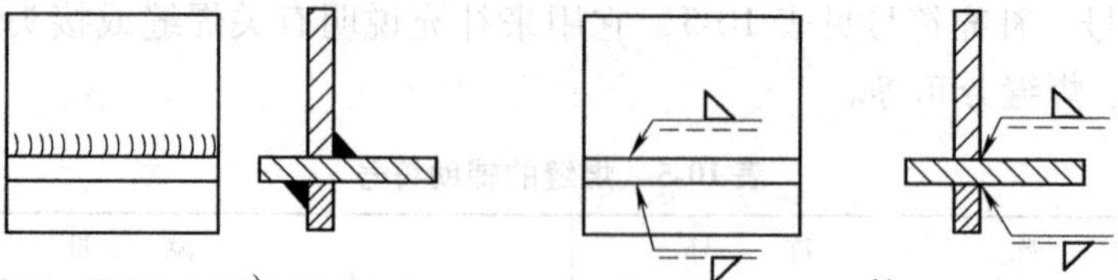

a)　b)

图 10-67　基本符号相对于基准线的位置

标注对称焊缝和双面焊缝时，基准线中的虚线可省略。如图 10-68 所示。

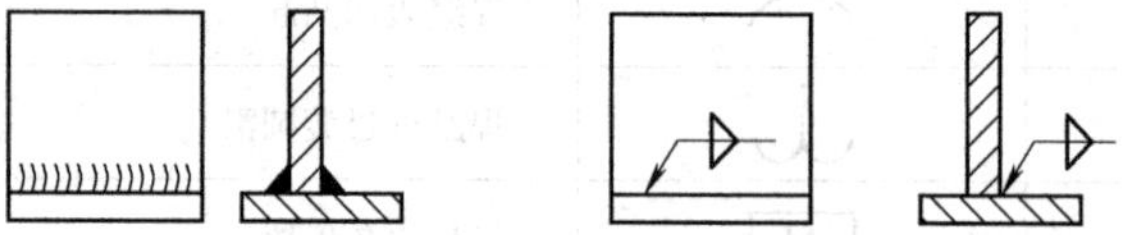

图 10-68　对称焊缝的标注

常见焊缝的标注及说明见表 10-6。

表 10-6　常见焊缝的标注及说明

标 注 示 例	说　明
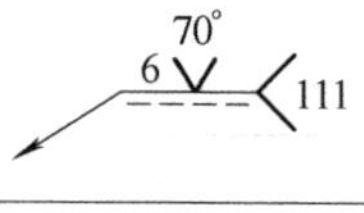	V 形焊缝，坡口角度为 70°，焊缝有效高度为 6mm
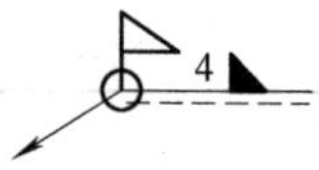	角焊缝，焊角高度为 4mm，在现场沿工件周围焊接
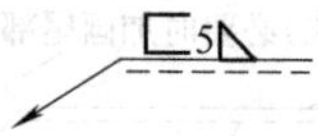	角焊缝，焊角高度为 5mm，三面焊接
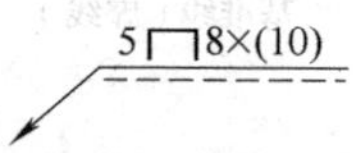	槽焊缝，槽宽（或直径）为 5mm，共 8 个焊缝，间距为 10mm

（续）

标注示例	说　　明
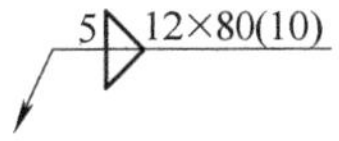	断续双面角焊缝，焊角高度为5mm，共12段焊缝，每段80mm，间隔为30mm
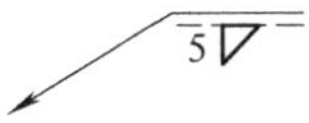	在箭头所指的另一侧焊接，连续角焊缝，焊缝高度为5mm

知识点2　焊接零件图实例

焊接零件图与一般的零件图在绘图方面没有差异，只是要把焊缝位置的焊接参数表达出来。焊接零件图的实例如图10-69所示。

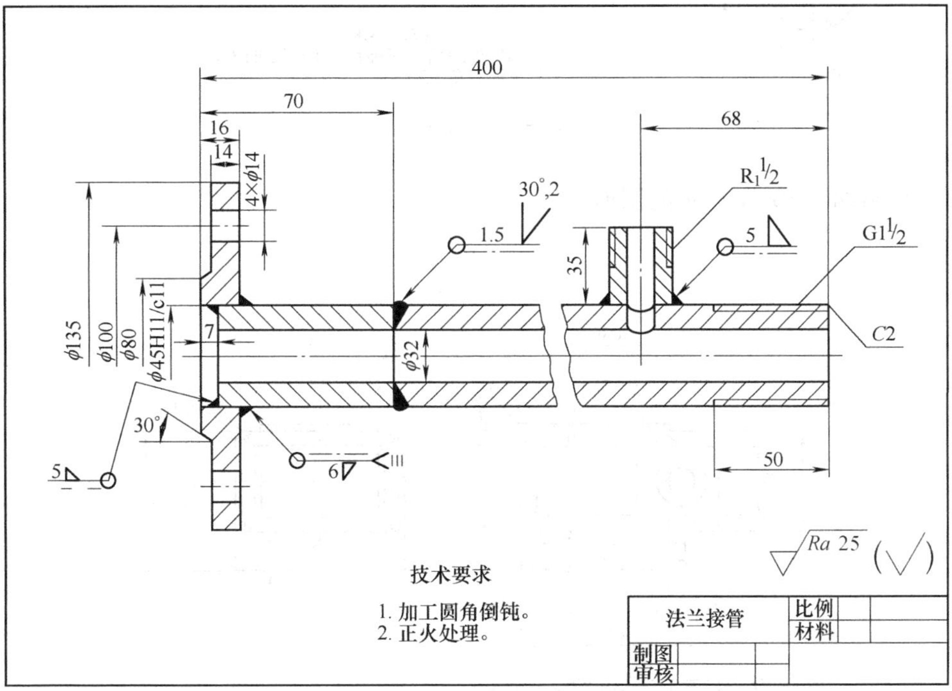

图10-69　焊接零件图

【综合训练】

1. 简答题

（1）使用AutoCAD 2012绘制零件图的样板时应包括哪些基本内容？

（2）一个完整的装配图通常包括哪些内容？

2. 操作题

（1）绘制如图 10-70 所示的图形。

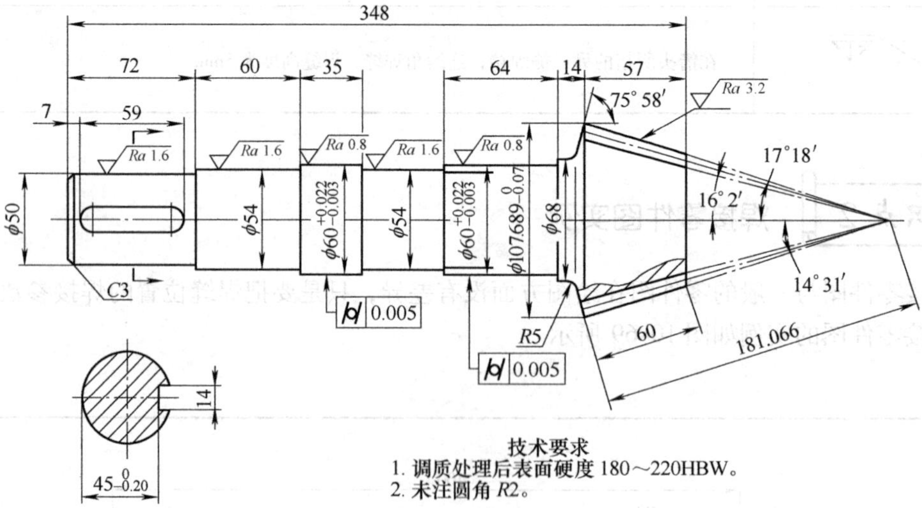

图 10-70 操作题（1）

（2）绘制如图 10-71 所示的图形。

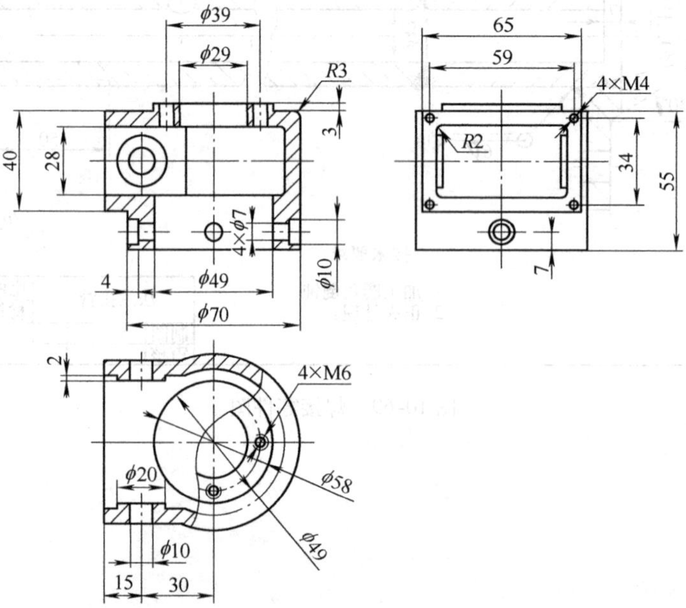

图 10-71 操作题（2）

（3）绘制如图 10-72 所示的图形。

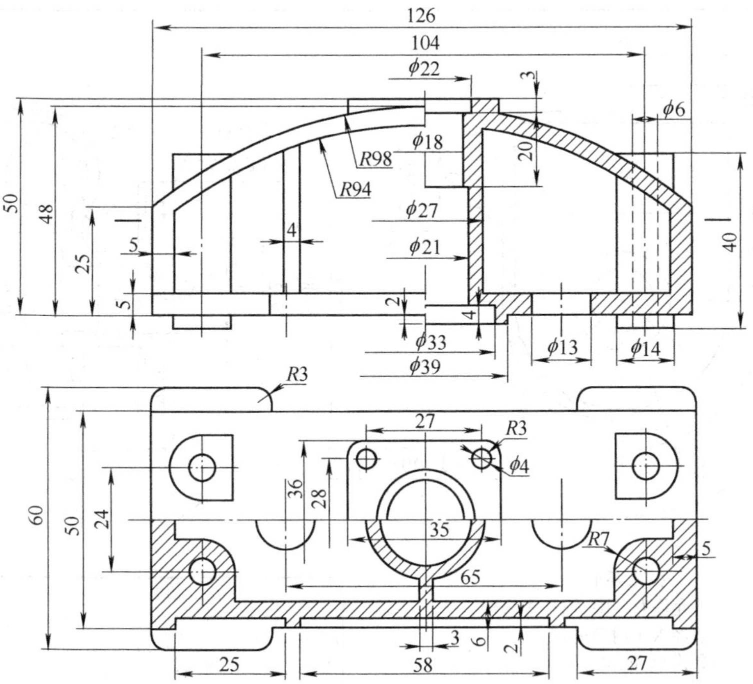

图 10-72 操作题（3）

（4）绘制如图 10-73 所示的图形。

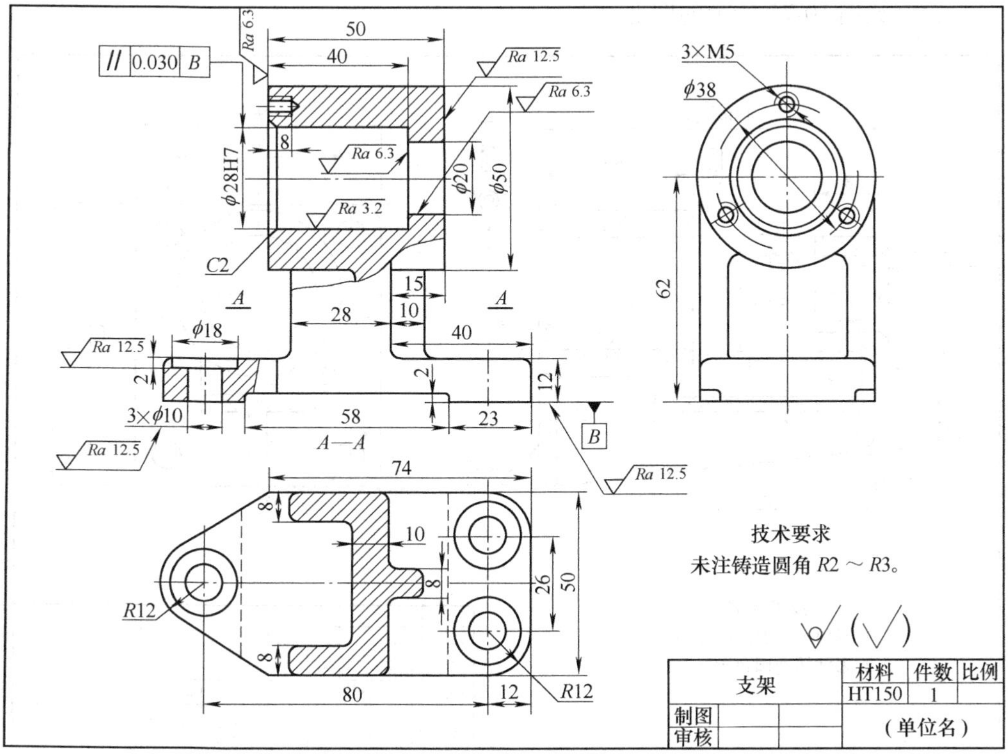

图 10-73 操作题（4）

（5）绘制如图 10-74 所示的图形。

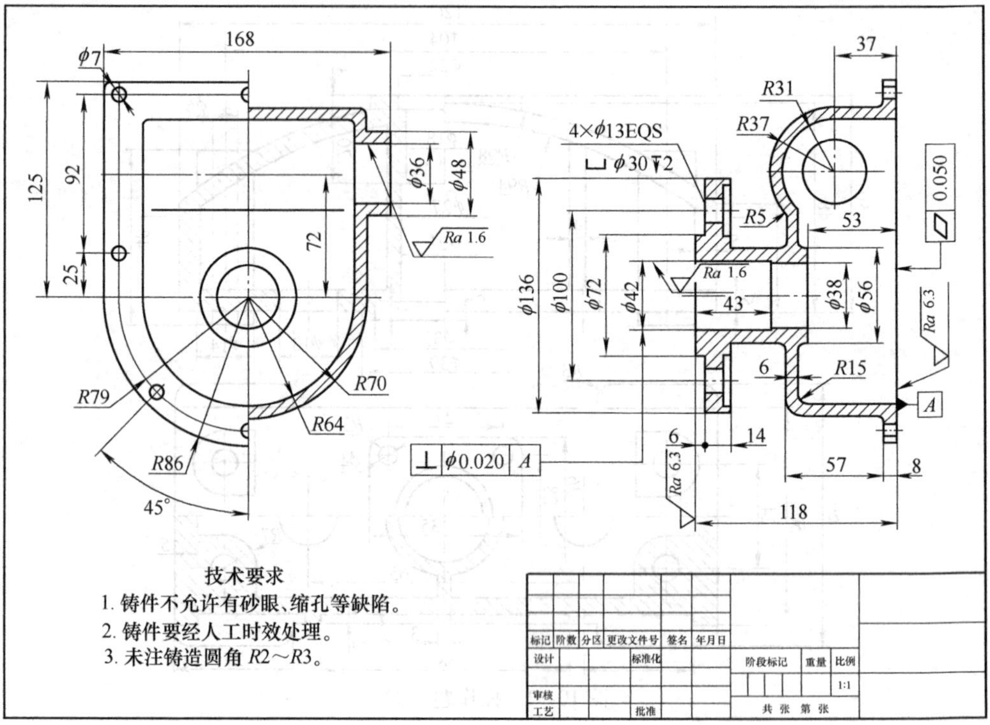

图 10-74　操作题（5）

（6）绘制如图 10-75 所示的图形。

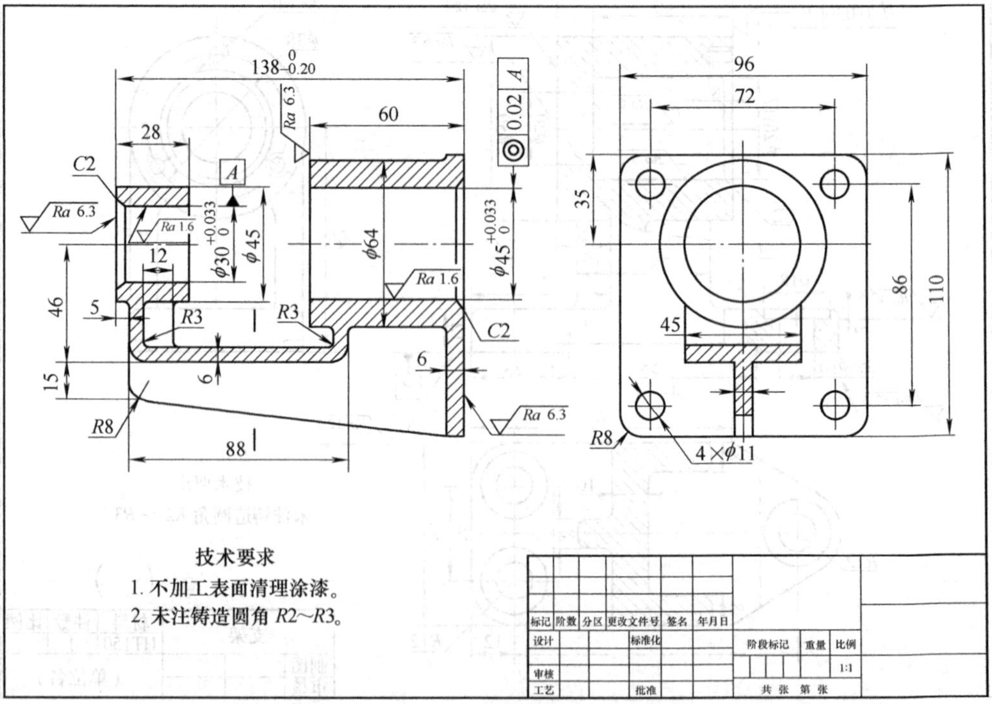

图 10-75　操作题（6）

参 考 文 献

[1] 卢玉明．机械设计基础［M］．北京：高等教育出版社，2002.

[2] 张帆，秦蓉，卢择临．AutoCAD 辅助设计专家门诊［M］．北京：清华大学出版社，2005.

[3] 于荷云．巧学巧用 AutoCAD 2007 机械设计典型实例［M］．北京：电子工业出版社，2007.

[4] 周莹．AutoCAD 2006/2007 初级工程师认证培训教程［M］．北京：化学工业出版社，2006.

[5] 郑运廷．AutoCAD 2007 中文版应用教程［M］．北京：机械工业出版社，2006.

[6] 姜勇．AutoCAD 机械制图习题精解［M］．北京：人民邮电出版社，2002.

[7] 西岭电脑工作室．AutoCAD 2002/2004 经典实例制作教程［M］．北京：中国科技大学出版社，2004.

[8] 徐建平．精通 AutoCAD 2007 中文版［M］．北京：清华大学出版社，2006.

[9] 邱宣怀．机械设计［M］．北京：高等教育出版社，2000.

[10] 胡仁喜．AutoCAD 2005 中文版实例教程［M］．北京：清华大学出版社，2004.

[11] 史宇宏，陈玉蓉，史小虎，等．AutoCAD 2007 中文版 机械设计［M］．北京：人民邮电出版社，2007.

[12] 李敬．机械设计基础［M］．北京：电子工业出版社，2011.

[13] 王定保．机械制图及 AutoCAD 绘图［M］．北京：人民邮电出版社，2009.

[14] 朱凤艳．AutoCAD 实例精编［M］．北京：化学工业出版社，2010.

[15] 孙开元，张晴峰．机械制图及标准图库［M］．北京：化学工业出版社，2008.

[16] 高玉芬，朱凤艳．机械制图［M］．大连：大连理工大学出版社，2008.